U0786665

大气污染控制工程设计方法与实践教程

陈培榕　吴军良　付名利　主编

刘　鹏　尚姗姗　黄　荣　副主编

科学出版社

北　京

内 容 简 介

本书是一本面向“大气污染控制工程设计”的专业教材，内容可分为十一部分：绪论、通风系统设计、工业废气预处理设计、气态污染物吸收设计、VOCs 吸/脱附系统设计、VOCs 冷凝系统设计、VOCs（催化）燃烧系统设计、脱硫系统设计、脱硝系统设计、CO_2 捕集系统设计、设计说明书编写要求。本书深度融合理论与实践，突出减污降碳协同，涵盖前沿技术与工程案例。

本书可供环境类专业本科生、研究生、教师和工程技术人员阅读参考。

图书在版编目（CIP）数据

大气污染控制工程设计方法与实践教程 / 陈培榕, 吴军良, 付名利主编. -- 北京 : 科学出版社, 2025. 6. -- ISBN 978-7-03-080034-3

Ⅰ. X510.6

中国国家版本馆 CIP 数据核字第 2024PS0455 号

责任编辑：冷 玥 张 熹 / 责任校对：张亚丹
责任印制：赵 博 / 封面设计：义和文创

科学出版社 出版
北京东黄城根北街 16 号
邮政编码：100717
http://www.sciencep.com
北京华宇信诺印刷有限公司印刷
科学出版社发行 各地新华书店经销
*
2025 年 6 月第 一 版 开本：720 × 1000 1/16
2025 年 12 月第二次印刷 印张：17 1/4
字数：350 000

定价：89.00 元

（如有印装质量问题，我社负责调换）

序

华南理工大学大气环境与污染控制团队是国内最早开展挥发性有机物（VOCs）治理研究的团队之一。自 20 世纪 90 年代起，团队依托油烟净化项目启动 VOCs 净化材料与设备研发，历经三十余年技术积淀，取得多项行业里程碑成果：2006 年建成国内首个烟草生产废气治理工程，2007 年成功研制旋转式蓄热催化燃烧设备，2008 年主导制定国内首项省级 VOCs 排放标准，2019 年发布国内首个 VOCs 治理设备行业标准。近年来，团队聚焦新能源汽车、芯片制造、电子电器等新兴战略产业的大气污染治理难题，深入开展高效低碳蓄热燃烧技术、温室气体协同减排等前沿研究，并获批建设广东省大气环境与污染控制重点实验室（2011 年）、挥发性有机物污染治理技术与装备国家工程实验室（2016 年）等科研平台。2011 年牵头成立中国环境科学学会挥发性有机物污染防治专业委员会，构建起“产-学-研-用”协同创新体系。

“双碳”战略背景下，传统污染治理模式急需向绿色低碳协同治理转型。为响应时代需求，团队骨干教师陈培榕、吴军良、付名利等，基于团队三十余年工程实践经验，编撰《大气污染控制工程设计方法与实践教程》。该教材创新性地将大气污染控制理论与工程设计实践深度融合，特别增设碳捕集、利用与封存（CCUS）技术相关章节，全面涵盖挥发性有机物治理、工业炉窑超低排放、温室气体减排等前沿领域。通过典型案例剖析和工程实践指导，系统培养兼具理论素养与创新能力的环境工程复合型人才，为推动行业技术进步和“双碳”目标实现提供智力支持。

叶代启

华南理工大学教授

前　言

在当前大气污染治理与“碳达峰、碳中和”战略协同推进的新形势下，本书的编写团队立足国家重大战略需求，深入贯彻生态文明建设理念，致力于为读者呈现一部紧跟时代发展、服务国家战略的专业教材。

本书编写过程中，编者以“减污降碳协同增效”为核心理念，在系统介绍除尘、脱硫、脱硝等常规大气污染控制技术及工程设计的同时，增加了碳捕集相关的工程设计内容，充分体现了我国“双碳”战略下大气污染控制领域的技术创新方向。全书内容既涵盖大气污染控制的基础理论和工程设计方法，又融入编者的最新研究成果，以及所在团队三十余年积累的典型工程案例和实践经验，力求实现理论性、前沿性与实用性的统一。同时，本书还紧密围绕最新的环保政策、法律法规和标准展开，充分反映大气污染控制领域的最新发展动态，确保读者能够及时掌握行业前沿信息。

本书主要作者有陈培榕（华南理工大学）、吴军良（华南理工大学）、付名利（华南理工大学）、刘鹏（华南理工大学）、尚姗姗（华南理工大学）、黄荣（华南农业大学）等。各章的具体执笔分工如下：第 1、4、8、9、11 章由陈培榕撰写；第 2 章由吴军良、黄荣共同撰写；第 3、6 章由付名利撰写；第 5 章由吴军良撰写；第 7 章由刘鹏撰写；第 10 章由尚姗姗撰写。各章节经过所有编者多轮研讨和反复修订，在保证专业性的同时注重可读性，以满足不同层次读者的学习需求。

本书成稿过程中，华南理工大学叶代启教授提供了宝贵的指导和建议，罗越寒、夏柏林、李智斌、王宁、叶芳贺、蔡珊珊、唐可柯、李浩天、何欣阳、侯雨昕、马明佳、曾绮妍、齐瞧一、冷金海、刘雅豪、王祥等做了大量的资料收集、图表编辑、文献校对、内容编写与修订等工作，科学出版社的冷玥、张熹两位编辑也提供了宝贵的建议和帮助；本书编者及所在团队的研究工作得到了国家自然科学基金、国家重点研发计划等项目的资助，本书的出版得到了华南理工大学本科精品教材专项建设项目的资助，在此一并表示衷心感谢。

本书的出版正值我国持续改善空气质量、扎实推进“碳达峰、碳中和”的关键时期。我们期望通过这本教材，为培养新时代环境工程人才、推动大气污染治理技术创新、服务国家减污降碳战略目标作出积极贡献。由于编者水平所限，书中难免存在疏漏之处，恳请业界同仁和广大读者不吝指正，共同促进我国大气污染控制事业的进步与发展。

编　者

2025 年 4 月于广州

目　录

序

前言

第1章　绪论 …… 1

1.1　大气污染控制工程设计概述 …… 2

1.1.1　大气污染控制工程设计的目的和意义 …… 2

1.1.2　大气污染控制工程设计的原则 …… 2

1.1.3　大气污染控制工程设计的依据 …… 4

1.1.4　大气污染控制工程设计的安全要求 …… 9

1.2　大气污染控制工程课程设计概述 …… 10

1.2.1　课程设计的目的和意义 …… 10

1.2.2　课程设计的选题要求 …… 10

1.2.3　课程设计的内容与步骤 …… 11

1.2.4　课程设计的注意事项 …… 12

1.3　大气污染控制系统组成 …… 12

第2章　通风系统设计 …… 13

2.1　气体收集方式 …… 13

2.1.1　全面通风 …… 13

2.1.2　局部通风 …… 14

2.2　气体收集装置 …… 15

2.2.1　集气罩的分类 …… 15

2.2.2　集气罩设计计算 …… 18

2.3　通风管道 …… 23

2.3.1　通风管道设计的基本要求 …… 23

2.3.2　通风管道设计示意图 …… 24

2.3.3　通风管道风速的确定 …… 24

2.3.4　通风管道截面的确定 …… 24

2.3.5　通风管道阻力损失计算 …… 25

2.3.6　风机选型和排气筒高度设计 …… 29

2.4　通风系统设计案例 …… 30

2.4.1　设计任务书 ······ 30
2.4.2　通风系统的设计计算 ······ 32
2.4.3　风机系统计算 ······ 40
2.4.4　排气筒计算 ······ 41
参考文献 ······ 42
第 3 章　工业废气预处理设计 ······ 43
3.1　预处理除尘装置 ······ 43
3.1.1　机械式除尘器 ······ 43
3.1.2　过滤式除尘器 ······ 45
3.1.3　湿式除尘器 ······ 49
3.1.4　电除尘器 ······ 55
3.1.5　除尘器的选取原则 ······ 57
3.1.6　除尘器的性能和适用范围 ······ 58
3.2　其他废气调节设备 ······ 59
3.3　喷涂行业预处理设计案例 ······ 60
3.3.1　设计任务书 ······ 60
3.3.2　工艺方案的比较确定 ······ 61
3.3.3　处理单元的设计计算 ······ 62
3.3.4　图纸绘制 ······ 65
参考文献 ······ 66
第 4 章　气态污染物吸收设计 ······ 67
4.1　吸收机理 ······ 67
4.1.1　气液相平衡 ······ 67
4.1.2　吸收理论 ······ 68
4.1.3　吸收速率与吸收系数 ······ 68
4.2　吸收操作条件 ······ 70
4.2.1　吸收剂 ······ 70
4.2.2　操作温度和压力 ······ 71
4.3　吸收设备与流程 ······ 72
4.3.1　吸收设备 ······ 72
4.3.2　吸收流程 ······ 73
4.4　填料塔及其吸收过程设计 ······ 74
4.4.1　填料的选择 ······ 75
4.4.2　吸收过程的物料衡算与操作线方程 ······ 80

4.4.3 工艺尺寸的计算 ……84
4.4.4 附属结构 ……89
4.5 气态污染物吸收设计案例 ……93
4.5.1 设计任务书 ……93
4.5.2 设计方案 ……93
4.5.3 填料塔的设计计算 ……94
参考文献 ……98
第 5 章 VOCs 吸/脱附系统设计 ……99
5.1 吸附材料、设备与工艺 ……99
5.1.1 吸附材料 ……99
5.1.2 吸附设备 ……100
5.1.3 吸附工艺 ……109
5.2 VOCs 吸/脱附系统设计案例 ……111
5.2.1 设计任务书 ……111
5.2.2 VOCs 吸附系统设计计算 ……111
5.2.3 VOCs 脱附系统设计计算 ……113
5.2.4 图纸 ……115
参考文献 ……116
第 6 章 VOCs 冷凝系统设计 ……117
6.1 冷凝装置 ……117
6.1.1 表面式冷凝器 ……118
6.1.2 混合式冷凝器 ……120
6.1.3 其他类型冷凝器 ……121
6.1.4 冷凝器计算 ……122
6.2 制冷剂的分类和选用 ……124
6.2.1 制冷剂的选用 ……124
6.2.2 制冷剂的分类 ……126
6.3 制冷压缩机的选用 ……129
6.4 设计案例 ……131
6.4.1 设计任务书 ……131
6.4.2 冷凝系统设计 ……131
参考文献 ……140
第 7 章 VOCs（催化）燃烧系统设计 ……141
7.1 VOCs（催化）燃烧装置类型 ……142

7.1.1 直接燃烧装置 142
7.1.2 催化燃烧装置和蓄热燃烧装置 142
7.2 VOCs（催化）燃烧装置的组成 147
7.2.1 进气系统 147
7.2.2 加热器 147
7.2.3 换热器 148
7.2.4 切换阀 149
7.2.5 催化反应器 149
7.2.6 催化剂 150
7.3 重要设计参数 151
7.3.1 最高允许浓度 151
7.3.2 热量平衡 152
7.3.3 气流停留时间和燃烧室容积 153
7.3.4 设计风量 154
7.3.5 净化效率 154
7.3.6 热回收效率 154
7.3.7 阻力损失 155
7.3.8 催化反应空速 155
7.4 VOCs（催化）燃烧组合工艺 155
7.4.1 预处理＋活性炭吸附浓缩＋催化燃烧 155
7.4.2 减风增浓＋蓄热氧化燃烧 156
7.5 工程设计案例 156
7.5.1 工程概况 156
7.5.2 设计内容 157
7.5.3 设计参数 157
7.5.4 废气治理方案 157
7.5.5 废气治理系统实物 160
参考文献 161
第 8 章 脱硫系统设计 163
8.1 脱硫工艺及设备 163
8.1.1 石灰-石膏法 164
8.1.2 钠碱法 168
8.1.3 克劳斯法 171
8.1.4 碳酸氢钠干法 173

8.1.5　活性炭吸附/催化法……174
8.2　脱硫系统设计案例……176
8.2.1　设计任务书……176
8.2.2　设计方案的比较和确定……177
8.2.3　处理单元的设计计算……178
8.2.4　绘制工艺流程图……182
参考文献……182
第 9 章　脱硝系统设计……184
9.1　脱硝工艺及设备……184
9.1.1　选择性催化还原法……184
9.1.2　选择性非催化还原法……187
9.1.3　吸收法……188
9.1.4　烟气及尾气净化中的 SCR 工艺应用……189
9.2　脱硝系统设计案例……192
9.2.1　设计任务书……192
9.2.2　处理单元设计计算……193
9.2.3　绘制工艺流程图、设备图……197
参考文献……198
第 10 章　CO_2 捕集系统设计……199
10.1　CO_2 捕集技术及工艺……199
10.1.1　吸附法……199
10.1.2　吸收法……204
10.2　CO_2 捕集系统设计案例……210
10.2.1　设计任务书……210
10.2.2　工艺方案的比较确定……210
10.2.3　处理单元的设计计算……211
10.2.4　绘制工艺流程图、设备图……222
参考文献……224
第 11 章　设计说明书编写要求……225
11.1　设计说明书……225
11.2　投资估算的编制依据、步骤与方法……227
11.2.1　投资估算的编制依据……227
11.2.2　投资估算步骤与方法……227
11.3　技术经济指标……229

11.3.1 技术经济指标分类 …… 229
11.3.2 技术经济指标比较案例 …… 231
11.4 投资估算案例 …… 232
参考文献 …… 234
附录 …… 235

第1章 绪　　论

我国“碳达峰、碳中和”战略目标的提出为大气污染治理和空气质量改善注入了新的动能，也带来了新的挑战。2023 年 11 月，国务院印发《空气质量持续改善行动计划》（以下简称《行动计划》），明确了推动空气质量持续改善的总体思路、改善目标、重点任务和责任落实，要求协同推进降碳、减污、扩绿、增长，大力推动氮氧化物和挥发性有机物（VOCs）减排，突出了统筹兼顾空气质量改善和经济高质量发展的工作总基调。协同推进减污降碳已成为我国社会发展全面绿色转型的必然选择。

在《行动计划》的指引下，全国各行业各部门为推进减污降碳做出了相应的努力。首先，《中华人民共和国大气污染防治法》《中华人民共和国清洁生产促进法》等法律法规的修订在持续推进中，环境标准、技术规范体系和环境保护税征收体系不断完善。针对传统产业集群，开展全面升级改造，优化含 VOCs 原辅材料和产品结构，推动绿色环保产业健康发展。新能源（如风能、太阳能、生物质能等）、清洁能源技术的应用越来越广泛，加快了能源清洁低碳高效发展。低浓度、大风量、中小型 VOCs 排放污染治理技术和装备正在被广泛应用，VOCs 关键功能性吸附催化材料的效果和稳定性得到不断提升。持续深入工业源、移动源等方向的 NO_x 减排技术研发和推广应用，大力支持低温脱硝、光催化技术、生物脱硝等新兴方向的开拓。这些技术的发展为减污降碳协同控制提供了新的手段。与此同时，在政府企业的动员下，社会各界广泛参与到大气环境保护中，逐渐形成一种简约适度、绿色低碳、文明健康的生活方式。

尽管如此，实现环境效益、经济效益和社会效益多赢的目标愿景仍任重而道远。其中，最关键的问题之一是如何开展大气污染物与温室气体排放协同控制，实现双重效益。这就要求采取系统的、综合的环境治理策略，从而对大气污染控制工程提出了新的挑战。另外，中国各地区发展水平参差不齐，对大气污染控制的需求和能力也存在着差异。因此，如何因地制宜地开展大气污染控制，是一个亟待解决的问题。气候变化和大气污染是全球性问题，需要加强国际技术交流和政策协调。

在这样复杂多变的背景下，我国的大气污染控制面临着严峻的挑战，更呈现出崭新的发展态势。因此，本书紧密结合目前的新形势，以近年来科研工作和企业实际工程项目的代表性实践成果为基础编写而成，既可为高等院校环境工程及相近专业的教师和学生的大气污染控制工程课程设计提供参考和指导，也可供从事大气污染控制工作的工程技术人员参考。

1.1 大气污染控制工程设计概述

1.1.1 大气污染控制工程设计的目的和意义

大气污染控制工程设计是指针对大气污染问题设计和实施各种技术与工程措施，以减少或消除大气污染物，保护环境和人类健康的过程。包括对烟尘、二氧化硫、氮氧化物、二氧化碳、甲烷等的控制。大气污染控制工程设计的目的主要是减少或消除来自工业、交通、农业等人类活动产生的大气污染物，确保污染物排放达到国家和地方规定的标准，并通过技术手段提高能源利用效率，推动“碳达峰”和“碳中和”目标的实现，促进可持续发展。

大气污染控制工程设计不仅关乎环境保护的迫切需求，还直接影响公众健康和人类社会可持续发展，具有广泛而深远的意义，主要体现在以下几个方面。

（1）保护环境与人类健康：大气污染控制工程设计的实施，有助于降低空气中的有害物质浓度，减轻对环境的破坏和对人体健康的危害，这对于维护生态平衡和人类社会的可持续发展具有重要意义。

（2）促进节能减排：通过采用先进的污染治理技术和设备，可以显著降低能源消耗和污染物排放，推动企业和行业的绿色转型和升级，这不仅有助于缓解能源压力和环境压力，还有助于提高企业的竞争力和市场地位。

（3）应对气候变化：大气污染与气候变化密切相关，通过减少温室气体的排放，大气污染控制工程对于减缓全球气候变暖趋势、应对极端天气事件等方面也具有积极作用。

（4）推动技术创新与发展：大气污染控制工程领域通过不断研发新技术、新工艺、新装备和新材料，提高治理效果、降低成本并拓展应用领域，推动整个环境保护行业的发展。

1.1.2 大气污染控制工程设计的原则

1. 工程设计的一般原则

大气污染控制工程设计首先要遵循工程设计的一般原则，即贯彻国家方针政策，坚持技术先进、安全可靠、节约资源、经济合理的原则。

（1）贯彻国家方针政策：设计中要认真贯彻国家的经济建设方针、政策，如产业政策、技术政策、能源政策、环保政策等，正确处理各产业之间、长期与近期之间、生产与生活之间等各方面的关系。

（2）采用先进适用的技术：在设计中要尽量采用先进的、成熟的、适用的技术，在符合我国管理水平和技术水平的前提下，积极吸收和引进国外的先进技术和经验。采用的新技术要经过试验且要有正式的技术鉴定。引进国外新技术、进口国外设备，要与我国的技术标准、原材料供应、生产协作配套、零件维修的供给条件相协调。

（3）坚持安全可靠、质量第一的原则：工程设计项目建成投产后，应能保持长期安全正常生产。

（4）坚持资源节约利用的原则：应根据技术上的可能性和经济上的可行性，通过科学合理的设计，最大限度减少资源的消耗和浪费，提高资源的使用效率。

（5）坚持经济合理的原则：在有限的资源和经济条件下，应使建设项目达到项目投资的目标，取得投资省、工期短、技术经济指标最佳的效果。

2. 污染控制场景实施原则

除了遵循工程设计的一般原则，进行大气污染控制工程设计时还应遵循以下原则。

（1）优化技术路径，实现碳污协同减排：统筹大气污染物控制与温室气体减排的相关要求，优化治理目标、治理工艺和技术路线，优先采用基于自然的解决方案，加强技术研发应用，强化多污染物与温室气体协同控制，增强污染防治与碳排放治理的协调性。

（2）基础数据可靠，总体布局合理：应确保设计所依赖的数据准确、可靠，如污染源的排放量、污染物种类及浓度等；设计总体布局需考虑环境、经济、技术等多方面因素，确保系统高效运行且对环境影响最小。

（3）操作管理简单，具有安全冗余：设计方案应考虑操作的便捷性和安全性，便于日常管理和维护；各工艺参数的选择应留有安全冗余，充分考虑可能发生的异常情况，以确保系统在各种工况下都能稳定运行并达标排放。

（4）考虑处理单元的全生命周期管理：旨在设计、建设、运行、维护的各个阶段，通过绿色生产、质量控制、合理选型、资源化利用、无害化处理等措施，有效控制和减少工程本身所造成的环境污染与资源浪费。

3. 大气污染物排放总量控制原则

进行大气污染控制工程设计时，应遵循大气污染物排放总量控制原则。总量控制制度是我国生态环境主管部门依据所勘定的区域环境容量确立的污染物排放监管机制，其通过确定区域污染物总量控制目标，向排污单位分配排放份额的方式实施。大气污染物排放总量控制旨在通过科学的方法和合理的措施来限制和控制大气污染物的排放量，以改善空气质量和保护生态环境。具体内容如下。

（1）源头控制与全过程控制相结合：强调从污染产生的源头进行控制，减少污染物的产生和排放，同时实施全过程控制，确保在整个生产或活动过程中都采取有效的污染防治措施。

（2）合理利用大气自净能力与人为措施相结合：在充分考虑大气环境自净能力的基础上，结合人为的污染治理和管理措施，共同实现大气污染物的有效控制。

（3）分散治理与综合防治相结合：既注重单个污染源的分散治理，又强调区域性的综合防治措施，形成协同效应，提高整体治污效果。

（4）按功能区实行总量控制与浓度控制相结合：根据不同功能区的环境质量要求和目标，合理确定大气污染物的总量控制和浓度控制指标，实现精准施策。

（5）技术措施与管理措施相结合：在采用先进的污染治理技术的同时，加强环境管理和监管力度，确保各项治污措施得到有效执行和落实。

为确保"碳达峰"目标和"碳中和"目标的实现，国务院于 2021 年 12 月印发了《"十四五"节能减排综合工作方案》，指出要进一步健全污染物排放总量控制制度，坚持精准治污、科学治污、依法治污，把污染物排放总量控制制度作为加快绿色低碳发展、推动结构优化调整、提升环境治理水平的重要抓手，推进实施重点减排工程，形成有效减排能力。"十四五"期间，大气污染总量控制的目标在于进一步改善空气质量、保护生态环境和人民健康。总体的控制思路是分区域、分阶段实现达标，这要求根据不同地区的污染状况和治理能力，关注体现空气质量改善的标志性指标，制定差异化的减排目标和控制措施。重点污染物总量控制方面，$PM_{2.5}$和臭氧（O_3）的协同控制被置于重要位置，需要持续削减相关污染物的排放量，降低$PM_{2.5}$浓度，同时遏制O_3浓度的上升势头。同时，也需要继续加强二氧化硫（SO_2）、氮氧化物（NO_x）等传统污染物的排放控制，确保达到国家排放标准。"十四五"时期也将大力推进节能减排重点工程，对钢铁、水泥、焦化等重点行业实行超低排放改造；加快推进能源结构调整，实施煤炭总量控制政策，逐步减少煤炭在一次能源消费中的比重，推动风能、太阳能等清洁能源替代，实现减污降碳协同增效。

1.1.3 大气污染控制工程设计的依据

大气污染控制工程设计的依据主要包括国家及地方的法律法规及标准规范、政策文件、建设项目的可行性研究报告、政府有关批文及设计委托合同等。

1. 法律法规

我国已经形成了完整的环境保护法律法规体系，由多个层级构成，包括宪法、环境保护基本法、环境保护行政法规、规章等。《中华人民共和国宪法》和《中华人民共和国环境保护法》规定了国家对环境保护和自然生态的建设职责，为保护和改善环境，防治污染和其他公害，保障公众健康，推进生态文明建设，促进经济社会可持续发展提供了法律依据。《中华人民共和国大气污染防治法》是进行大气污染控制工程设计时必须依据的核心法律，它对大气污染防治标准和限期达标规划、大气污染防治的监督管理及大气污染防治措施等做出了详细的规定。与大气污染控制相关的管理条例主要有《排污许可管理条例》《消耗臭氧层物质管理条例》《规划环境影响评价条例》《建设项目环境保护管理条例》等。在设计时既要使设计目标满足法规要求，还应注意使设计项目本身也满足法规要求。

表 1.1 列举了大气污染控制工程设计中涉及的国家级法律法规。

表 1.1　大气污染控制工程设计国家级法律法规

序号	分类	名称
（1）	法律	《中华人民共和国环境保护法》 《中华人民共和国大气污染防治法》 《中华人民共和国节约能源法》 《中华人民共和国循环经济促进法》 《中华人民共和国环境保护税法》 《中华人民共和国环境影响评价法》 《中华人民共和国清洁生产促进法》
（2）	行政法规	《规划环境影响评价条例》 《建设项目环境保护管理条例》 《环境保护税法实施条例》 《消耗臭氧层物质管理条例》 《排污许可管理条例》 《碳排放权交易管理暂行条例》
（3）	规章	《排污许可管理办法》 《温室气体自愿减排交易管理办法（试行）》 《重点管控新污染物清单》 《碳排放权交易管理办法（试行）》 《建设项目环境影响评价分类管理名录》 《生态环境部建设项目环境影响报告书（表）审批程序规定》 《建设项目环境影响报告书（表）编制监督管理办法》 《建设项目环境影响登记表备案管理办法》 《建设项目环境影响后评价管理办法（试行）》 《突发环境事件应急管理办法》 《污染源自动监控管理办法》

2. 生态环境标准

国家、地方及行业标准是大气污染控制工程设计中最为关键的依据。工程设计必须符合国家强制性标准的规定，同时遵循现行的环境工程建设标准和设计规范。大气污染控制工程设计中可能涉及的国家标准主要包括大气环境质量标准、大气固定源污染物排放标准、大气移动源污染物排放标准、环境影响评价标准、排污许可标准、清洁生产标准、环境保护产品技术要求、环境保护工程技术规范、污染防治技术指南等几大类。其中大气环境质量标准规定了环境空气功能区分类、标准分级、污染物项目、平均时间及浓度限值、监测方法、数据统计的有效性及实施与监督等内容；环境影响评价标准用于规范和指导建设项目的环境影响评价工作；排污许可标准用于指导和规范各排污单位的排污许可证申请与核发工作，提出污染防治技术要求及合规判定方法；清洁生产标准用于工业企业的清洁生产审核，为工业企业开展清洁生产提供技术支持和导向；环境保护产品技术要求用于规范环保产品的设计、生产、制造、安装和验收；环境保护工程技术规范规定了各行业废气治理工程的设计、施工、验收和运行维护的技术要求；污染防治技术指南提出了对应行业废气污染防治的可行技术。

在设计时，需要根据污染源来选择不同的标准作为设计依据。在实际中，有相关地方标准的，应优先于国家标准执行。污染源无行业标准的，应依据《大气污染物综合排放标准》（GB 16297-1996）的有关限值；有行业标准的则依据对应的行业标准。此外，还应根据设计的内容，依据现行的相关行业的技术标准和规范进行设计，例如除尘设计中可能需要依据的《火电厂除尘工程技术规范》（HJ 2039-2014）、《电除尘工程通用技术规范》（HJ 2028-2013）等。环境工程设计的可行性研究报告、初步设计文件、施工图和工程预算文件的编制，在《环境工程设计文件编制指南》（HJ 2050-2015）中有详细要求。

表 1.2 列举了大气污染控制工程设计中可能涉及的国家标准。行业标准较多，此处仅举例，应根据行业类型选择对应行业的相关标准或技术规范作为参考。未涉及的标准全文可以前往国家标准全文公开系统、中华人民共和国生态环境部等网站查找。

表 1.2 大气污染控制工程设计可依据的国家标准

序号	分类	名称	
(1)	大气固定源污染物排放标准	综合标准	《大气污染物综合排放标准》（GB 16297-1996）； 《恶臭污染物排放标准》（GB 14554-1993）
		行业标准	《石灰、电石工业大气污染物排放标准》（GB 41618-2022）； 《矿物棉工业大气污染物排放标准》（GB 41617-2022）； 《玻璃工业大气污染物排放标准》（GB 26453-2022）；

续表

<table>
<tr><th>序号</th><th>分类</th><th colspan="2">名称</th></tr>
<tr><td>（1）</td><td>大气固定源污染物排放标准</td><td>行业标准</td><td>《印刷工业大气污染物排放标准》（GB 41616-2022）；
《加油站大气污染物排放标准》（GB 20952-2020）；
《储油库大气污染物排放标准》（GB 20950-2020）；
《铸造工业大气污染物排放标准》（GB 39726-2020）；
《农药制造工业大气污染物排放标准》（GB 39727-2020）；
《陆上石油天然气开采工业大气污染物排放标准》（GB 39728-2020）；
《涂料、油墨及胶粘剂工业大气污染物排放标准》（GB 37824-2019）；
《制药工业大气污染物排放标准》（GB 37823-2019）；
《挥发性有机物无组织排放控制标准》（GB 37822-2019）；
《烧碱、聚氯乙烯工业污染物排放标准》（GB 15581-2016）；
《无机化学工业污染物排放标准》（GB 31573-2015）；
《石油化学工业污染物排放标准》（GB 31571-2015）；
《石油炼制工业污染物排放标准》（GB 31570-2015）；
《火葬场大气污染物排放标准》（GB 13801-2015）；
《再生铜、铝、铅、锌工业污染物排放标准》（GB 31574-2015）；
《合成树脂工业污染物排放标准》（GB 31572-2015）；
《锅炉大气污染物排放标准》（GB 13271-2014）；
《锡、锑、汞工业污染物排放标准》（GB 30770-2014）；
《电池工业污染物排放标准》（GB 30484-2013）；
《水泥工业大气污染物排放标准》（GB 4915-2013）；
《砖瓦工业大气污染物排放标准》（GB 29620-2013）；
《轧钢工业大气污染物排放标准》（GB 28665-2012）；
《炼钢工业大气污染物排放标准》（GB 28664-2012）；
《炼铁工业大气污染物排放标准》（GB 28663-2012）；
《钢铁烧结、球团工业大气污染物排放标准》（GB 28662-2012）；
《火电厂大气污染物排放标准》（GB 13223-2011）；
《煤炭工业污染物排放标准》（GB 20426-2006）；
《工业炉窑大气污染物排放标准》（GB 9078-1996）。</td></tr>
<tr><td>（2）</td><td>大气移动源污染物排放标准</td><td colspan="2">《重点行业移动源监管与核查技术指南》（HJ 1321-2023）；
《油品运输大气污染物排放标准》（GB 20951-2020）。</td></tr>
<tr><td>（3）</td><td>环境影响评价标准</td><td colspan="2">《规划环境影响评价技术导则 总纲》（HJ 130-2019）；
《建设项目环境风险评价技术导则》（HJ 169-2018）；
《环境影响评价技术导则 大气环境》（HJ 2.2-2018）；
《环境影响评价技术导则 陆地石油天然气开发建设项目》（HJ 349-2023）；
《规划环境影响评价技术导则 产业园区》（HJ 131-2021）；
《建设项目竣工环境保护设施验收技术规范 造纸工业》（HJ 408-2021）；
《建设项目竣工环境保护设施验收技术规范 汽车制造业》（HJ 407-2021）；
《建设项目竣工环境保护设施验收技术规范 乙烯工程》（HJ 406-2021）；
《建设项目竣工环境保护设施验收技术规范 石油炼制》（HJ 405-2021）；
《建设项目竣工环境保护设施验收技术规范 钢铁工业》（HJ 404-2021）；
《建设项目竣工环境保护设施验收技术规范 水泥工业》（HJ 256-2021）；
《建设项目竣工环境保护设施验收技术规范 电解铝及铝用碳素工业》（HJ 254-2021）。</td></tr>
<tr><td>（4）</td><td>排污许可标准</td><td colspan="2">《排污许可证申请与核发技术规范总则》（HJ 942-2018）；
《排污许可证质量核查技术规范》（HJ 1299-2023）；
《排污许可证申请与核发技术规范 储油库、加油站》（HJ 1118-2020）。</td></tr>
<tr><td>（5）</td><td>清洁生产标准</td><td colspan="2">《清洁生产标准 石油炼制业（沥青）》（HJ 443-2008）；
《清洁生产标准 化纤行业（涤纶）》（HJ/T 429-2008）。</td></tr>
</table>

续表

序号	分类	名称
（6）	环境保护产品技术要求	《环境保护产品技术要求 电袋复合除尘器》（HJ2529-2012）； 《环境保护产品技术要求 柴油车排气后处理装置》（HJ 451-2008）； 《环境保护产品技术要求 工业有机废气催化净化装置》（HJ/T 389-2007）； 《环境保护产品技术要求 工业废气吸收净化装置》（HJ/T 387-2007）； 《环境保护产品技术要求 工业废气吸附净化装置》（HJ/T 386-2007）； 《环境保护产品技术要求 分室反吹类袋式除尘器》（HJ/T 330-2006）； 《环境保护产品技术要求 袋式除尘器用滤料》（HJ/T 324-2006）； 《环境保护产品技术要求 电除尘器》（HJ/T 322-2006）； 《环境保护产品技术要求 湿式烟气脱硫除尘装置》（HJ/T 288-2006）； 《环境保护产品技术要求 工业粉尘湿式除尘装置》（HJ/T 285-2006）
（7）	环境保护工程技术规范	《大气污染治理工程技术导则》（HJ 2000-2010）； 《玻璃工业废气治理工程技术规范》（HJ 1281-2023）； 《炼焦化学工业废气治理工程技术规范》（HJ 1280-2023）； 《包装印刷业有机废气治理工程技术规范》（HJ 1163-2021）； 《工业锅炉烟气治理工程技术规范》（HJ 462-2021）； 《工业企业挥发性有机物泄漏检测与修复技术指南》（HJ 1230-2021）； 《生活垃圾焚烧飞灰污染控制技术规范（试行）》（HJ 1134-2020）； 《蓄热燃烧法工业有机废气治理工程技术规范》（HJ 1093-2020）； 《陶瓷工业废气治理工程技术规范》（HJ 1092-2020）； 《石油炼制工业废气治理工程技术规范》（HJ 1094-2020）； 《铜冶炼废气治理工程技术规范》（HJ 2060-2018）； 《燃煤电厂超低排放烟气治理工程技术规范》（HJ 2053-2018）； 《氨法烟气脱硫工程通用技术规范》（HJ 2001-2018）； 《石灰石/石灰-石膏湿法烟气脱硫工程通用技术规范》（HJ 179-2018）； 《烟气循环流化床法烟气脱硫工程通用技术规范》（HJ 178-2018）； 《钢铁工业烧结机烟气脱硫工程技术规范湿式石灰石/石灰-石膏法》（HJ 2052-2016）； 《铅冶炼废气治理工程技术规范》（HJ 2049-2015）； 《火电厂烟气脱硫工程技术规范 海水法》（HJ 2046-2014）； 《火电厂烟气治理设施运行管理技术规范》（HJ 2040-2014）； 《火电厂除尘工程技术规范》（HJ 2039-2014）； 《铝电解废气氟化物和粉尘治理工程技术规范》（HJ 2033-2013）； 《电除尘工程通用技术规范》（HJ 2028-2013）； 《催化燃烧法工业有机废气治理工程技术规范》（HJ 2027-2013）； 《吸附法工业有机废气治理工程技术规范》（HJ 2026-2013）； 《袋式除尘工程通用技术规范》（HJ 2020-2012）； 《火电厂烟气脱硝工程技术规范 选择性非催化还原法》（HJ 563-2010）； 《火电厂烟气脱硝工程技术规范 选择性催化还原法》（HJ 562-2010）； 《钢铁工业除尘工程技术规范》（HJ 435-2008）； 《水泥工业除尘工程技术规范》（HJ 434-2008）
（8）	污染防治技术指南	《印刷工业污染防治可行技术指南》（HJ 1089-2020）； 《陶瓷工业污染防治可行技术指南》（HJ 2304-2018）； 《火电厂污染防治可行技术指南》（HJ 2301-2017）
（9）	其他标准	《环境工程设计文件编制指南》（HJ 2050-2015）； 《环境工程技术分类与命名》（HJ 496-2009）

3. 政策文件

除法律法规和标准规范外，国家和地方的政策文件也是大气污染控制工程设计的重要依据，包括中央和国务院有关文件，各部委办公厅文件，以及司函和联合发文等。这些政策文件为具体工程的设计提供了方向和指导要求。

2022 年 6 月，七部委联合发布《减污降碳协同增效实施方案》，以突出协同增效、强化源头防控、优化技术路径、注重机制创新、鼓励先行先试为原则，有效提升减污降碳协同能力，推进大气污染防治重点区域碳达峰与空气质量改善协同。2023 年 11 月，国务院印发了《空气质量持续改善行动计划》，计划指出，要协同推进降碳、减污、扩绿、增长，以改善空气质量为核心，以减少重污染天气和解决人民群众身边的突出大气环境问题为重点，以降低细颗粒物（$PM_{2.5}$）浓度为主线，大力推动氮氧化物和挥发性有机物（VOCs）减排。2024 年 7 月，中共中央、国务院印发了《关于加快经济社会发展全面绿色转型的意见》，指出要以碳达峰碳中和工作为引领，协同推进降碳、减污、扩绿、增长，深化生态文明体制改革，健全绿色低碳发展机制，加快经济社会发展全面绿色转型；强调稳妥推进能源绿色低碳转型，推进交通运输绿色转型，推进城乡建设发展绿色转型，推动消费模式绿色转型，实施全面节约战略，发挥科技创新支撑作用，加强绿色转型国际合作。

4. 其他依据

在大气污染控制工程设计过程中，可行性研究报告、政府有关批文和设计委托合同书工程项目也是重要的依据。在开展具体设计前都应进行可行性研究，对工程项目进行全面分析和论证评估。可行性研究报告的内容主要包括项目背景总述、需求预测和拟建规模、原材料及公用设施情况、建设条件和选址方案、设计方案、环境现状、实施进度、投资估算和社会及经济效益评价等。可行性研究报告明确项目的治理目标、处理规模和处理效率等，同时供主管部门审批上报。环境工程项目需经有关部门批准，发放建设许可批文（如环境保护审查批文、土地使用批文、消防审查批文等）后，方可进行工程建设。设计单位承接企业建设项目设计任务时，需与企业签订设计合同，明确设计要求和职责。

1.1.4 大气污染控制工程设计的安全要求

在大气污染控制工程的设计、施工和运行中，安全是贯穿始终最重要的要求。污染治理过程中往往涉及高温、高压、电气、有毒有害危险品等安全风险，若不能准确识别并预防，可能会引发安全事故。为了避免事故的发生，需要采取一系列风险管控措施。

（1）合理设计项目：合理规划环保设施建设位点，避免在高危区域增设含危险源的环保设施。在工程设计时应遵循各设备的设计规范和场地的平面设计规范，做好电气安全、机械安全、防火防爆、职业卫生等方面的设计和验收。

（2）强化过程管理：编制设施投用时的试生产方案，科学组织试生产工作；对不同尾气混合集中收集时，应对各种尾气间的相互影响开展风险分析，避免发生反应；对尾气的爆炸极限、闪点、燃点等进行检定；在密闭空间中应采用集气罩、气相软管等设施回收无组织排放的气体，同时保持良好的通风，减少挥发物局部积聚现象；在关键部位设置连锁保护，布置止回、防火、防爆等安全装置。

（3）做好应急响应：根据项目实际情况和可能面临的安全风险，制定详细可行的应急预案，明确应急处置流程、责任人和所需资源等；定期组织应急演练，确保在突发情况下能够迅速有效采取应对措施。

1.2　大气污染控制工程课程设计概述

1.2.1　课程设计的目的和意义

大气污染控制工程是环境科学领域一门关键的课程，专注于预防和减少大气污染，以保护人类健康和环境。这门课程的设计旨在让学生将大气污染控制的基本理论应用于实际工程设计中，在实践中加深对理论知识的理解和掌握，培养学生的专业知识水平、技术和能力。

（1）理解大气污染的来源与影响：通过课程，学生将理解大气污染的源头，如工业排放、汽车尾气、农业活动等，以及它们如何影响空气质量和人类健康。

（2）掌握污染控制原理和技术：学生将学习各种大气污染控制技术，包括物理法、化学法、生物法等，以及它们的应用和效果。

（3）培养工程设计和项目管理能力：通过实践操作和项目设计，学生将获得从计划、设计到实施的大气污染控制项目所需的技能。

1.2.2　课程设计的选题要求

在形势严峻、复杂多变的大背景下，大气污染控制工程课程设计的选题要求应该更加注重环保和可持续发展。通常应该考虑包括以下几个方面。

（1）实际应用性：选题应与大气污染控制的主题紧密相关，能够体现大气污染控制的理论知识与实际应用相结合。例如，研究如何通过改进现有技术来减少工业生产中的碳排放。

（2）技术性：选题应涵盖大气污染控制的主要技术，如烟气净化、工业排放控制、碳捕集、利用与封存技术等。

（3）创新性：鼓励学生选择一些新颖的、具有创新思路的课题，如新型净化材料的使用、先进的监测技术以及减污降碳协同控制技术等。

（4）科学性：课题的选取应基于科学原理和实验证据，避免基于未经证实的假设。

（5）可行性：选题应在现有资源和实验条件的限制下是可行的，即在现有的技术、设备与知识基础上能够完成。

（6）综合性：鼓励学生从多个角度和层面综合考虑问题，如政策法规、社会经济影响、环境伦理等。

（7）社会关注度：可以选择那些具有较高社会关注度的大气污染问题作为课题，这样不仅有助于提高学生的研究兴趣，而且有助于培养其社会责任感。

（8）跨学科性：大气污染控制工程的发展方向已经由单一维度的污染控制转向多维“减污”和“降碳”的协同控制。因此，课题的选取应涉及环境、生态、地学、材料和管理学等多学科的系统交叉，综合运用多学科知识来解决实际工程问题。

课程设计题目的难度和工作量应适应学生的知识和能力状况，使学生在规定时间内圆满完成任务。同时，良好的课题设计还需要明确研究目的、研究方法、预期结果以及评估标准等。课程设计题目除了由指导教师拟定外，也可以由学生结合课程内容，根据自己的兴趣和职业规划，以及课题的难易程度和预期成果，综合考虑自拟课程设计题目，但必须报系（部）或教研室主任审批。

1.2.3 课程设计的内容与步骤

1. 课程设计基本内容

（1）设计方案简介：包括对给定或选定的工艺流程、主要设备（构筑物）进行必要的介绍和论述。

（2）主要设备（构筑物）的工艺设计：包括工艺参数的选定、物料衡算、热量衡算、设备（构筑物）的工艺尺寸计算及结构设计。

（3）典型辅助设备的选型和计算：包括典型辅助设备的主要工艺尺寸计算和设备型号规格的选定。

（4）成本估算：主要包括设备投资与运行成本的估算，具体方法参见本书第 11 章。

（5）工艺流程图、高程图或设备图的绘制：标出主要设备（构筑物）和辅助设备的物料流向、流量、主要参数；设备（构筑物）图应包括工艺尺寸、技术特性表、接管表等。

（6）编写设计说明书。

2. 课程设计步骤

（1）阅读课程设计任务书，熟悉设计任务。
（2）收集资料，查阅相关文献。
（3）设计计算、绘图。
（4）设计说明书校核整理。

1.2.4　课程设计的注意事项

（1）注意多方案比选：对最终能够达到同样设计目的的各种不同途径、手段，从技术可行性、经济可行性和社会效益等角度进行比较和选择，筛选出最佳方案。

（2）编写课程设计说明书和绘制图纸应认真、规范，遵循学校的具体规定，确保格式统一，数据真实可靠，符合学术规范。

（3）在保证课程设计科学性的同时，可以适度引入创新元素，注重课程设计的实用性和针对性。

1.3　大气污染控制系统组成

大气污染控制系统一般由以下几部分组成，其净化流程如图 1.1 所示。

（1）气体收集系统，其功能是收集污染源排出的污染物，并将其导入净化装置中，以便综合治理。

（2）废气净化装置，其功能是去除不同种类和性质的污染物。

（3）终端排气与再处理装置，经净化并与污染物分离的废气，可通过排风机及烟囱排入大气中；如含有可回收利用成分，可将其引入相应的回收系统中。

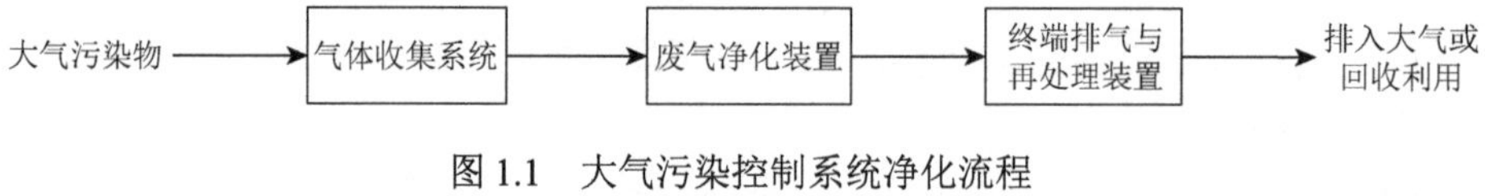

图 1.1　大气污染控制系统净化流程

为了使净化系统正常运行，根据处理对象不同（如含尘气体、有毒有害气体、高温烟气、易燃易爆气体等），在净化系统中还应增设必要的设备和部件。例如：用于除尘的排灰装置；针对高温烟气的冷却装置、余热利用装置以及满足钢材热胀冷缩变化的管道补偿器；输送易燃易爆气体时所设的阻火、防爆装置；用于调节系统风量和压力平衡的各种阀门；用于测量系统内各种参数的测量仪表、控制仪表和测孔；用于支撑和固定管道、设备的支架；用于降低通风机噪声的消音装置等。

第2章　通风系统设计

2.1　气体收集方式

通风系统作为大气污染控制系统的核心组成部分，不仅能够显著改善作业空间的空气质量，确保环境符合卫生标准，还在有效控制污染物排放、保障环境空气质量达标方面发挥着关键作用。针对不同的生产设备和工况条件，通风系统可采用多种不同的通风方式，即污染气体的收集方式，以满足特定的环境控制需求。各类通风系统的汇总如图2.1所示。

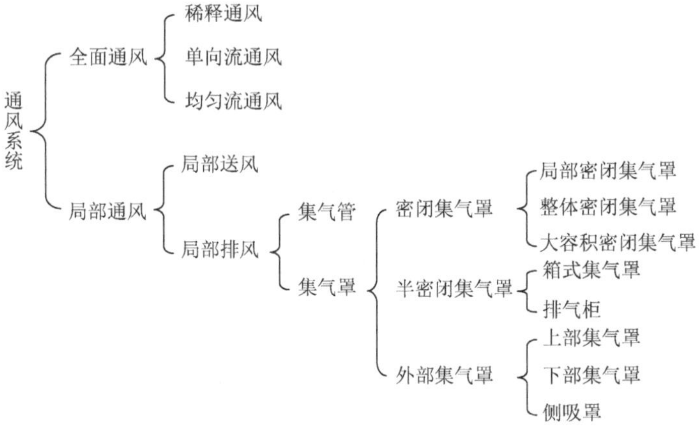

图2.1　通风系统分类

2.1.1　全面通风

污染气体的收集方式有全面通风和局部通风两种。全面通风是为了满足环境卫生标准，对整个密闭作业空间进行气流组织设计实现通风换气，使整个密闭作业空间的污染物浓度稀释到最高允许浓度限值以下，符合国家相关卫生标准要求，具有风量大、能耗高和投资高的特点。按照污染物控制机理的不同，全面通风可以分为稀释通风、单向流通风和均匀流通风等。稀释通风是对整个密闭作业空间进行通风换气，用新鲜空气把作业空间的有害污染物浓度稀释到最高允许浓度以下，所需的全面通风量较大。单向流通风是通过有组织的气流运动，控制污染物的扩散和转移，保证操作人员的呼吸区内污染物浓度达到卫生标准的要求，具有通风量较小、控制效果较好等优点。均匀流通风利用送风气流构成的均匀流把室内污染空气全部压出和置换，能有效排除室内污染空气，主要应用在汽车喷漆室等对气流、温度、湿度控制要求高的场合。

在废气处理设备的设计和使用中，全面通风量的大小不仅会直接影响处理设备的工作效果，还会影响到项目投资和运行维护等费用。当风量设计过小时，污染气体的收集效果差，未完全收集，不能达到达标排放标准；当风量设计过大时，后续的投资和运行维护费用会随之增加。因此，风量计算是废气处理设备设计中非常重要的一部分。

主风量的确定可以分为有无人员在密闭空间作业两种情况进行计算。

（1）密闭空间内有人员作业时。

通风系统风量需同时满足操作人员职业接触限值和截面风速的要求，分别按照下列两种方式计算，以最大值为系统收集风量。

以 VOCs 废气为例，按照主要成分浓度计算风量，总风量为各组分计算风量之和，各组分的计算风量公式如下：

$$L = \frac{G}{c_1 - c_2} \times 3600 \tag{2-1}$$

$$L_{总} = \sum_{i=1}^{n} L_i \tag{2-2}$$

式中：L——各组分的计算风量，m^3/h；

$L_{总}$——总风量，m^3/h；

G——密闭空间内该组分的挥发量，mg/h；

c_1——密闭空间内该组分的操作人员职业接触限值浓度，mg/m^3；

c_2——该组分的进风浓度，mg/m^3。

按照密闭空间的开口截面来计算风量，公式如下：

$$L = 3600uF \tag{2-3}$$

式中：L——按照密闭空间开口截面的计算风量，m^3/s；

u——控制风速，m/s（采用车间整体密封时，开启的外门、外窗取 1.2～1.5 m/s；其他进风面取 0.4～0.6 m/s）；

F——进风面面积，m^2。

（2）密闭空间内无人员作业时，按照式（2-3）进行计算。

2.1.2　局部通风

局部通风是在污染物产生地点直接进行捕集，经过净化处理后排出室外。局部通风系统需要的风量小，效果好。实际应用中，由于生产条件限制、污染源不固定等原因，不能采用局部通风，或者采用局部通风后污染物浓度仍然超过允许排放限值时，可以采用全面通风。设计通风系统时，宜优先考虑局部通风方式。局部通风系统分为局部送风和局部排风两大类，它们都是利用局部气流使局部工作地点不受污染物的影响，以创造良好的空气环境。在环境污染治理领域，通常使用局部排风系统。

局部排风系统一般由集气罩、风管、气体净化装置、通风机和排气筒（烟囱）等部分组成，如图 2.2 所示。

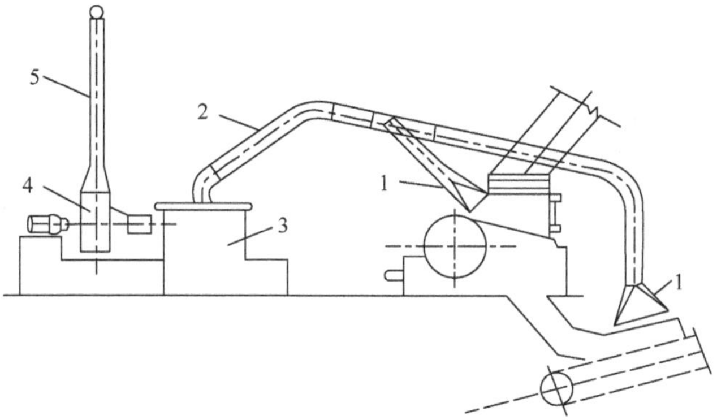

图 2.2　局部排风系统组成

1-集气罩；2-风管；3-气体净化装置；4-通风机；5-排气筒或烟囱

本章重点介绍污染气体的收集装置和通风管道的设计，净化装置设计在其他相关章节详细介绍。

2.2　气体收集装置

局部排风装置按照其形状分为两类：集气管和集气罩。对密闭的设备，若污染物在设备内部产生时，如果设备内部允许微负压存在，可采用集气管捕集污染物；对于密闭设备内部不允许微负压存在或污染物产生在污染源表面上时，则可用集气罩进行捕集。此外，对于非密闭分散污染源也需要利用集气罩进行捕集。

2.2.1　集气罩的分类

集气罩的种类繁多，按照集气罩与污染源的密闭情况以及相对位置，可以将吸气式集气罩分为密闭集气罩、半密闭集气罩、外部集气罩等。

1. 密闭集气罩

密闭集气罩通过把污染源局部或整体密闭起来，使污染物的扩散被限制在一个很小的密闭空间内，仅在适当的位置留有必要的缝隙。通过从罩中排出一定量的空气，可使罩内保持一定的负压，罩外的空气经罩上的缝隙流入罩内，达到防止污染物外逸的目的。与其他类型集气罩相比，密闭集气罩所需的排风量最小，控制效果最好，且不受室内横向气流的干扰。因此，在设计之初应优先选用密闭集气罩。一般来说，粉尘发生源常用密闭集气罩，也称防尘密闭集气罩。

密闭集气罩有局部密闭集气罩、整体密闭集气罩、大容积密闭集气罩等三类，其特点见表 2.1，示意图见图 2.3。

此外，也可以采用软帘［图 2.3（d)］对作业空间进行密闭。集气罩软帘将污染源的局部或整体密闭起来，并在罩内保持一定负压防止污染物任意扩散，可有效地收集工业废气中的有害物质，保证废气排放符合环保要求。相比传统的收集方式，集气罩软帘更加高效、环保。

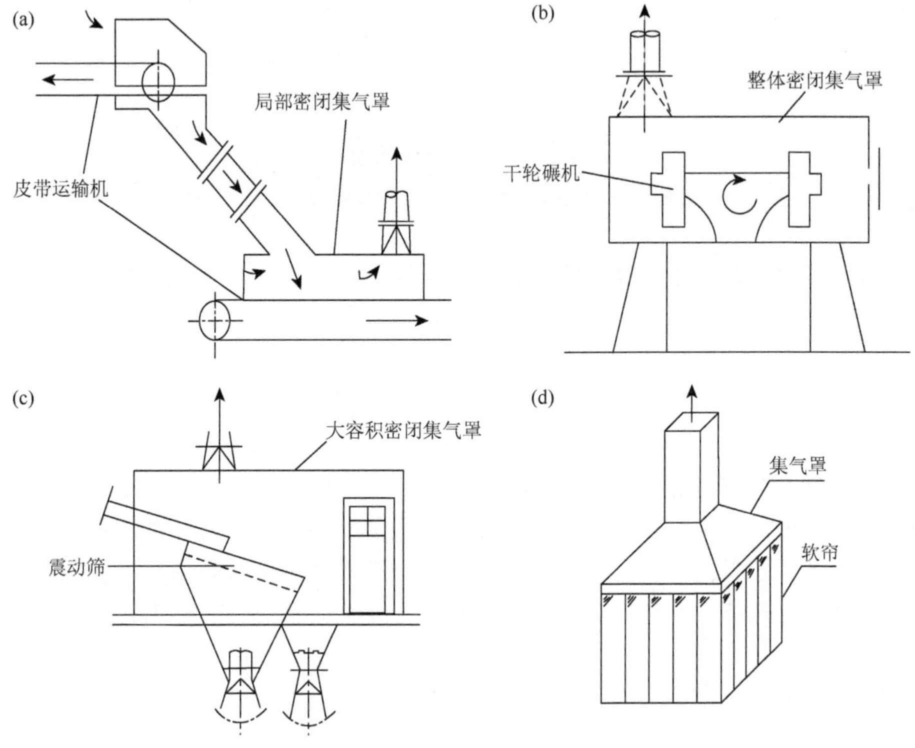

图 2.3　三种密闭集气罩和软帘

（a）局部密闭集气罩；（b）整体密闭集气罩；（c）大容积密闭集气罩；（d）软帘

表 2.1　不同类型密闭集气罩的特点

类型	特点	使用场景
局部密闭	体积小，材料消耗小，便于操作和检修	产尘点固定、气流速度小且连续产尘
整体密闭	容积大、设备大部或全部密闭	多点尘源、气速大、有振动
大容积密闭	容积大，设备检修可在罩内进行。占地面积大，材料消耗多	多点源、挥发性、气流速度大的设备或地点

2. 半密闭集气罩

半密闭集气罩有箱式集气罩和排气柜两种。由于生产工艺操作的需要，罩体的一面可全部敞开或在罩上开有较大面积的操作孔。操作时，通过孔口吸入的气流来控制污染物外逸。半密闭集气罩的工作原理和密闭集气罩类似，即将有害气体发生源围挡在柜状空间内，可视为开有较大孔口的密闭集气罩。化学实验室的通风柜和小零件喷漆箱通常使用排气柜。其特点是控制效果好，排风量比密闭集气罩大，但小于其他形式集气罩。

按排气点的位置，排气柜可分为三种：如图 2.4（a），对于冷污染源或有害气体密度大的情况，排气点设于下部；如图 2.4（b），热污染源或有害气体密度小的情况下，排气点设于上部；如图 2.4（c），柜内产热不稳定情况下，上下均设排气点。

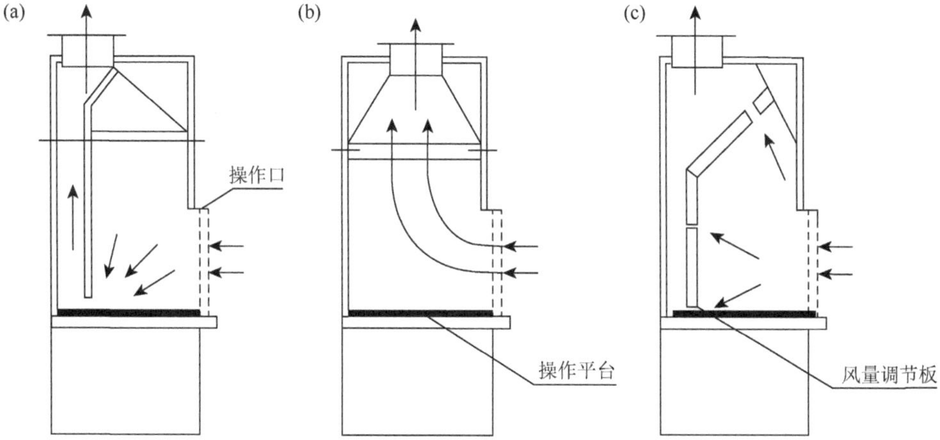

图 2.4　排气柜示意图

（a）下部排气；（b）上部排气；（c）上下排气

3. 外部集气罩

外部集气罩安装在污染源附近，通过集气罩罩口吸入气流实现对污染物的捕集，适用于设备受工艺条件限制无法密闭的场合。外部集气罩的吸气方向与污染气流运动方向往往不一致，并且罩口与污染源有一定的距离，因此一般需要较大风量才能控制污染气流的扩散。外部集气罩易受室内横向气流的干扰，导致捕集效率降低。外部集气罩形式多样，按其与污染源的相对位置可分为：上部集气罩、下部集气罩、侧吸罩，如图 2.5 所示。此外，设计时也会根据需要，在外部集气罩边缘增加挡板。

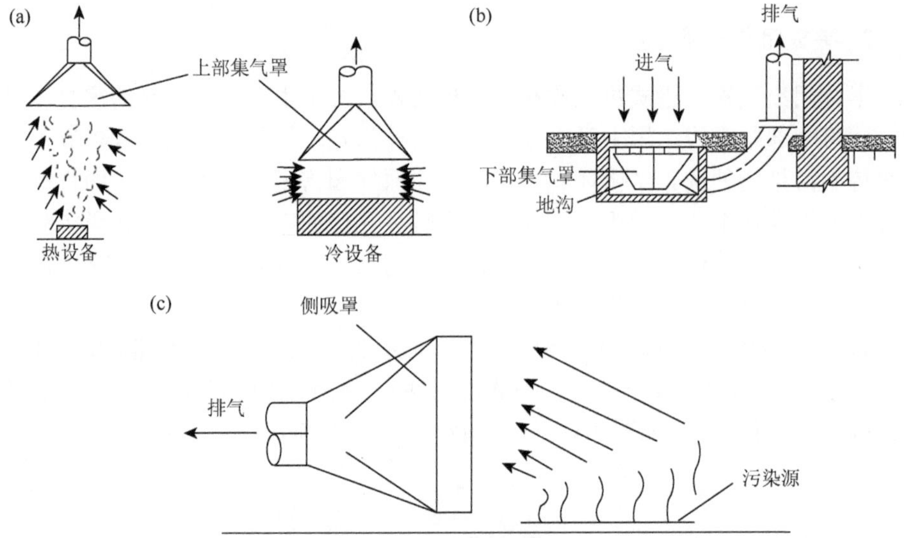

图 2.5 外部集气罩示意图

（a）上部集气罩；（b）下部集气罩；（c）侧吸罩

2.2.2 集气罩设计计算

1. 密闭集气罩设计计算

密闭集气罩的风量可以根据进、排风量平衡确定。

$$L = L_1 + L_2 + L_3 + L_4 \tag{2-4}$$

式中：L——密闭集气罩的排风量，m^3/s；

L_1——物料下落时带入罩中的诱导空气量，m^3/s；

L_2——从孔口或不严密的缝隙中吸入的空气量，m^3/s；

L_3——因工艺要求需鼓入罩内的空气量，m^3/s；

L_4——生产过程中因受热使得空气膨胀或者水分蒸发所增加的空气量，m^3/s。

以上因素中，L_3 取决于工艺设备配置，只有少量自带鼓风机的设备（如混砂

机等）才需要考虑；L_4 在工艺过程发热量抑或是物料含水率高时才需要考虑。因此，上式可以简化为

$$L = L_1 + L_2 \tag{2-5}$$

式中：L——密闭集气罩的排风量，m^3/s；

L_1——物料下落时带入罩中的诱导空气量，m^3/s；

L_2——从孔口或不严密的缝隙中吸入的空气量，m^3/s。

实际上，密闭集气罩排风量的详细计算比较复杂，需要大量实验数据作为依据。针对不同工艺设备所使用密闭集气罩的规格和形式，一般采用经验数据进行计算。以下介绍三种工程中常用的排风量计算方法。

1）依据缝隙面积计算排风量

$$L = 3600 u_0 F \beta \tag{2-6}$$

式中：L——密闭集气罩的排风量，m^3/s；

u_0——密闭集气罩中缝隙或孔口的风速，m/s；

F——密闭集气罩上孔及不严密缝隙的总面积，m^2；

β——安全系数，一般 $\beta = 1.05$～1.1。

2）依据换气次数计算排风量

$$L = Vn \tag{2-7}$$

式中：V——密闭集气罩的容积，m^3；

n——换气次数，h^{-1}。

3）依据截面风速计算排风量

$$L = 3600 A u \tag{2-8}$$

式中：A——密闭集气罩的截面积，m^2；

u——垂直于密闭集气罩截面的平均风速，m/s，一般大于 0.3 m/s。

2. 排气柜设计计算

排气柜的工作原理与密闭集气罩相似，为防止罩内有害物逸出，需在工作孔上保持一定的吸入速度（或称控制风速）。

排气柜的排风量按下式计算：

$$L = L_1 + uF\beta \tag{2-9}$$

式中：L——排气柜的排风量，m^3/s；

L_1——排气柜内有害气体散发量，m^3/s；

u——工作孔的吸入速度，m/s；

F——工作孔及不严密缝隙面积，m^2；

β——安全系数，$\beta = 1.1$～1.2。

某些特定工艺过程的工作孔的吸入速度可参照表 2.2 确定。

表 2.2　某些特定工艺过程的工作孔的吸入速度表[1]

序号	生产工艺	有害物质	速度/(m/s)
一、金属热处理			
1	油槽淬火、回火	油蒸气、油分解产物（植物油为丙烯醛）、热	0.3
2	硝石槽内淬火（400～700℃）	硝石、悬浮尘、热	0.3
3	盐槽淬火（800～900℃）	盐、悬浮尘、热	0.5
4	熔铅（400℃）	铅	1.5
二、金属电镀			
5	脱脂 汽油脱脂 氯化烃脱脂 电解脱脂	汽油蒸气 氯化氢蒸气 碱雾	0.3～0.5 0.5～0.7 0.3～0.5
6	镀铅	铅	1.5
7	酸洗 硝酸酸洗 盐酸酸洗	酸蒸气和硝酸 酸蒸气（氯化氢）	0.7～1.0 0.5～0.7
8	镀铬	铬酸雾气和蒸气	1.0～1.5
三、涂刷和溶解油漆			
9	苯、二甲苯、甲苯	溶解蒸气	0.5～0.7
10	煤油、白节油、松节油	溶解蒸气	0.5
11	喷漆	漆悬浮物和溶解蒸气	1.0～1.5
四、使用粉散材料的生产过程			
12	装料	粉尘 4 mg/m^3＜粉尘允许浓度≤10 mg/m^3 1 mg/m^3≤粉尘允许浓度≤4 mg/m^3 粉尘允许浓度＜1 mg/m^3	0.7 0.7～1.0 1.0～1.5
13	手工筛分和混合筛分	粉尘 4 mg/m^3＜粉尘允许浓度≤10 mg/m^3 1 mg/m^3≤粉尘允许浓度≤4 mg/m^3 粉尘允许浓度＜1 mg/m^3	1.0 1.25 1.5
14	称量和分装	粉尘 1 mg/m^3≤粉尘允许浓度≤10 mg/m^3 粉尘允许浓度＜1 mg/m^3	0.7 0.7～1.0
15	小件喷砂清理	硅酸盐	1～1.5
16	小零件金属喷镀	各种金属粉尘及其氧化物	1～1.5
17	水溶液蒸发	水蒸气	0.3
18	柜内化学实验工作	各种蒸气气体 允许排放浓度≥0.01 mg/L 允许排放浓度＜0.01 mg/L	0.5 0.7～1.0

续表

序号	生产工艺	有害物质	速度/(m/s)
19	焊接 用铅或焊锡焊接 用锡和其他不含铅的金属合金焊接	金属烟尘 允许排放浓度＜0.01 mg/L 允许排放浓度＜0.01 mg/L	 0.5～0.7 1.0～1.25
20	有特殊有害物质的工序（如放射性物质）	各种蒸气、气体和粉尘	2～3
21	小型制品的电焊 优质焊条 裸焊条	 金属氧化物 金属氧化物	 0.5～0.7 0.5

3. 外部集气罩设计计算

外部集气罩是利用集气罩的抽吸作用，在污染物产生地点（控制点）造成一定的气流运动，将有害物吸入罩内，加以捕集。控制点上必需的气流速度称为控制风速。控制风速的大小与工艺操作、有害物毒性、周围干扰气流运动状况等多种因素有关，设计时可参照表 2.3 确定。

表 2.3　控制点的控制风速

污染物放散情况	最小控制风速/(m/s)	举例
以轻微的速度放散到相对平静的空气中	0.25～0.5	槽内液体的蒸发；气体或烟从敞口容器中外溢
以较低的初速放散到尚属平静的空气中	0.5～1.0	喷漆室内喷漆；断续地倾倒有尘屑的干物料到容器中；焊接
以相当大的速度放散出来，或是放散到空气运动迅速的区域	1～2.5	在小喷漆室内用高压力喷漆；快速装袋或装桶；往运输器上给料
以高速放散出来，或是放散到空气运动很迅速的区域	2.5～10	磨削；重破碎；滚筒清理

1）集气罩口的流场分布

图 2.6 是四周无（法兰）边和四周有（法兰）边的圆形排风口上的速度分布图。

2）罩口风速的确定

四周无边的圆形排风口公式如下：

$$\frac{u_0}{u_x}=\frac{10x^2+F}{F} \tag{2-10}$$

四周有边的圆形排风口公式如下：

$$\frac{u_0}{u_x}=0.75\left[\frac{10x^2+F}{F}\right] \tag{2-11}$$

式中：u_0——罩口风速，m/s；

u_x——距罩口距离为 x 处的控制风速，m/s；

x——控制点距离罩口的距离，m；

F——罩口面积，m^2。

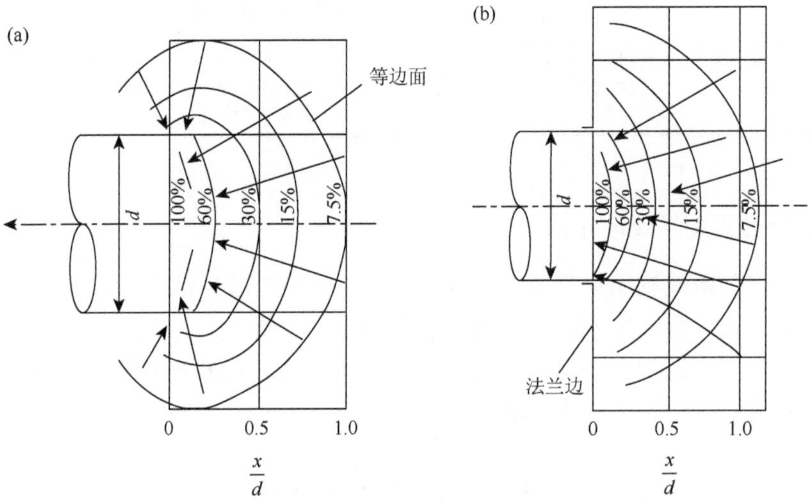

图 2.6　圆形排风口的速度分布图[1]

（a）四周无边；（b）四周有边

矩形集气罩的速度衰减要比圆形罩小。矩形排风口的速度衰减是随（b/a）的增大而增大的。a 是罩口的长边尺寸，b 是罩口的短边尺寸。图 2.7 是矩形排风口的速度计算图。

3）排风量的计算

（1）圆形和矩形集气罩。

前面无障碍、四周有边和无边的圆形及矩形集气罩的排风量按下式计算：

四周无边集气罩排风量：

$$L = (10x^2 + F)u_x \tag{2-12}$$

四周有边集气罩排风量：

$$L = 0.75(10x^2 + F)u_x \tag{2-13}$$

式中：x、u_x 和 F 含义和单位同式（2-10）。

（2）设在工作台上的侧吸罩。

设在工作台上的侧吸罩可以把它看成是一个假想大集气罩的一半，其排风量按下式计算：

$$L=\frac{1}{2}(10x^2+2F)u_x \tag{2-14}$$

式中：x、u_x和 F 含义和单位同式（2-10）。

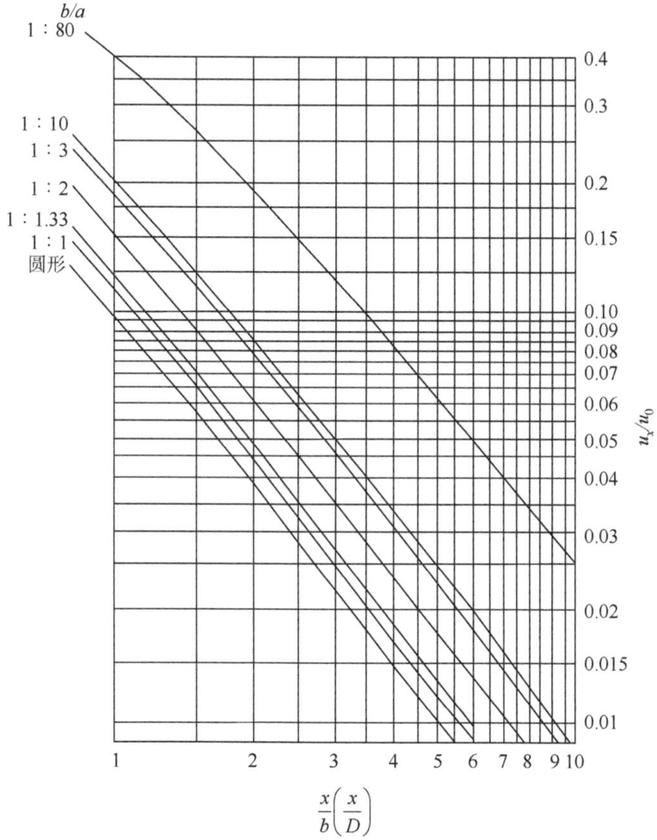

图 2.7　矩形排风口的速度计算图[1]

2.3　通风管道

2.3.1　通风管道设计的基本要求

通风管道设计应在保证满足使用要求的前提下，使其投资成本和运行费用达到最低。同时做到与周围建筑或设备相协调，达到美观效果。

通风管道设计基本任务为

（1）确定通风管道的位置并确定管道风速，选择通风管道的尺寸。

（2）计算通风管道的阻力损失，以此选择风机。

（3）送风口和吸风口的选择和计算。

2.3.2　通风管道设计示意图

确定通风管道的位置后，需要绘制通风管道设计示意图（图 2.8），对各管段进行编号，标注出各管段的长度和风量。把风量和风速不变的通风管道作为一个管段。从距离风机最远的一段开始排序，并由远到近按顺序编号。管段长度按照管件间中心线的长度计算，不扣除弯头、三通本身的长度。

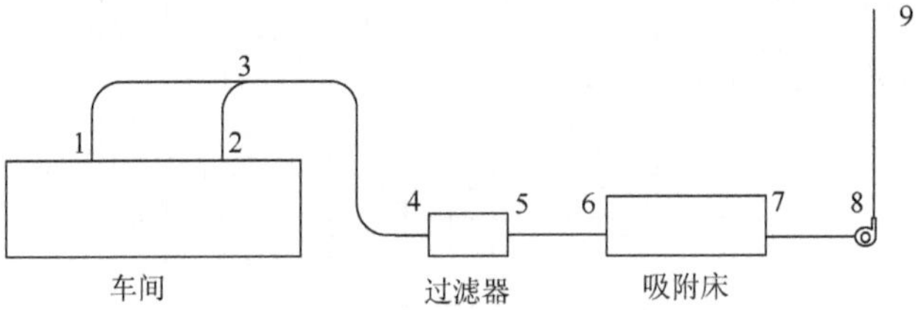

图 2.8　通风管道设计示意图

2.3.3　通风管道风速的确定

在管道内流体流速的选择上，必须权衡经济与技术双重因素。当管道流量恒定时，较低的流速虽能减少阻力损失和噪声，降低运行费用，但会导致管道截面积增大，从而增加初期投资成本；对于除尘管道而言，还可能因流速不足引发粉尘沉积，进而造成管道堵塞。反之，较高的流速虽能减小管道截面积，节省材料成本，却会加剧阻力损失和噪声问题，并显著提高运行费用。因此，在实际工程中，需综合考虑经济性与技术性，科学合理地选择最优流速。一般通风系统管道风速见表 2.4。

表 2.4　一般通风系统管道风速　　（单位：m/s）

风管部位	生产厂房机械通风		民用及辅助建筑物	
	钢板及塑料风管	砖及混凝土风道	自然通风	机械通风
干管	6～14	4～12	0.5～1.0	5～8
支管	2～8	2～6	0.5～0.7	2～5

2.3.4　通风管道截面的确定

通风管道截面形状主要有圆形和矩形两种，为充分利用建筑空间，也可制成其他形状。与矩形管道相比，圆形管道在相同截面积时阻力小，密封性能好，耗用材料少，强度也大，保温更方便，但占用空间较大，因此布置时不易与建筑、结构配合；矩形管道占用空间小，易布置，制作加工方便且价格相对便宜，但阻力相对较大，常用于建筑物内，如民用建筑空调系统。通风管道具有统一的规格，圆形和矩形通风管道的规格分别见附表 1 和附表 2[2]。如设计计算得出的尺寸不在表格中，应根据情况进行圆整。

2.3.5　通风管道阻力损失计算

通风管道阻力损失包括沿程阻力损失和局部阻力损失。由于气体本身的黏滞性以及在通风管道流动过程中与管壁间发生摩擦产生的阻力通常称为沿程阻力或者摩擦阻力。克服沿程阻力而产生的能量损失，称为沿程阻力损失。局部阻力损失是由于气体在流经管道系统中某些局部构件（如弯头、阀门、三通等）时，流态发生变化改变而产生的阻力损失。

1. 沿程阻力损失的计算

气体在截面形状不变的直管段中流动时，沿程阻力损失可按下式计算：

$$\Delta P_{\mathrm{m}} = \lambda \frac{1}{4r_{\mathrm{s}}} \frac{\rho u^2}{2} l \tag{2-15}$$

式中：ΔP_{m}——管道的沿程阻力损失，Pa；

λ——摩擦阻力系数；

u——管道内空气的平均流速，m/s；

ρ——空气的密度，kg/m^3；

l——管道的长度，m；

r_{s}——管道的水力半径，m；

$$r_{\mathrm{s}} = \frac{A}{P} \tag{2-16}$$

式中：A——管道的过流截面积，m^2；

P——管道的周长，m。

1）单位长度摩擦损失的计算

单位长度的摩擦损失，通常也称为比摩阻，用符号 R_{m} 表示。

$$R_{\mathrm{m}} = \lambda \frac{1}{4r_{\mathrm{s}}} \frac{\rho u^2}{2} \tag{2-17}$$

圆形风管的水力半径为

$$r_s = \frac{d}{4} \tag{2-18}$$

所以圆形风管的单位长度摩擦损失为

$$R_{mr} = \frac{\lambda}{d}\frac{\rho u^2}{2} \tag{2-19}$$

矩形风管的水力半径为

$$r_s = \frac{ab}{2a+b} \tag{2-20}$$

所以矩形风管的单位长度摩擦损失为

$$R_{mf} = \frac{\lambda a+b}{2ab}\frac{\rho u^2}{2} \tag{2-21}$$

式中：R_m ——单位长度摩擦损失，Pa/m；

R_{mr} ——圆形风管单位长度摩擦损失，Pa/m；

R_{mf} ——矩形风管单位长度摩擦损失，Pa/m；

d ——圆形风管的内径，m；

a ——矩形风管长边内边长，m；

b ——矩形风管短边内边长，m。

2）摩擦阻力系数

摩擦阻力系数 λ 与空气的流动状态和管壁的粗糙度有关。在通风系统中，薄钢管风管的空气流动状态大多数属于紊流光滑区到粗糙区之间的过渡区，计算过渡区摩擦阻力系数时，广泛采用的则是科尔布鲁克（Colebrook）公式：

$$\frac{1}{\sqrt{\lambda}} = -2\lg\left(\frac{K}{3.71d} + \frac{2.51}{Re\sqrt{\lambda}}\right) \tag{2-22}$$

式中：K ——管道内壁当量绝对粗糙度，mm。对于钢板制风管，可取 $K = 0.15$ mm。

在工程设计中，为了避免繁琐的计算，常按式（2-22）绘制成《全国通用通风管道计算表》（见附表 3）[3]或线算图（图 2.9），供设计时选用。

《全国通用通风管道计算表》是根据我国制定的通风管道统一规格而编制的计算表，使用时根据已知的流量，选择适当流速，从表中直接查得管道直径 d 和 λ/d 值，从而进行阻力损失计算。线算图以图形化方式展示管道直径、流速、流量与沿程阻力损失之间的关系，通过曲线或直线的交点确定阻力损失值，适合快速估算。

《全国通用通风管道计算表》精度较高，但灵活性较差，仅适用于表格中列出的参数范围。若参数超出表格范围，需进行插值计算或参考其他资料。线算图精度相对较低，但灵活性较强，能够覆盖较广的参数范围。两者在计算沿程阻力损

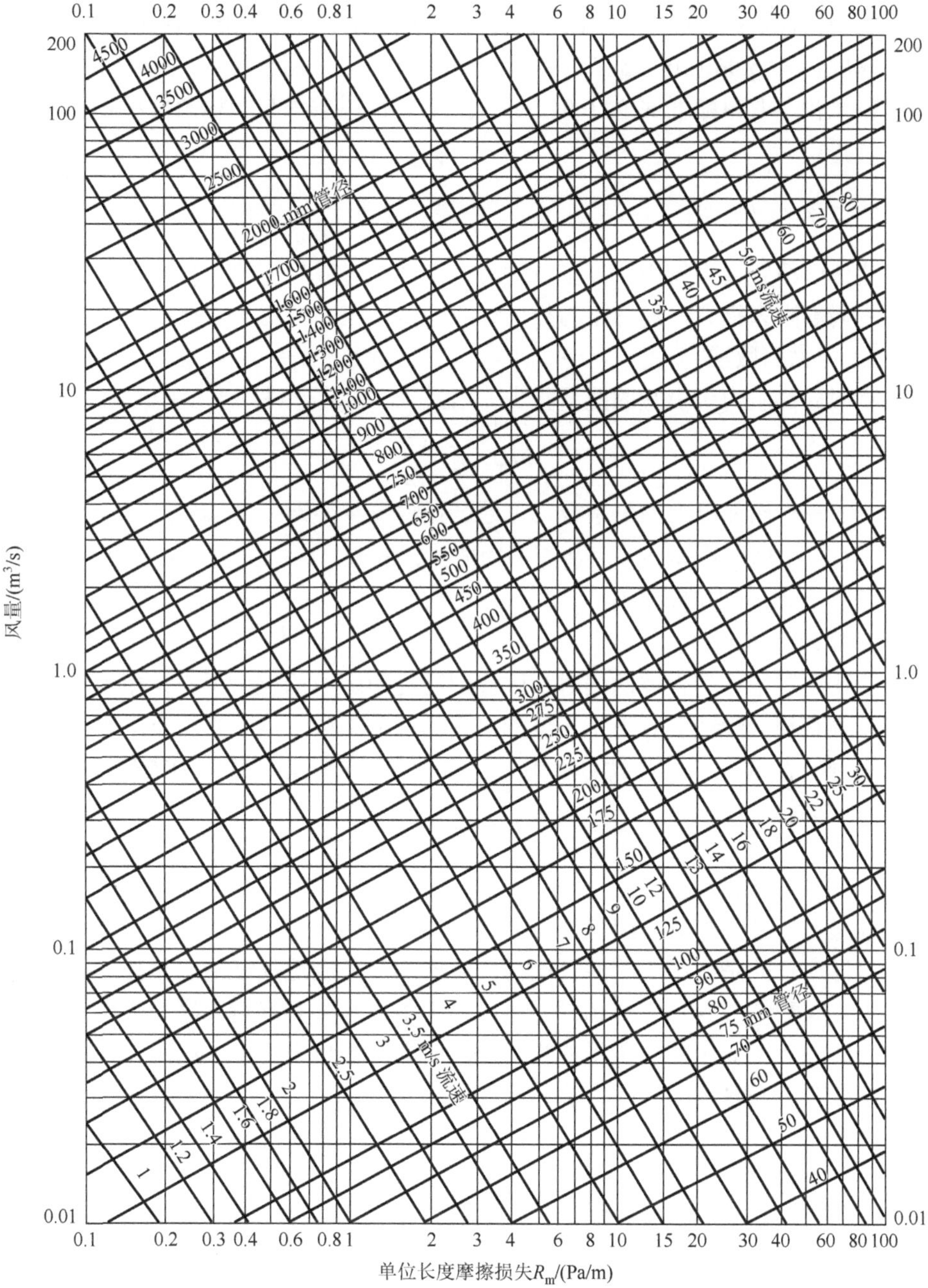

图 2.9　通风管道单位长度摩擦损失线算图[1]

失时各有优势，在实际工程中，通常可以结合两者使用，先通过线算图快速确定参数范围，再通过计算表进行精确校核。

适用条件是：压力 $P_0 = 101.3\ \text{kPa}$、温度 $T_0 = 20℃$、空气密度 $\rho_0 = 1.21\ \text{kg/m}^3$、运动黏度 $v_0 = 15.06 \times 10^{-6}\ \text{m}^2/\text{s}$；对于钢板制风管，取粗糙度 K 为 0.15 mm，对于塑料板风管，取粗糙度 K 为 0.01 mm。当实际使用条件与上述条件不相符时，应进行修正。

2. 局部阻力损失

流体流经管道系统中的异形管件时，流动状态发生变化，这时产生的能量损失称为局部阻力损失，局部阻力损失计算通常采用如下两种方法：

1）阻力系数法

克服局部阻力所引起的能量损失，用式（2-23）计算：

$$\Delta P_{\text{m}} = \xi \cdot \frac{\rho u^2}{2} \tag{2-23}$$

式中：ξ——局部阻力损失系数，可通过查附表 4 得到；

u——异形管件处管道截面平均流速，m/s；

ρ——空气密度，kg/m^3。

2）当量长度法

流体通过某一管件或阀门时，因局部阻力而造成的能量损失，相当于流体通过与其具有相同管径的若干米长度的直管的能量损失，这个直管长度称为当量长度，用符号 L_{e} 表示。这样就可以用直管的阻力损失计算局部阻力损失，即：

$$h_{\text{f}} = \lambda \frac{L_{\text{e}}}{d} \frac{u^2}{2} \tag{2-24}$$

式中：L_{e}——当量长度，m。

其余符号意义和单位同前。

值得注意的是：因为管件及阀门的结构细节与制造加工情况往往差别很大，再加上实验测量装置不完全相同，所以局部阻力系数和当量长度的数值变动范围较大。此外，工业生产上所用的管件及阀门的数据也不齐全。因此，有时需将两种方法结合起来进行局部阻力的计算。

3. 并联管路压力平衡计算

有些通风系统中会出现两个分支管路并联的情况，需要在计算两分支管路总阻力损失基础上，进行压力平衡计算。两分支管的压力差应满足以下要求：除尘系统应小于 10%，其他通风系统应小于 15%。否则，需进行管径调整或增设调压装置（阀门、阻力圈等），使之满足上述要求。调整管径平衡压力，可按照式（2-25）计算：

$$d_2 = d_1 \left(\frac{\Delta P_1}{\Delta P_2} \right)^{0.225} \tag{2-25}$$

式中：d_2——调整后的管径，m；

d_1——调整前的管径，m；

ΔP_1——调整前的阻力损失，Pa；

ΔP_2——调整后的阻力损失，Pa。

2.3.6 风机选型和排气筒高度设计

1. 风机选型

管道系统阻力损失计算的目的除了确定管道截面尺寸和系统阻力损失外，还可以根据系统的总压力和总风量选择适当的风机和电机。

选择通风机的风量按式（2-26）计算：

$$Q_F = (1 + K_1)Q \tag{2-26}$$

式中：Q——管道计算的总风量，m^3/h；

K_1——考虑系统漏风所附加的安全系数，一般管道取 0.1，除尘管道取 0.1～0.15。

选择通风机的风压按式（2-27）计算：

$$\Delta P_F = (1 + K_2)\Delta P_z \cdot \frac{\rho_0}{\rho} = (1 + K_2)\Delta P_z \cdot \frac{T \cdot P_0}{T_0 \cdot P} \tag{2-27}$$

式中：K_2——安全系数，一般管道取 0.1～0.15，除尘管道取 0.15～0.2；

ΔP_z——管道计算的总阻力损失，Pa；

ρ_0、P_0、T_0——通风机性能表中给出的标定状态的空气密度、压力、温度，kg/m^3、Pa、℃；

ρ、P、T——运行工况下进入风机的气体密度、压力、温度，kg/m^3、Pa、℃。

复核电动机所需的功率，可按下式计算：

$$N_e = \frac{Q_F \Delta P_F K_3}{3.6 \times 10^6 \eta_1 \eta_2} \tag{2-28}$$

式中：K_3——电动机备用系数。对于通风机，电机功率为 2～5 kW 时取 1.2，大于 5 kW 时取 1.3；

η_1——通风机全压效率，一般为 0.5～0.7；

η_2——机械传动效率，直联传动为 1，联轴器传动为 0.98，皮带传动为 0.95。

2. 排气筒高度设计

排气筒高度的设计需要综合考虑基本高度要求、周围环境影响、特定行业的排放标准以及无组织排放的控制措施，以确保排放符合相关标准和法规要求。新建污染源的排气筒高度一般不应低于 15 m。如果排气筒必须低于 15 m，其排放速率标准值应按外推计算结果再减少 50%执行。特定污染物比如排放氯气、氰化氢和光气的排气筒高度不应低于 25 m。同时，考虑周围建筑的影响：排气筒应高出周围 200 m 半径范围内的建筑物 5 m 以上。如果达不到这个要求，排放速率标准值应严格按 50%执行。工业炉窑的烟囱（或排气筒）最低允许高度为 15 m；当周围有建筑物时，烟囱高度还应高于最高建筑物 3 m 以上。此外，工业企业应采用合理的生产工艺流程，加强生产管理与设备维护，最大限度地减少有害气体的无组织排放。

2.4　通风系统设计案例

2.4.1　设计任务书

1. 设计题目

某公司喷漆车间有机废气净化设计。

2. 设计原始资料

某公司需要利用现有厂区内闲置用地建设此喷漆车间及配套废气处理项目。本项目需喷漆液力端配件 220 台/a、泥浆泵缸套 19 800 台/a。所需涂料用量统计结果见表 2.5。项目劳动定员 4 人，每人每天工作 6 h。

表 2.5　项目涂料用量统计表

序号	原料名称	年用量/(t/a)	存储量/(t/a)	备注
1	底漆	1.79	0.1	液态烘干型涂料，30 kg/桶
2	面漆	1.11	0.1	液态烘干型涂料，30 kg/桶
3	稀释剂	2.54	0.2	液态稀释剂，17 kg/桶

底漆、面漆、稀释剂原料成分及配比见表 2.6。

表 2.6　底漆、面漆、稀释剂成分配比表

名称	主要组分	固体分/%	挥发分/%
底漆	丙烯酸树脂 30%～40%，颜料 15%～20%，填料 20%～25%，分散剂 1%～3%，流平剂 1%～3%，消泡剂 1%～3%，二甲苯 10%～20%	50.5	49.5
面漆	丙烯酸树脂 35%～50%，颜料 15%～20%，填料 20%～25%，分散剂 1%～3%，流平剂 1%～3%，消泡剂 1%～3%，二甲苯 10%～20%	69	31
稀释剂	二甲苯 30%，100#溶剂油 32%，正丁醇 38%	0	100

注：表中百分数均指质量分数。

3. 排污情况

项目生产工艺流程及产污环节见图2.10。

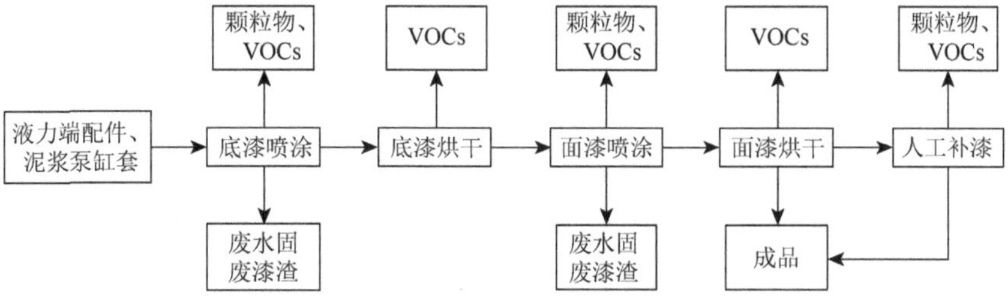

图2.10　项目生产工艺流程及产污环节示意图

具体工艺说明如下。

（1）底漆喷涂：本项目喷漆房为封闭式，主要由室体、喷漆引风系统、漆雾处理系统、隔爆照明、安全防爆装置及电控系统组成。工作时，作业人员将开启喷漆房引风系统和水帘漆雾处理系统风机，穿戴专业的防护设施在房内进行调漆。调好的油漆经过人工喷枪进行底漆喷涂，初涂喷漆时间一般约为1.5 h。该工序会产生漆雾颗粒、喷漆废气、废水（含漆渣）。

（2）底漆烘干：采用电加热装置，烘干温度约50～60℃，喷涂和烘干不同时进行作业。烘干过程全封闭，不排风，大约需要0.5 h，烘干结束后风机开启排风，排风换气需要0.6 h/d，该工序会产生烘干废气。

（3）面漆喷涂：面漆喷涂方式和底漆喷涂方式相同，该工序摆件需0.5 h，面漆喷涂需1.5 h，会产生漆雾颗粒、喷漆废气、废水（含漆渣）。

（4）面漆烘干：过程同底漆烘干。烘干过程全封闭，不排风，一般约为0.5 h，烘干结束后风机开启排风，排风换气需要0.6 h/d，该工序会产生烘干废气。

（5）人工补漆：经过上述底漆喷涂、底漆烘干、面漆喷涂、面漆烘干后部分工件上漆不达标，需要送至人工补漆室进行人工补漆，该工序会产生喷漆废气和颗粒，用集气罩进行收集。

各排污环节产生的有组织废气污染物具体情况见表2.7。

表2.7　项目有组织废气污染物产生情况表

排放源		污染物名称	浓度/(mg/m^3)	产生量/(t/a)	工序排风时长/(h/d)
有组织废气	底漆喷涂	颗粒物（漆雾）	300	3	1.5
		二甲苯	22	0.22	
		VOCs	84	0.83	

续表

排放源		污染物名称	浓度/(mg/m^3)	产生量/(t/a)	工序排风时长/(h/d)
有组织废气	底漆烘干	二甲苯	93.5	0.37	0.6
		VOCs	354	1.4	
	面漆喷涂	颗粒物（漆雾）	240	2.4	1.5
		二甲苯	17	0.17	
		VOCs	53	0.52	
	面漆烘干	二甲苯	71	0.28	0.6
		VOCs	220	0.87	
	人工补漆	二甲苯	10	0.025	1.5
		VOCs	50	0.125	

4. 治理目标

本项目有组织排放的大气污染物治理目标见表 2.8。

表 2.8　有组织排放大气污染物的治理目标

序号	项目名称	排气筒高度/m	控制目标	
1	颗粒物	15	质量浓度限值/(mg/m^3)	10
			最高允许排放速率限值/(kg/h)	3.5
2	二甲苯	15	质量浓度限值/(mg/m^3)	15
			最高允许排放速率限值*/(kg/h)	0.8
3	VOCs	15	质量浓度限值/(mg/m^3)	70
			最高允许排放速率限值*/(kg/h)	2.4
			收集效率	＞90%
			净化效率	＞90%

*污染治理设施处理效率达到 90%及以上时，等同于满足排放速率限值要求。

2.4.2　通风系统的设计计算

由于废气中空气所占比例远大于 VOCs 所占比例，其性质可近似视为空气，故 293 K 时密度 $\rho_0 = 1.21\ \text{kg/m}^3$，动力黏度 $\mu_0 = 1.8\times10^{-5}\ \text{Pa}\cdot\text{s}$，定压比热容 $c_\text{p} = 1.005\ \text{kJ}\cdot\text{kg}^{-1}\cdot\text{K}^{-1}$。综合整理列于表 2.9 中。

表 2.9　初始喷漆废气基本参数表

温度/K	压强/kPa	相对湿度/%	密度/(kg/m^3)	动力黏度/(Pa·s)	定压比热容/(kJ·kg^{-1}·K^{-1})
293	101.325	63	1.21	1.8×10^{-5}	1.005

1. 主管风量的确定

1）喷漆室风量的确定

（1）依据喷漆室单位时间换气次数计算风量。

该项目喷漆室长度为 12 m、宽度为 7 m、高度为 3 m、单位时间换气次数取 80 h^{-1}。将数据代入式（2-7）得

$$L = 7\times12\times3\times80 = 20160\ \text{m}^3/\text{h}$$

（2）依据喷漆室通风截面设计风速计算风量。

本项目喷漆室的通风截面风速为 0.15 m/s，代入式（2-3）得

$$L = 3600\times12\times3\times0.15 = 19440\ \text{m}^3/\text{h}$$

从安全方面考虑，经过喷漆室的排风量应保证所喷溶剂浓度低于爆炸极限下限值（LEL）的 25%。因本项目 VOCs 中二甲苯占比最大，故将其作为主要污染物来计算。已知二甲苯的爆炸极限下限 LEL 值（体积分数）为 1.0%，二甲苯的相对密度（空气为 1）为 3.66，因此爆炸极限下限所对应的浓度为

$$c_{\text{LEL}} = 1.0\%\times3.66\times1.21\times10^6 = 44286\ \text{mg/m}^3$$

由表 2.7 知，底漆烘干过程产生 VOCs 浓度最高，为 $c_{\text{m}} = 354\ \text{mg/m}^3$，显然有

$$c_{\text{m}} = 354\ \text{mg}/\text{m}^3 \ll 25\%c_{\text{LEL}} = 25\%\times44286 = 11072\ \text{mg/m}^3$$

而喷漆室产生的 VOCs 浓度更是低于 c_{m}，故远低于 25% c_{LEL}，满足安全要求。

综上，喷漆室设计风量确定为 20 000 m^3/h。

2）烘干室风量确定

为简化布置，烘干室风量亦取为 20 000 m^3/h。由上述计算知，烘干过程 $c_{\text{m}} \ll 25\%c_{\text{LEL}}$，满足安全要求。除此之外，还需考虑烘干室废气温度对吸附系统的影响。烘干室内废气最高温度 60℃，烘干过程全封闭，不排风，大约需要 0.5 h；烘干结束后风机开启排风，排风换气需要 0.6 h/d。由此得到一天总排风量为

$$V_{\text{p}} = 20000\times0.6 = 12000\ \text{m}^3$$

而烘干室内高温废气量为

$$V_{\text{h}} = 6\times7\times3 = 126\ \text{m}^3$$

易知

$$V_p \approx 95V_h \gg V_h$$

环境空气温度为 20℃（293 K），显然足以将烘干废气温度降至接近环境空气温度，不会对吸附效率产生不利影响。因此，烘干室风量设置合理。

3）人工补漆房的风量确定

人工补漆房长度为 5 m、宽度为 4 m、高度为 3 m、单位时间换气次数取 80 h^{-1}。将数据代入式（2-7）得

$$L = 5 \times 4 \times 3 \times 80 = 4800\ m^3/h$$

因此，喷漆室与烘干室风量均设置为 20 000 m^3/h、手动补漆房风量设置为 5000 m^3/h 是合理且安全的。因为喷漆和烘干是不同时作业的，收集主管可通过切换阀门来切换收集喷漆室和烘干室产生的有机废气，所以收集主管气体流量即为 25 000 m^3/h。

2. 主管 VOCs 浓度与产生量

由于 5 道工序不同时进行，各工序 VOCs 浓度均不一致。根据表 2.7 中数据，按每日排风时间对有机废气中 VOCs 浓度进行加权平均计算得 VOCs 的平均浓度应为

$$c = \frac{84 \times 1.5 + 354 \times 0.6 + 53 \times 1.5 + 220 \times 0.6 + 50 \times 1.5}{5.7} = 109.6\ mg/m^3$$

VOCs 产生量为

$$m_{VOCs} = 109.6 \times 25000 \times 4.2 \times 10^{-6} = 11.5\ kg/d$$

3. 收集系统设计

烘干室和喷漆室在工作过程中都保持全封闭状态，因此可选用密闭集气罩对废气进行收集。常用水帘柜对喷漆废气进行收集，具有操作简单、使用稳定安全等特点。根据喷漆室和烘干室的尺寸，对水帘柜进行选型，选择的水帘柜型号是 LX-PT6.0，宽深高尺寸分别为 6.0 m、1.5 m、1.8 m，水泵功率为 2.2 kW。

4. 管道系统计算

本工程选用“水喷淋＋干式过滤＋活性炭吸附浓缩＋催化燃烧”的工艺对废气进行处理，整个项目的管道示意图如图 2.11 所示。其中，收集与吸附系统各管段节点编号为数字 1～18，其流量和管长基本数据如表 2.10 所示。收集和吸附系统使用条件（压力、温度、密度、运动黏度、粗糙度、管截面等）符合线解图的预设条件，因此本小节相关计算无需修正。

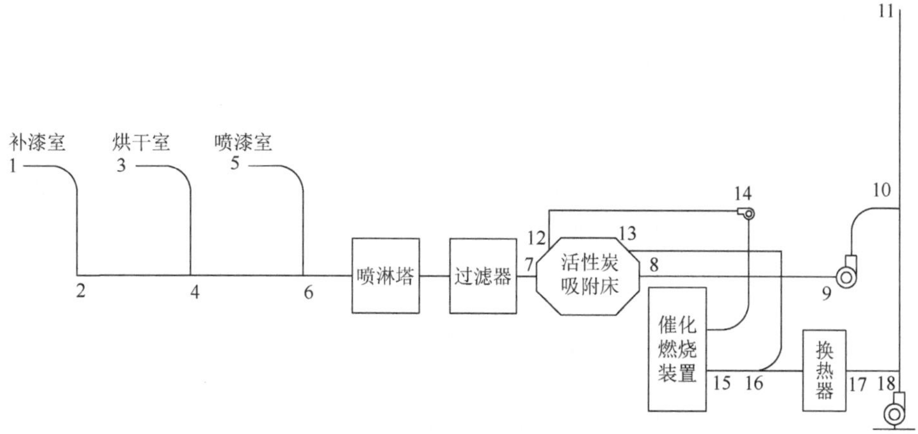

图 2.11　管道示意图

表 2.10　收集与吸附系统各管段基本数据

管段编号	流量/(m^3/h)	管长/m
1～4	5 000	5.3
3～4（5～6）	20 000	3.3
4～7	25 000	24.7
8～9	25 000	10.6
9～10	25 000	2.8
10～11	25 000	11.9

注：各管段管长以中心线长度计算，扣除设备和风机的通风长度，不扣除管件通风长度，四舍五入到 0.1 m。

下面对收集与吸附系统各管段进行计算说明。

（1）管段 1～4：收集由手工喷漆室排出的废气并输送到主管，设该段管内流速 $u_1 = 11\ \text{m/s}$，则该管段直径为

$$d_1 = 18.8 \times \sqrt{\frac{5000}{11}} = 400.82\ \text{mm}$$

依据表 2.10，取管径 $d_1' = 400\ \text{mm}$，得管段内实际流速为

$$u_1' = \frac{5000 \times 4}{3600 \times \pi \times 0.4^2} = 11.1\ \text{m/s}$$

查图 2.9，可得 $R_{m1} = 3.5\ \text{Pa/m}$。代入式（2-19），可得管段 1～4 的沿程阻力损失为

$$\Delta P_{L1} = 5.3 \times 3.5 = 18.55\ \text{Pa}$$

该管段异形管件：1 个直角弯头（带单叶式导叶）、1 个切换闸阀（收集时全

开阻力视为 0）和 1 个 90°弯头（$R=1.5d$）。查附表 4 得局部阻力系数之和为 $\sum\xi_1=0.35+0+0.18=0.53$，则局部阻力损失为

$$\Delta P_{m1}=0.53\times\frac{1.21\times11.1^2}{2}=39.51\ \text{Pa}$$

（2）管段 3～4（5～6）：收集由烘干室（喷漆室）排出的废气并输送至主管。设该段管内流速 $u_1=11\ \text{m/s}$，则该管段直径为

$$d_2=18.8\times\sqrt{\frac{20000}{11}}=801.6\ \text{mm}$$

依据表 2.10，取管径 $d_2'=800\ \text{mm}$，得管段内实际风速为

$$u_2'=\frac{20000\times4}{3600\times\pi\times0.8^2}=11.1\ \text{m/s}$$

查通风管道单位长度摩擦损失线算图 2.9，可得 $R_{m2}=1.1\ \text{Pa/m}$。代入式(2-19)，可得管段 3～4（5～6）的沿程阻力损失为

$$\Delta P_{L2}=3.3\times1.1=3.6\ \text{Pa}$$

该管段异形管件：1 个直角合流三通（支管道）、1 个切换闸阀（收集时全开）和 1 个 90°弯头（$R=1.5d$）。局部阻力系数之和为 $\sum\xi_1=0.35+0+0.18=0.53$，则局部阻力损失为

$$\Delta P_{m2}=0.53\times\frac{1.21\times11.1^2}{2}=39.51\ \text{Pa}$$

由于管段 1～4 和管段 3～4（5～6）属于并联，需要对两管段进行阻力平衡计算：

$$\Delta P_{1\sim4}=18.55+39.51=58.06\ \text{Pa}$$

$$\Delta P_{3\sim4}=3.6+39.51=43.11\ \text{Pa}$$

$$\frac{\Delta P_{1\sim4}-\Delta P_{3\sim4}}{\Delta P_{3\sim4}}\times100\%=\frac{58.06-43.11}{43.11}\times100\%=34.7\%>15\%$$

即此并联管路的阻力不平衡，需要进行阻力平衡，改变管段 3～4（5～6）的管径来增加阻力损失以达到平衡。

$$d_2'=d_2\left(\frac{\Delta P_{3\sim4}}{\Delta P_{1\sim4}}\right)^{0.225}=800\times\left(\frac{43.11}{58.06}\right)^{0.225}=748.2\ \text{mm}$$

经过验算如果管径圆整为 700 mm 则不能达到阻力平衡，因此管径只能圆整为非统一规格的 750 mm。圆整后的风速为

$$u_2'=\frac{20000\times4}{3600\times\pi\times0.75^2}=12.6\ \text{m/s}$$

查通风管道单位长度摩擦损失线算图 2.9，可得 $R_{m2}=2.2\ \text{Pa/m}$。代入式（2-19），可得管段 3～4（5～6）的沿程阻力损失为

$$\Delta P'_{L1} = 3.3 \times 2.2 = 7.26\ \text{Pa}$$

$$\Delta P'_{m2} = 0.53 \times \frac{1.21 \times 12.6^2}{2} = 50.91\ \text{Pa}$$

$$\Delta P'_{3\sim4} = 7.26 + 50.91 = 58.17\ \text{Pa}$$

$$\frac{\Delta P_{1\sim4} - \Delta P'_{3\sim4}}{\Delta P'_{3\sim4}} \times 100\% = \frac{58.17 - 58.06}{58.06} \times 100\% = 0.19\% < 15\%$$

修改后的管径满足阻力平衡，设计合理。

（3）管段 4～7：输送气体由收集主管至吸附器段，途经喷淋塔和干式过滤器。由于喷漆室和烘干室不同时作业，某一时间仅有管段 3～4 或管段 5～6 输送气体。为保证气体顺利输送，需计算较长段 4～7 而非较短段 6～7 的阻力。该段流量为 25 000 m^3/h，管道设计风速与管段 3～4（5～6）同为 12.6 m/s，则该管段直径为

$$d_3 = 18.8 \times \sqrt{\frac{25000}{12.6}} = 837.4\ \text{mm}$$

管径圆整为 800 mm。圆整后的风速为

$$u_3 = \frac{25000 \times 4}{3600 \times \pi \times 0.8^2} = 13.8\ \text{m/s}$$

得到管段 4～7 的沿程阻力损失为

$$\Delta P_{L3} = 24.7 \times 2.2 = 54.34\ \text{Pa}$$

该管段异形管件：1 个放空阀（非紧急状况时阻力视为 0），1 个进口电磁阀（吸附运行时全开）和 1 个阻火器（设计阻力 500 Pa）。此外，该管段还包含过滤器，过滤器阻力具体计算过程见第 3 章 3.3.3 节，过滤器的阻力为 532 Pa。于是局部阻力损失为

$$\Delta P_{m3} = 500 + 532 = 1032\ \text{Pa}$$

（4）管段 8～9：吸附器出口汇集总管节点到吸附主风机。该段流量同管段 4～7，可按照（3）中管径数据计算。那么管段 8～9 的沿程阻力损失为

$$\Delta P_{L4} = 10.6 \times 2.2 = 23.32\ \text{Pa}$$

该管段异形管件：1 个出口电磁阀（吸附运行时全开），局部阻力损失为 0 Pa。

（5）管段 9～10：连接吸附主风机与排气筒。参见 2.4.4 节计算结果，排气筒内径 $d_p = 700\ \text{mm}$，此处管径应小于排气筒内径，依据统一规格取为 $d_5 = 630\ \text{mm}$。实际流速为

$$u_5 = \frac{4 \times 25000}{3600 \times \pi \times 0.63^2} = 22.3\ \text{m/s}$$

查线算图得 $R_{m5} = 9.0\ \text{Pa/m}$，所以管段 9～10 的沿程阻力损失为

$$\Delta P_{L5} = 2.8 \times 9.0 = 25.2\ \text{Pa}$$

该管段异形管件：1 个 90°弯头（$R=1.5d$）和 1 个 45°弯头（$R=1.5d$）。查附表 4 得局部阻力系数之和为 $\sum\xi_5=0.18+0.12=0.30$，则局部阻力损失为

$$\Delta P_{m8}=0.30\times\frac{1.21\times22.3^2}{2}=90.3\text{ Pa}$$

（6）管段 10～11：该段为排气筒段，从上一管段进入至排放。排气筒内实际流速为

$$u_6'=\frac{4\times25000}{3600\times\pi\times0.70^2}=18.1\text{ m/s}$$

查线算图得 $R_{m6}=4.5\text{ Pa/m}$，所以管段 10～11 的沿程阻力损失为

$$\Delta P_{L6}=11.9\times4.5=53.55\text{ Pa}$$

该管段异形管件：1 个伞形风帽，其局部阻力系数为 $\xi_6=1.10$，则局部阻力损失为

$$\Delta P_{m6}=1.10\times\frac{1.21\times18.1^2}{2}=218.0\text{ Pa}$$

综上计算结果，收集与吸附系统管道的总阻力损失为

$$\Delta P_{z1}=18.55+39.51+7.26+50.91+54.34+1032+23.32+25.2$$
$$+90.3+53.55+218.0=1612.94\text{ Pa}$$

上述计算结果总结列于表 2.12 中。

5. 脱附与燃烧系统管道计算

由于脱附与燃烧系统管道内气体的温度、密度、运动黏度等较收集与吸附时发生了显著的改变，应按照下式进行修正。

$$R_m'=R_m\left(\frac{\rho}{\rho_0}\right)^{0.91}\left(\frac{\nu}{\nu_0}\right)^{0.1}\left(\frac{T_0}{T}\right)^{0.825}$$

脱附与燃烧系统各管段基本数据如表 2.11 所示。

表 2.11　脱附与燃烧系统（平衡时）各管段基本数据

管段编号	流量/(m^3/h)	管长/m
14～15	1750（110℃）	1.6
15～16	2927.3（368℃）	0.3
16～17	2183.4（368℃）	1.0
12～14	1750（110℃）	3.2
13～16	1750（110℃）	7.0
17～18	1026.4（30℃）	5.0
11～18	1026.4（30℃）	13.9

注：各管段管长以中心线长度计算，扣除设备和风机的通风长度，不扣除管件通风长度，四舍五入到 0.1 m。

脱附与燃烧系统各管段的阻力计算方法与吸附系统管道阻力计算方法相同，参考上述计算过程得到的计算结果汇总于表 2.12 中。

表 2.12　管道系统计算总表

序号	管段编号	流量/（m^3/h）	管径/mm	流速/（m/s）	沿程阻力损失部分			局部阻力损失部分			管段总阻力/Pa	备注
					单位长度摩擦阻力/（Pa/m）	管长/m	总沿程阻力损失/Pa	局部阻力系数	管件阻力损失/Pa	总局部阻力损失/Pa		
收集与吸附管道系统												
1	1～4	5 000	400	11.1	3.5	5.3	18.55	闸阀（全开）：0 1×直角弯头（单导叶）：0.35 1×90°弯头：0.18	39.51	39.51	58.06	
2	3～4（5～6）	20 000	750	12.6	2.2	3.3	7.26	闸阀（全开）：0 1×合流三通（支）：0.35 1×90°弯头：0.18	50.91	50.91	58.17	
3	4～7	25 000	800	13.8	2.2	24.7	54.34	1×放空阀（全开）：0 1×电磁阀（全开）：0 2×电磁阀（全开）：0	0	1 032	1 086.34	过滤器阻力：532.0 Pa 阻火器阻力：500.0 Pa
4	8～9	25 000	800	13.8	2.2	10.6	23.32	1×电磁阀（全开）：0	0	0	23.32	
5	9～10	25 000	630	22.3	9.0	2.8	25.2	1×90°弯头：0.18 1×45°弯头：0.12	90.3	90.3	115.5	
6	10～11	25 000	700	18.1	4.5	11.9	53.55	1×伞形风帽：1.10	218.0	218.0	271.55	
收集与吸附系统管道阻力总计（以管段 1→2→7→8→9→10→11 计）/Pa											1 612.94	
脱附与燃烧管道系统												
1	14～15	1 750	250	9.9	3.2	1.6	5.1	放空阀（全开）：0 1×90°弯头：0.18	8.1	2 444.8	2 449.9	阻火器阻力：500 Pa 催化燃烧炉阻力：1 936.7 Pa
2	15～16	2 927.3	250	16.6	3.5	0.3	1.1	无	0	0	1.1	

续表

序号	管段编号	流量/（m³/h）	管径/mm	流速/（m/s）	沿程阻力损失部分			局部阻力损失部分			管段总阻力/Pa	备注
					单位长度摩擦阻力/（Pa/m）	管长/m	总沿程阻力损失/Pa	局部阻力系数	管件阻力损失/Pa	总局部阻力损失/Pa		
3	16～17	2 183.4	250	12.4	2.1	1.0	2.1	1×合流三通（主）：0.08	3.4	603.4	605.5	换热器阻力：600 Pa
4	12～14	1 750	250	9.9	3.2	3.2	10.2	1×直角弯头（单导叶）：0.35	15.8	15.8	26.0	
5	13～16	1 750	250	9.9	3.2	7.0	22.4	1×直角弯头：0.35 2×74°弯头：0.30 1×催化补冷阀（不补冷）：0	29.3	29.3	51.7	
6	17～18	1 026.4	250	5.8	1.7	5.0	8.5	1×90°弯头：0.18 1×45°弯头：0.12	5.9	5.9	14.4	
7	11～18	1 026.4	600	1.0	＜0.1	13.9	≈0	1×伞形风帽：1.10	0.6	0.6	0.6	
脱附与燃烧系统管道阻力总计（以环路16→13→12→14→15→16计）/Pa											3 149.2	DE段增设调节阀，阻力可调节，未计入阻力总计中

2.4.3 风机系统计算

1. 风机风量

考虑到风管、设备的漏风，风机风量按式（2-26）计算。
取安全系数 $K_1 = 0.1$，吸附主风机的风量为

$$Q_F = 1.1 \times 25000 = 27500 \text{ m}^3/\text{h}$$

2. 风机风压

考虑到风机性能波动、管网阻力计算的不精确，风机风压由式（2-27）计算：
已知管道系统的总阻力损失 ΔP_z 为 1613.04 Pa，取 $P_0 = 101.325$ kPa，$T_0 = 473$ K，$\rho_0 = 0.744$ kg/m³，风压附加安全系数 $K_2 = 0.1$，则吸附主风机（引风机）的风压为

$$\Delta P_{F1} = 1.1 \times 1613.04 \times \frac{0.744}{1.21} = 1091.0 \text{ Pa}$$

3. 电动机功率

根据上述确定的风量和风压对风机进行选型，选择的风机及配套电机参数见表 2.13。

表 2.13　风机及配套电机参数

风机型号	Y5-47-9C No.7
传动方式	C（皮带传动）
转速/(r/min)	1 800
风量/(m^3/h)	30 111
全压/Pa	2 461
效率/%	75.4
轴功率/kW	25.54
所需功率/kW	33.8
电机型号	Y225S-4
电机功率/kW	37

复核电动机所需的功率，按式（2-28）计算：

取 $K_3 = 1.3$，$\eta_1 = 0.754$，$\eta_2 = 0.95$，代入式（2-28）得吸附主风机所需功率为

$$N_e = \frac{27500 \times 1519.0 \times 1.3}{3.6 \times 10^6 \times 0.754 \times 0.95} = 21.1 \text{ kW} < 37 \text{ kW}$$

可以看出，上表中所配电机功率可满足要求，所选风机及电机合理。

2.4.4 排气筒计算

排气筒的高度应不低 15 m，本设计取高度 $h_p = 15$ m。该高度高出周围 200 m 半径范围的建筑 5 m 以上，满足《大气污染物综合排放标准》（GB 16297-1996）的要求。

设气体离开排气筒的速度 $u_p = 20$ m/s，那么排气筒的内径为

$$d_p = 18.8 \times \sqrt{\frac{25000}{20}} = 664.7 \text{ mm}$$

圆整为 $d_p = 700\ \text{mm}$ 。设壁厚为 20 mm，镀锌钢板制。

参 考 文 献

[1] 孙一坚. 简明通风设计手册[M]. 北京：中国建筑工业出版社，1997.

[2] 孙一坚，沈恒根. 工业通风[M]. 4 版. 北京：中国建筑工业出版社，2010.

[3] 北京市设备安装工程公司. 全国通用通风管道计算表[M]. 北京：中国建筑工业出版社，1977.

第 3 章　工业废气预处理设计

废气在收集后需进入治理设备进行净化，以降低污染物浓度至达标水平排放。然而，实际生产废气成分复杂，且每种治理设备有其特定适用范围。若废气不符合设备要求，治理效果可能不佳，甚至损害设备。因此，废气治理工艺中普遍引入预处理环节，以确保废气适合后续主要治理设备处理，并最终达标排放。

预处理的重要性体现在以下几方面。

（1）满足环保标准：预处理是确保废气排放符合环保法规的关键步骤。通过除尘、调节温度、湿度和成分等操作，废气在进入主要治理设备前已达到初步净化，确保最终排放符合环保标准，减轻环境污染。

（2）保护后续设备：预处理通过去除废气中的颗粒物、调节温度和湿度等操作，有效防止后续设备（如吸附床、催化燃烧装置等）的堵塞和污染。这不仅延长了设备的使用寿命，还减少了由杂质导致的吸附剂和催化剂效率下降的问题。

（3）提升整体效率：经过预处理的废气，颗粒物浓度降低，温度和湿度得到调节，使得后续的吸附、催化等过程更加顺畅高效。这不仅提高了整体处理效率，还降低了因设备堵塞和维护导致的运行成本。

预处理，即在废气进入主要治理设备之前所进行的一系列预先处理步骤，以确保良好的治理效果并保护主要治理设备。其中，除尘是首要环节，紧接着还包括调节温度、调节湿度、调节成分以及调节浓度等其他几个关键部分。下面将对这五个主要部分所使用的设备进行详细介绍。

3.1　预处理除尘装置

预处理除尘装置可用作预处理环节的除尘器，主要是指在除尘流程中，位于主要治理设备之前，用于初步分离和去除含尘气体中大颗粒粉尘的设备。这类除尘器通常要求结构简单、操作方便，且能高效地去除大颗粒粉尘，以确保后续治理设备的正常运行和高效性能。以下是一些常用的可用作预处理环节的除尘器。

3.1.1　机械式除尘器

机械式除尘器是利用质量力（如重力、惯性力和离心力等）的作用使含尘气流中的尘粒与气流分离并被捕集下来的装置，包括重力除尘器、惯性除尘器和旋风除尘器等，具有结构简单、易于制造、便于维护、可耐高温及阻力小等特点。以下是对机械式除尘器的详细介绍。

1. 重力除尘器

重力除尘利用重力作用使尘粒自然沉降。结构如图 3.1 所示，当含尘气体通过除尘器时，由于尘粒的重力作用，较大的尘粒会沉积在设备底部，落入灰斗中。

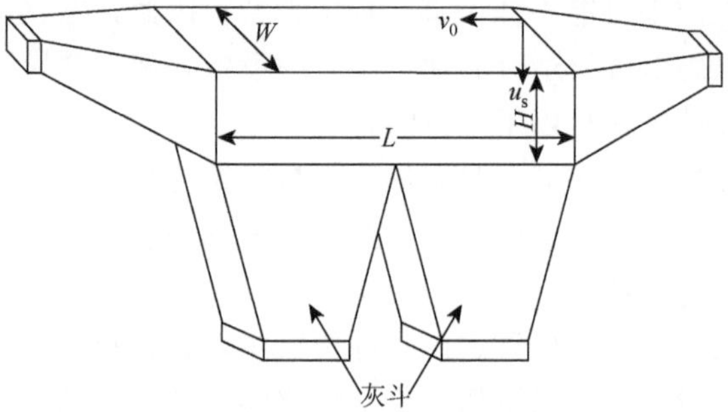

图 3.1　重力除尘器的结构示意图

重力除尘器主要优势在于其结构简洁、易于维护，且运行时阻力较小，通常介于 50～130 Pa。此外，它维护成本低廉，耐用性强，具备良好的可靠性。然而，其除尘效率相对较低，通常只能达到 40%～60%，更适合捕捉 50 μm 以上的尘粒[1]。设备体积较大，可以处理较高温气体，常被用作多级除尘系统的预除尘阶段。鉴于其独特优点，该设备在多种场合得到广泛应用。特别是在尘量大或粒度粗，可能对后续除尘器造成不利影响时，作为预处理的重力除尘器尤为合适。

2. 惯性除尘器

惯性除尘器是一种利用尘粒的惯性力实现分离的除尘设备。其工作原理是使含尘气体冲击挡板或急剧改变气流方向，由于尘粒的惯性较大，无法随气流迅速转向，从而从气体中分离出来。惯性除尘器也被称为挡板式除尘器或惰性除尘器。

惯性除尘器适用于清除密度大、粒径较大的金属或矿物粉尘。对于黏性和纤维性粉尘，因易堵塞，不宜采用。此外，由于气流方向改变次数有限，其净化效率相对较低，通常作为多级除尘系统的第一级，主要用于捕集 10～20 μm 以上的粗尘粒，除尘效率约为 50%～70%，其阻力大小依形式而异，一般为 300～800 Pa[2]。

3. 旋风除尘器

旋风除尘器是利用含尘气体旋转所产生的离心力，将粉尘从气流中分离出来的一种干式除尘装置，是工业中应用较广泛的除尘设备之一。

旋风除尘器由筒体、锥体、进气管、排气管和带排灰阀的贮灰箱等组成，结构形式如图 3.2 所示。其工作原理基于气流的旋转运动。当含尘气体通过进气管进入旋风除尘器时，气流受到筒体上盖及内壁的引导，由直线运动转变为自上而下的螺旋运动，形成外旋流。在外旋流中，尘粒在离心力的作用下被甩向除尘器内壁，并在重力的作用下沿内壁面下落，最终落入灰斗。

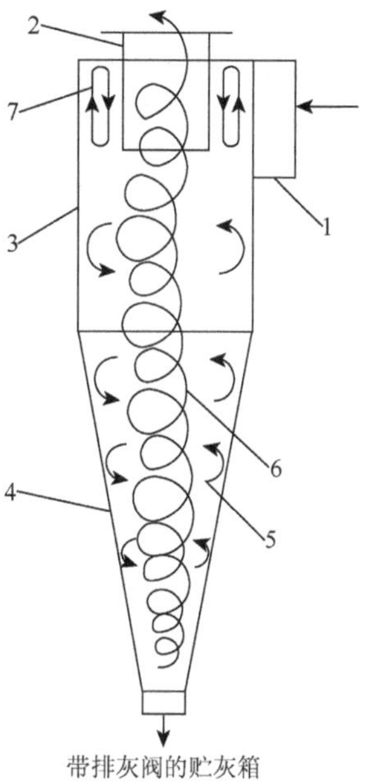

图 3.2　旋风除尘器的结构示意图

1-进气管；2-排气管；3-筒体；4-锥体；5-外旋流；6-内旋流；7-上旋流

旋转下降的外旋流在到达锥体时，由于锥体的收缩影响，气流开始向除尘器中心汇集。根据旋转矩不变原理，气流的切向速度在此过程中不断提高。当气流下降到一定程度后，它开始折转上升，形成自下而上的螺旋运动，即内旋流。内旋流与外旋流的旋转方向相同，但内旋流主要含有少量未去除的微小粉尘，为净化后的气流，最终通过排气管排出。

旋风除尘器以其结构简单、造价低廉、占地面积小、操作灵活且维护方便等诸多优点，在工业除尘领域中得到广泛应用。它无需传动机构及运动部件，适应性强，不受含尘气体浓度和温度的限制，除尘效率达 60%～70%，尤其适用于二级除尘系统的预除尘、气力输送系统的卸料分离以及小型工业锅炉的除尘。此外，旋风除尘器还能方便地采用干法回收有价值粉尘。然而，该设备也存在一些局限性，如难以捕集小于 5 μm 的粉尘，且内部易受磨损和腐蚀，需定期维护。阻力范围较大，通常为 400～2000 Pa，受设备结构和运行条件影响显著[1]。

3.1.2　过滤式除尘器

过滤式除尘器是使含尘气体通过过滤材料来达到除尘的目的。根据选用滤料和设计参数的不同，除尘效率上限很高（可达 99%以上）。

1. 袋式除尘器

袋式除尘器是一种高效的除尘设备，主要由尘气室、净气室、滤袋、清灰装置、灰斗和卸灰装置等部分组成。图 3.3 为简易袋式除尘器的结构示意图。其工作原理是含尘气体从下方进入除尘器，通过滤袋时，粉尘被捕集在滤袋表面，而清洁气体则从排气口排出。

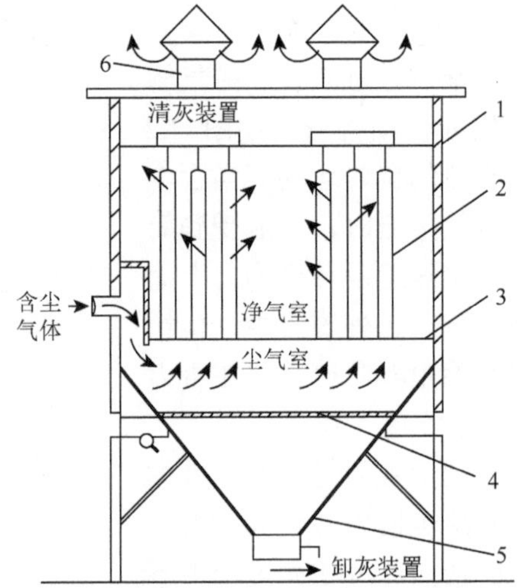

图 3.3　简易袋式除尘器的结构示意图

1-壳体；2-滤袋；3-花板；4-拉筋；5-灰斗；6-排气口

袋式除尘器的滤料通常由棉、毛、人造纤维等加工而成，网孔较大，因此新滤料开始使用时的除尘效率较低。然而，随着粉尘在滤袋表面的积聚，逐渐形成一层粉尘初层，这层粉尘初层成为主要的过滤介质，大大提高了除尘效率。滤布（即构成滤袋的基材织物）则主要起支撑粉尘初层和形成骨架的作用。随着粉尘在滤袋上的不断积聚，滤袋两侧的压力差逐渐增大，这会增加气体通过滤袋的阻力。正常运行时的阻力为 800～1500 Pa，当达到一定数值时，不仅会降低除尘系统的处理能力，还会影响生产系统的排风效果。因此，需要及时清除滤袋上的积尘。清灰过程不应破坏粉尘初层，否则会导致除尘效率显著下降。清灰后，滤袋上的剩余阻力会比新滤料大，但效率也会更高。为保证清灰后的效率不致过低，需要合理控制清灰频率和强度[1]。

袋式除尘器以其高效性能著称，对微米及亚微米级粉尘的净化效率极高，通常可达 99%以上，甚至更高，多用于冶金、水泥、化工等行业的气体净化。此外，袋式除尘器的除尘效率和运行阻力受含尘气体浓度变化的影响较小，表现出良好的稳定性。该除尘器设计灵活，能适配几立方米每小时到几百万立方米每小时的不同含尘气体处理量，既可制成大型系统，也能做成小巧的移动式过滤器或安装在散尘设备附近的小型过滤器，尤其适合分散尘源的除尘需求。运行稳定可靠，维护简便，无需处理污泥。然而，其应用也受到滤料性能的限制。一方面，其除尘效果受限于滤料的性能，如耐温和耐腐蚀能力，常规滤料通常能耐温约 250℃，处理高温含尘气体需采用特殊滤料，这将增加投资成本。另一方面，袋式除尘器不适用于净化含有黏结性或强吸湿性粉尘的气体，同时，净化含尘气体时的操作温度必须高于露点温度，以防止结露堵塞滤料孔隙。

2. 塑烧板除尘器

塑烧板除尘器是一种先进的除尘设备，其结构如图 3.4 所示。以波浪式塑烧板过滤芯为核心，取代了传统的滤袋设计。在运行过程中，含尘气体通过塑烧板时，尘粒因惯性和扩散作用被高效捕集并附着在塑烧板表面的微孔结构上，而干净的气体则顺利通过这些微孔排出，实现粉尘与气体的有效分离。

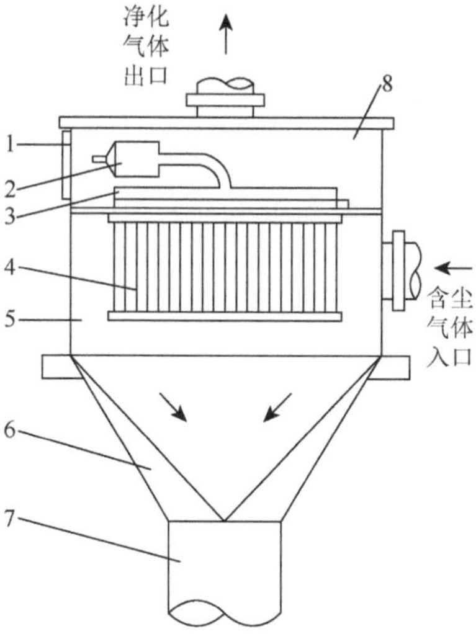

图 3.4　塑烧板除尘器的结构示意图

1-检修门；2-压缩空气包；3-喷吹管；4-塑烧板；5-中箱体；6-灰斗；7-出灰口；8-净气室

塑烧板除尘器的特点显著，其刚性结构确保了设备的稳定性和耐用性，大大延长了使用寿命，相比袋式除尘器，其寿命在特定工况下可长达 10 倍以上[3]。塑烧板表面的特殊处理赋予了其孔径细小均匀、疏水性强等特性，使得该除尘器在处理含水量较高及纤维性粉尘时表现出色。此外，高精度工艺制造确保了塑烧板具有均匀的微米级孔径，使其能够处理超细粉尘和高浓度粉尘，入口浓度远超袋式除尘器。这些优势不仅简化了除尘工艺，还降低了成本能耗，减少了占地面积和空间管道的需求。

塑烧板除尘器具有捕集效率高、体积小、维修保养方便等优点，尤其适合过滤吸潮、含水量高、含油及纤维粉尘。由于采用塑烧板代替传统滤袋，它更适用于规模不大且气体中含油、含水的作业场合。

3. 颗粒层除尘器

颗粒层除尘器利用颗粒状物料（诸如硅石、砾石、焦炭等）构成填料层，作为内滤式除尘装置。运行时，含尘气体通过这些颗粒层，主要依赖筛滤、惯性碰撞、截留和扩散作用，使得尘粒沉积在颗粒层及其表面形成的粉尘层上。随着颗粒层及其上粉尘层的增厚，除尘效率得以提升，但与此同时，气体的阻力也会增加。

颗粒层除尘器的显著优点在于，它能够处理高温、易磨损、易腐蚀及易燃易爆的含尘气体，过滤性能不受灰尘比电阻的影响，且除尘效率高，还能一并去除气体中的 SO_2 等污染物。结构上，该除尘器设计简单，便于维修，耐高温和耐腐蚀性强，占地面积小，投资成本相对较低。然而，其缺陷在于过滤气速受限，处理相同烟气量时阻力较大，能耗高，且易于发生故障，维护管理相对复杂。因此，在现代工程应用中，颗粒层除尘器的使用逐渐减少。

4. 滤筒式除尘器

滤筒式除尘器早在 20 世纪 70 年代已经出现，具有体积小，效率高等优点，但因其设备容量小，过滤风速低，不能处理大风量，应用范围窄，仅在烟草、焊接等行业采用，所以多年来未能大量推广。随着新型滤料的出现和除尘器设计的改进，滤筒式除尘器在除尘工程中开始应用[3]。

图 3.5 为滤筒式除尘器的结构示意图，主要由箱体、滤筒、喷吹系统以及气流分布板等部件构成。工作时，含尘气体首先进入除尘器箱体，通过气流截面扩大和气流分布板的作用，部分粗大尘粒沉降于灰斗。细小尘粒则进入滤尘室，在布朗扩散和筛滤效应下沉积于滤料表面，净化后的气体则进入净气室并由排气管排出。随着滤料表面粉尘层增厚，除尘器阻力增加，当达到预设值时，启动清灰程序。此时，截断过滤气流，电磁脉冲阀开启，压缩空气进入滤筒，使其膨胀振动，并在逆向气流冲刷下，滤料外表面的粉尘被剥离落入灰斗，最终通过卸灰阀排出。

滤筒式除尘器的特点在于其结构紧凑、体积小，由于滤料被折褶成筒状使用，使得单位体积内的过滤面积增大。此外，滤筒高度小，便于安装和维护。同时，相对较大的过滤面积和较小的过滤风速使得阻力适中。然而，滤料的折褶处需严格密封，以防漏气影响除尘效果。

5. 框架式过滤器

框架式过滤器主要通过安装多层过滤网来实现分级过滤，初效过滤可以去除废气中的大颗粒物，而精过滤则能进一步分离废气中的漆雾及大部分尘粒。运行

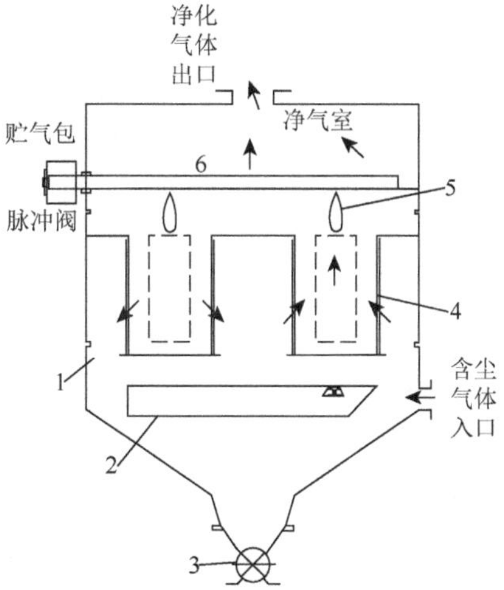

图 3.5　滤筒式除尘器的结构示意图

1-箱体；2-气流分布板；3-卸灰阀；4-滤筒；5-导流板；6-喷吹系统

时含尘气体通过由纤维、滤纸等构成的过滤介质，粉尘因惯性、扩散、拦截等作用被捕集，实现气尘分离。

框架式过滤器的结构主要包括两部分：一是起支撑和固定作用的金属或塑料框架；二是作为核心的过滤介质，通常采用玻璃纤维、合成纤维、无纺布等材料。此外，不锈钢网也可作为过滤介质，其优点是通过热碱水洗涤可实现再生，从而延长使用寿命。该过滤器具备高效过滤、操作简单、适用范围广等特点，可满足多行业对空气质量的净化需求。然而，它也存在易堵塞的问题，需频繁清理或更换过滤介质；且不耐高温高湿，在这类特殊工况下性能会受影响；同时处理大流量含尘气体能力有限，处理时可能需增大尺寸，增加成本与占地，还可能影响过滤效果。

3.1.3　湿式除尘器

湿式除尘器利用水或其他液体与含尘气体进行密切接触，借助液滴、液膜、气泡等多种形式来除尘。在这个过程中，粉尘与液体发生黏附，从而将尘粒有效地从气流中分离出来。这种除尘器具有结构简单、造价低廉、净化效率高等优点，能够处理高温、高湿的气流，将着火、爆炸的可能性减至最低。该除尘器能够高效地捕集粒径在 0.1～20 μm 之间的液态或固态粒子，同时，它还具有脱除部分气态污染物的功能，并能实现废气的降温和加湿效果[4]。然而，在使用过程中也需要注意一些问题。一方面，除尘器所排出的污水和污泥会对环境造成二次污染，因此必须对其进行妥善处理。另一方面，当处理的气体中含有腐蚀性介质时，需要采取必要的防腐措施来保护设备。此外，在水源不足的地区，使用湿式除尘器可能会面临一些困难，而在北方地区的冬季，则还需要考虑设备的防冻问题。

湿式除尘器的主要性能、操作指标见表 3.1。为简单起见，本表只列出广泛应用的几类湿式除尘器的性能和操作指标。

表 3.1　某些湿式除尘器的性能和操作指标[4]

除尘器的型式	气体流速/（m/s）	最大气体流量/（m^3/h）	阻力/Pa	液气比/（L/m^3）	水压	最小捕集粒径/μm
重力喷淋洗涤塔	0.1～2.0	600 000	100～500	2.0～3.0	大	3～5
旋风湿式除尘器	15～45	30 000	1 200～1 500	0.5～1.5	中	1
泡沫式湿式除尘器	0.5～2.5	14 500	50～250	1.1～2.7	小	2
文丘里管湿式除尘器	60～90	9 000	3 000～8 000	0.3～1.5	中	0.1～0.3

1. 重力喷淋洗涤塔

重力喷淋洗涤塔，简称喷雾塔，是一种结构相对简单的湿式除尘器。其特点在于塔体空心且体积较大，设计简单，运行时气流阻力小，不易发生堵塞。在图 3.6 所示的重力喷淋洗涤塔结构中，含尘气体从塔底进入，经气流分布板均匀分布。洗涤液由塔内喷嘴雾化，形成液滴与含尘气体逆向接触，通过惯性碰撞和扩散作用捕集粉尘。净化后的气体经除雾器气液分离后，由塔顶排出。

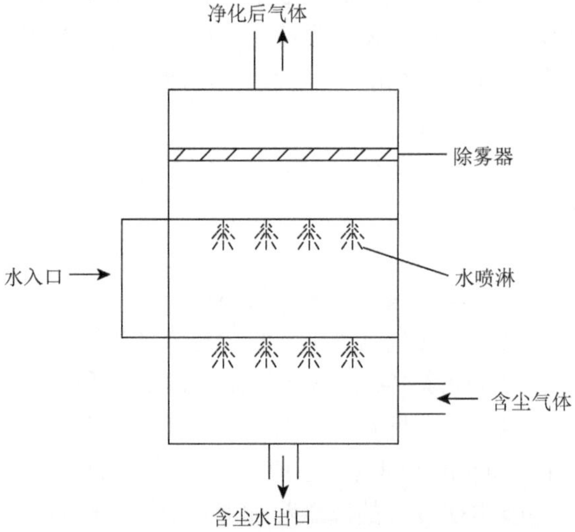

图 3.6　重力喷淋洗涤塔的结构示意图

重力喷淋洗涤塔阻力较小，操作简便，运行稳定。通常用于处理高湿、高热的含尘气体，或与其他高效除尘器联合使用，以发挥除尘、降温和预净化等功能。但净化效率低（对于 50 μm 以上的尘粒有效），且耗水量大，设备占地面积广。因此，在工艺中常设置沉淀池，使固体沉淀后循环使用，以减少水资源浪费。为提高除尘效率，塔内常增设填料或塔板，如填料塔、筛板塔和湍球塔等，以增大水与含尘气体的接触面积，从而减小除尘器体积。

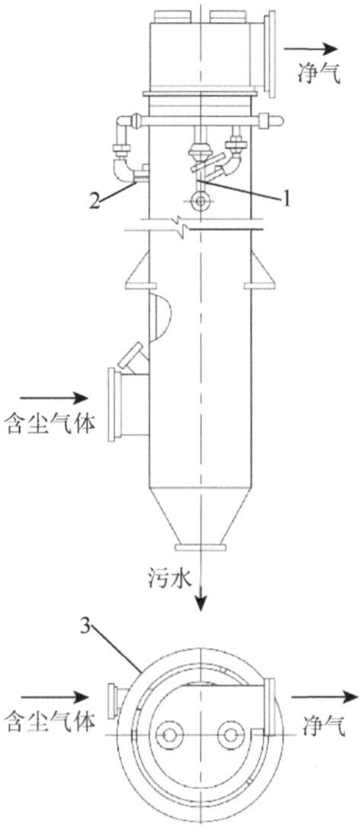

图 3.7　立式旋风水膜除尘器的结构示意图

1、3-水管；2-喷嘴

2. 旋风湿式除尘器

1）旋风水膜除尘器

旋风水膜除尘器分为立式和卧式两种类型，其中立式更为常见。以立式旋风水膜除尘器为例，其结构如图 3.7 所示，含尘气体切向进入，筒体内壁与塔顶溢流形成厚度为 2～3 mm 的连续均匀水膜。旋风水膜除尘器具有诸多优点，结构简单，除尘效率高，通常大于 90%，金属耗量小，但该类除尘器也存在一定的缺点，如整体高度较高，布置较为困难。

常用的有以天然花岗岩为主要材料的麻石旋风水膜除尘器。麻石旋风水膜除尘器，能有效净化刨煤机、燃煤锅炉、煤粉炉和沸腾炉等产生的含尘烟气，且设备造价较低。但存在喷嘴易堵塞、水膜稳定性受供水量影响、耗水量大以及废水需处理等问题。

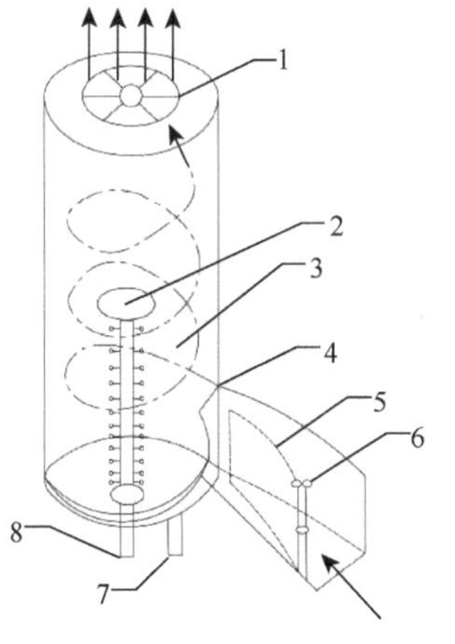

图 3.8　中心喷水切向进气旋风除尘器捕尘过程示意图

1-气液分离装置；2-挡盘；3-喷淋支管；4-切向气体入口；5、6-调节板；7-水出口；8-水进口

2）中心喷水切向进气旋风除尘器

中心喷水切向进气旋风除尘器的捕尘过程如图 3.8 所示。含尘气体由筒体下部切向进入，水由中心轴上安装的多处喷嘴喷出，径向喷出的水雾与螺旋形旋转气流碰撞接触，实现尘粒的捕集。这种除尘器很好地实现了借助离心力加强液滴与尘粒间惯性碰撞的捕尘作用。

该除尘器的特点在于其高效的除尘性能，特别是对微小颗粒物的捕集效果显著。同时，其结构紧凑、运行稳定，且能够降低气体的阻力。因

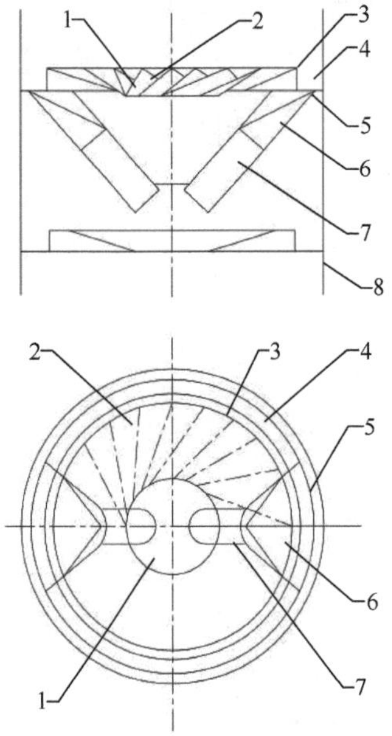

图 3.9　旋流板塔洗涤器的结构示意图

1-盲板；2-旋流叶片（共 24 片）；3-罩筒；4-集液槽；5-溢流口；6-异形接管；7-圆形溢流管；8-塔壁

此，中心喷水切向进气旋风除尘器常被用作文丘里管湿式除尘器的脱水器，也适用于吸收锅炉烟气中的 SO_2 等污染物。

3）旋流板塔洗涤器

旋流板塔洗涤器结构如图 3.9 所示，由盲板、旋流叶片、罩筒、集液槽、溢流口、异形接管、圆形溢流管及塔壁等部件构成。其叶片形似固定的风车叶片，当气流通过时会产生旋转和离心运动，同时液体被分配到各叶片形成薄液层，与气流形成搅动并喷成细小液滴，通过惯性碰撞、离心分离和液膜黏附等机制高效捕集尘粒。

由于旋流塔板的开孔率较大，允许高速气流通过，因此旋流板塔洗涤器具有较高的负荷和处理能力，操作弹性也较大。然而，由于气液接触时间相对较短，其除尘、除雾的单板效率一般为 90%左右。尽管如此，旋流板塔洗涤器仍然因其具有结构简单、操作方便、除尘效果好以及良好的传质性能等优点，在国内许多中小型锅炉的除尘和脱硫中得到广泛应用。

4）气旋塔

气旋塔其内部通常为多层结构，每层配备旋流叶片或旋流塔板等旋流装置，能引导形成强烈旋涡流；塔顶设有除雾层，通过喷淋或填料层去除微小液滴；内部还包含多个圆形旋流筒、除雾板及部分旋流筒内放置的实心填料球，分别有助于提高洗涤、脱水雾效率及气液接触面积与除尘效率。

气旋塔运行时，烟尘废气在风机牵引力作用下进入高速混流导轨装置，借助离心力进行气液乳化反应，在混流液高速旋转下与旋转液体充分混合吸收，增加烟尘比重后利用旋流装置离心力实现气液分离，分离后的气体切向进入环保填料吸附层做横向圆周运动，避免纵向运动导致的填料堵塞，在填料层上端，螺旋喷头喷出的溶剂均匀分布在填料上，因填料设计合理，废气与反应液在填料表面有充分反应时间，最终达标排放。通过混流和旋流双重作用，在油漆粉尘净化、废气预处理尤其是喷漆行业效果显著，且独特结构设计避免了填料堵塞问题；设备成本较高，对安装和维护的专业要求也相对较高。

3. 泡沫式湿式除尘器

利用含尘气体流经筛板时产生的泡沫来捕集粉尘。该设备主要分为无溢流和有溢流两种，均呈现塔状结构，内部可根据实际需求灵活配置单层或多层筛板，结构如图 3.10 所示。

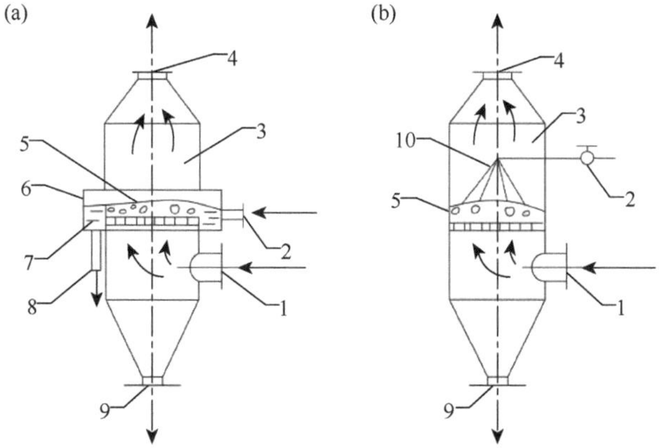

图 3.10　泡沫式湿式除尘器的结构示意图

（a）有溢流泡沫式湿式除尘器；（b）无溢流泡沫式湿式除尘器

1-烟气入口；2-洗涤液入口；3-泡沫洗涤器；4-净气出口；5-筛板；6-溢流堰；7-溢流槽；8-溢流管；9-污泥排出口；10-喷嘴

在无溢流泡沫式湿式除尘器中，筛板上方通过顶部喷淋系统供水，形成稳定的液面。当含尘气体从塔底引入并均匀穿过筛板小孔时，气体被分散至液相中，形成大量泡沫。这些泡沫极大地扩展了气液两相的接触面积，从而有效提升了尘粒的捕集效率。捕集到的尘粒随水流直接通过筛孔流入塔下部的污泥排出口。相比之下，有溢流泡沫式湿式除尘器则通过侧部供水系统向筛板供水，并利用溢流堰来维持液面的恒定高度。液体在横穿塔板后，会经过溢流堰和溢流管排出。这种设计确保了液面的稳定性，有利于形成更为均匀的泡沫层，进一步提高除尘效率。

泡沫层的厚度是影响除尘效率的关键因素，泡沫层越厚，除尘效率越高，但阻力损失也会相应增大。这种除尘器具有结构简单、操作方便、除尘效率高等优点，广泛应用于工业除尘领域。

4. 文丘里管湿式除尘器

文丘里管湿式除尘器的结构如图 3.11 所示，主要由文丘里管本体、供水装置和气水分离器等组成，其中文丘里管本体包括收缩管、喉管和渐扩管，如图 3.12 所示。除尘过程可分为雾化、凝聚和脱水三个过程，前两个过程在文丘里管中进行，后一过程在脱水器中完成。含尘气体进入收缩管后，流速逐渐增大。在喉管处，气流速度达到最大值（一般为 50～180 m/s）。此时，洗涤液通过喉管周边均匀分布的喷嘴注入，并被高速气流冲击成细小水滴，形成高度雾化的状态。在喉管处，高度雾化的洗涤液与含尘气体充分混合。由于气流速度大、压力低，尘粒表面的气膜被冲破，尘粒被润湿。随后，尘粒与液滴或尘粒与尘粒之间发生相互碰撞和凝聚，形成较大的含尘液滴。进入扩散管后，气流速度减小，压力回升，以尘粒为凝结核的凝聚作用加快，粒径进一步增大。在分离器中，粒径较大的含尘液滴在脱水器中与气流分离，达到除尘的目的。

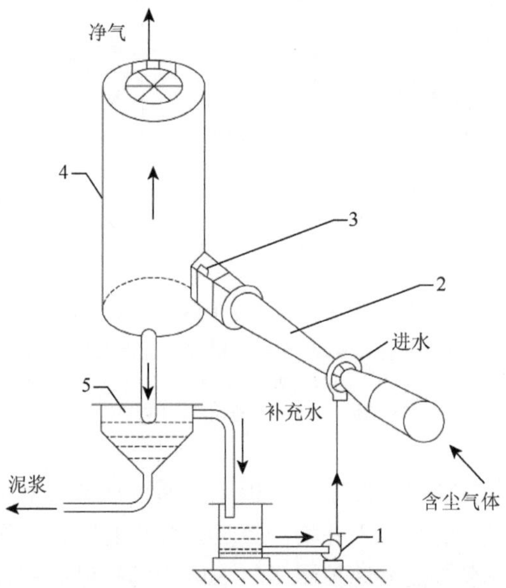

图 3.11　文丘里管湿式除尘器的结构示意图

1-循环泵；2-文丘里管；3-调节板；4-分离器；5-沉淀池

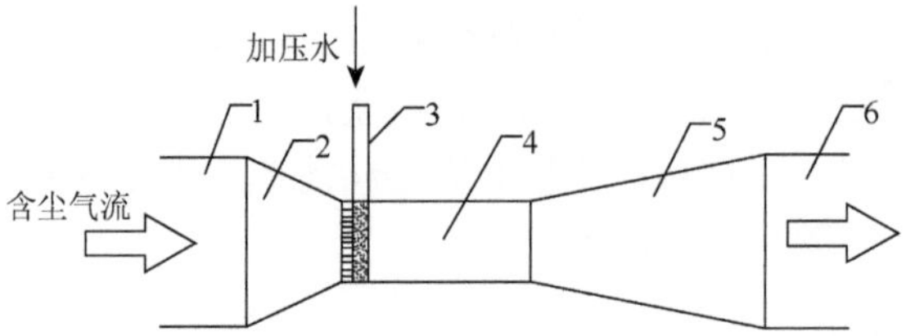

图 3.12　文丘里管湿式除尘器的主要结构及其形状

1-进气管；2-收缩管；3-喷嘴；4-喉管；5-扩散管；6-连接管

文丘里管湿式除尘器结构简单，体积小，维护管理方便，除尘效率高，对 0.5～5 μm 的尘粒除尘效率可达 99%以上。在高效除尘、净化微米和亚微米级粉尘的同时，还能实现降温、除雾、吸收气体污染物等功能。然而，文丘里管湿式除尘器也存在一些缺点，如动力消耗较大等。

3.1.4　电除尘器

电除尘器，亦称静电除尘器，是一种高效的除尘设备，其工作原理基于含尘气体通过高压电场时尘粒的荷电与沉积。在电离过程中，尘粒被赋予电荷，并在电场力的作用下沉积于集尘极，从而实现尘粒与含尘气体的分离。

电除尘器具有以下显著的性能特点。

（1）能耗低与阻力小：电除尘器在运行过程中，虽需要较高的电压，但电流极小，因此整体能耗较低，大约 0.2～0.4 kW·h/(1000 m^3)。同时，其阻力也相对较小，一般维持在 200～500 Pa 的范围内，有助于降低系统的能耗和运行成本。

（2）处理烟气量大且效率高：电除尘器能够处理大量的烟气，其处理能力可达 1×10^5～1×10^6 m^3/h。同时，它能分离粒径 1 μm 左右的细小粒子，除尘效率可高达 99%以上，特别适用于需要高效除尘的场合。

（3）适应性强：电除尘器能够在高温或强腐蚀性气体下操作，正常操作温度可高达 400℃，使其在处理特殊气体时具有显著优势。此外，当烟气中的各项指标在一定范围内变化时，电除尘器的除尘性能基本保持不变，表现出较强的适应性。被广泛应用于火力发电、有色金属冶炼、水泥、造纸和垃圾焚烧处理等工业领域，成为这些工业炉窑的重要除尘设备。

（4）维护简便与自动化程度高：随着技术的发展，电除尘器的控制装置能够自动选择最佳运行方式，实现自动化控制和远距离操作运行。只要设备选型得当、安装质量良好，并严格执行操作规程，日常的维护保养工作量很少。

此外，根据不同的分类标准，电除尘器可以分为多种类型，每种类型都有其独特的主要特性和应用特点。为了更好地理解和选择合适的电除尘器，表 3.2 为详细的电除尘器的分类及应用特点介绍。

表 3.2　电除尘器的分类及应用特点[3]

分类方式	设备名称	主要特性	应用特点
按除尘器清灰方式分类	干式电除尘器	收下的烟尘为干燥状态	（1）操作温度可为 90～400℃或高于烟气露点 20～30℃； （2）可用机械振打、电磁振打和压缩空气振打等方式除尘； （3）粉尘比电阻有一定范围
	湿式电除尘器	收下的烟尘为泥浆状	（1）操作温度较低，一般烟气需先降温至 40～70℃，然后进入湿式电除尘器； （2）烟气含硫腐蚀性气体时，设备必须防腐蚀； （3）清除收尘电极上烟尘采用的供水方式视场景和除尘器型号等选择； （4）由于没有烟尘再飞扬现象，烟气流速可较大

续表

分类方式	设备名称	主要特性	应用特点
按除尘器清灰方式分类	酸雾电除雾器	用于含硫烟气制硫酸过程捕集酸雾，收下物为稀硫酸和泥浆	(1) 定期用水清除收尘电极、电晕电极上的烟尘和酸雾； (2) 操作温度低于 50℃； (3) 收尘电极和电晕电极必须采取防腐措施
	半湿式电除尘器	收下粉尘为干燥状态	(1) 构造比一般电除尘器更严格； (2) 水应循环； (3) 适用高温烟气净化场合
按烟气流动方向分类	立式电除尘器	烟气在除尘器中的流动方向与地面垂直	(1) 烟气分布不易均匀； (2) 占地面积小； (3) 烟气出口设在顶部直接放空，可节省烟管
	卧式电除尘器	烟气在除尘器中的流动方向和地面平行	(1) 可按生产需要适当增加电场数； (2) 各电场可分别供电，避免电场间互相干扰，以提高收尘效率； (3) 便于分别回收不同成分、不同粒级的烟尘分类富集； (4) 烟气经气流分布板后比较均匀； (5) 设备高度相对低，便于安装和检修，但占地面积大
按收尘电极形式分类	管式电除尘器	收尘电极为圆管、蜂窝管	(1) 电晕电极和收尘电极间距相等，电场强度比较均匀； (2) 清灰较困难，不宜用作干式电除尘器，一般用作湿式电除尘器； (3) 通常为立式电除尘器
	板式电除尘器	收尘电极为板状，如网、棒帏、槽形、波形等	(1) 电场强度不够均匀； (2) 清灰较方便； (3) 制造安装较容易
按收尘极电晕极配置	单区电除尘器	收尘电极和电晕电极布置在同一区域内	(1) 荷电和收尘过程的特性未充分发挥，收尘电场较长； (2) 烟尘重返气流后无再次荷电机会，除尘效率低； (3) 主要用于工业除尘
	双区电除尘器	收尘电极和电晕电极布置在不同区域内	(1) 荷电和收尘分别在两个区域内进行，可缩短电场长度； (2) 烟尘重返气流后可再次荷电，除尘效率高； (3) 可捕集高比电阻烟尘
按极间距宽窄分类	常规极距电除尘器	极距一般为 200～325 mm，供电电压为 45～66 kV	(1) 安装、检修、清灰不方便； (2) 离子风小，烟尘驱进速度低； (3) 适用于烟尘比电阻为 10^4～10^{10} Ω·cm； (4) 使用比较成熟，实践经验丰富
	宽极距电除尘器	极距一般为 400～600 mm，供电电压为 70～200 kV	(1) 安装、检修、清灰不方便； (2) 离子风大，烟尘驱进速度大； (3) 适用于烟尘比电阻为 10～10^{14} Ω·cm； (4) 极距不超过 500 mm 可节省材料
按其他标准分类	防爆式电除尘器	防爆式电除尘器有防爆装置，能防止爆炸	防爆式电除尘器用在特定场合，如转炉烟气的除尘、煤气除尘等
	原式电除尘器	原式电除尘器正离子参加捕尘工作	原式电除尘器是电除尘器的新品种
	可移动电极式电除尘器	可移动电极式电除尘器顶部装有电极卷取器	可移动电极式电除尘器常用于净化高比电阻粉尘的烟气

然而，电除尘器也存在一些局限性，如设备结构复杂、钢材耗量多、占地面积大、一次性投资高等。同时，电除尘器受粉尘比电阻等物理性质的限制不宜直接净化高浓度含尘气体。但是用于处理 60 000 m^3/h 以上大流量的烟气或长时间使用电除尘设备时，运行费用比其他除尘器要低。

为了克服电除尘器的某些局限性，电-袋复合式除尘器应运而生。电-袋复合式除尘器，是一种有机集成了静电除尘和过滤除尘两种除尘机理的新型节能高效除尘器。前级通过电场区预收尘并使粉尘荷电，后级通过滤袋区进一步过滤除尘，充分发挥了电除尘器和袋式除尘器各自的除尘优势，以及两者结合产生新的性能优点。

该除尘器主要由前级电场区（含正负电极等）和后级滤袋区（含滤袋等多种装置）及其他辅助装置构成。工作时，能有效去除 80%以上的粉尘，沉降高温烟气中未熄灭的“红星”颗粒，缓冲均匀气流，袋式除尘器串联在后，收集少量的细粉尘，严把排放关。同时，两收尘区域中任何一方发生故障时，另一区域仍保持一定的收尘效果。除尘效率高，不受粉尘、煤种及烟气特性影响，排放浓度易控制在 30 mg/m^3 以下，长期高效稳定，还具备设备阻力低、滤袋寿命长、运行维护费用低、占地面积小和高可靠性等特点，在高除尘要求、复杂粉尘工况中有独特优势[4]。

3.1.5　除尘器的选取原则

在除尘器的设计选型过程中，精准匹配是关键。为确保所选除尘器既能高效运作，又符合经济与环境双重标准，需综合考虑废气特性、粉尘性质、行业标准、排放标准、运行条件及成本预算等多重因素。以下是选择适宜除尘器时需遵循的几个核心原则。

（1）合规性：首要原则是确保所选除尘器能满足国家或地方规定的排放标准。这包括浓度控制和总量控制标准，且需注意排放标准可能因时间、地点及功能区差异而有所不同。例如，若除尘器排放口位于车间内，其排放浓度必须低于车间允许浓度。

（2）高效除尘：除尘效果是衡量除尘器性能的关键指标。需根据粉尘的物理特性（如粒度分布、黏性、比电阻、纤维性或憎水性）、废气初始含尘浓度、温度等因素，选择除尘效率高且性能稳定的除尘器。例如，对于黏性粉尘，应避免使用干法除尘；对于比电阻异常（过大或过小）的粉尘，静电除尘器可能不是最佳选择；纤维性或憎水性粉尘则更适合非湿法除尘。

（3）粒径适应性：不同除尘器对不同粒径粉尘的捕集效率各异。因此，在选型前需明确欲捕集粉尘的粒径分布，并根据除尘器的分级效率和除尘要求做出合理选择。对于高含尘浓度的废气，可在除尘器前增设预净化设备，以降低入口含尘浓度，提高除尘效率并延长设备寿命。

（4）避免二次污染：除尘过程实质上是将废气中的污染物转化为固体废物或水污染物。因此，在选择除尘器时，必须同时考虑捕集粉尘的处理问题，以避免二次污染。若工艺系统本身具备泥浆废水处理能力或采用水力输灰方式，可考虑采用湿法除尘。

（5）成本控制：在满足排放标准的前提下，经济因素同样重要。需综合考量除尘器的一次性投资费用、运行维护费用及长期运营成本，选择性价比最高的方案。这包括设备购置费、安装调试费、能耗费、维修费及可能的废弃物处置处理费等。

3.1.6　除尘器的性能和适用范围

各类除尘器具有不同的性能参数，如适用范围和除尘效率等，具体性能参数见表 3.3。

表 3.3　常用除尘器的类型与性能[5]

除尘器	净化程度	适用的粒径范围/μm	入口含尘浓度/$(g \cdot m^{-3})$	阻力/Pa	除尘效率η/%	投资费用	运行费用
重力除尘器	粗净化	＞50	＞2	50～130	40～60	低	低
惯性除尘器	粗净化	20～50	＞2	300～800	50～70	低	低
旋风除尘器	粗、中净化	5～30	＞0.5	400～2000	60～70	低	中
袋式除尘器	细净化	0.5～1	＜15	800～1500	＞99	较高	较高
旋风湿式除尘器	各种净化	＞1	＜2	1200～1500	90～98	中	较高
泡沫式湿式除尘器	各种净化	＞2	＜2	50～250	80～95	—	—
文丘里管湿式除尘器	细净化	＞0.5	＜15	3000～8000	90～98	低	高
电除尘器	细净化	0.5～1	＜30	200～500	90～98	高	低

表 3.4 是部分除尘器应用特点、适用废气特性和适用场合。

表 3.4　部分除尘器应用特点、适用废气特性和适用场合[3]

型式	除尘作用力	除尘设备种类	应用特点	适用废气特性	适用场合
干式	机械力	重力除尘器	适用于捕集大于 50 μm 的粉尘粒子；多作为多级除尘的预除尘适用	中等气量的常温或高温烟气	煤炭、钢铁、化工、燃煤电厂等
		惯性除尘器	可捕集大于 20 μm 的粉尘粒子；阻力在 300～800 Pa 之间	高温高粉尘浓度烟气	机加工、采矿、食品加工、煤炭等

续表

型式	除尘作用力	除尘设备种类	应用特点	适用废气特性	适用场合
干式	机械力	旋风式除尘器	分离粉尘的最小粒径可到 5～30 μm	高温高压特高粉尘浓度（>500 g/m³）烟气	化工、燃煤电厂、水泥、采矿等
		袋式除尘器	可捕集多种干性粉尘，尤其是高比电阻粉尘；应用主要受滤料性能影响	烟气量小于 17 000 m³/h 的常温干性含尘烟气	水泥、钢铁、冶金、火力发电等
		滤筒式除尘器	应用主要受滤筒性能影响，可应用于常温、高温等多种情况	不含酸碱性物质的烟气	抛丸除尘、水泥、钢铁、电力等
		塑烧板除尘器	捕集微细粉尘（5 μm 以下）效率高，能过滤吸潮和含水量高的粉尘，能过滤含油及纤维粉尘	风量不大，含水、含油的烟气	冶金、电力、水泥、化工等
		颗粒层除尘器	过滤能力不受粉尘比电阻影响，效率高，可同时除去气体中 SO_2 等多种污染物	高温、易磨损、易腐蚀、易燃易爆的含尘烟气	建材、冶金、化工、电力
	静电力	干式电除尘器	操作温度为 90～400℃或高于烟气露点 20～30℃	具有一定粉尘比电阻的干性烟气	电力、钢铁、水泥、冶金、工业锅炉等
湿式	机械力	文丘里管湿式除尘器	捕集微细粉尘的效率高	高温烟气降温；含有易于被洗涤液吸收的有毒有害气体及微米和亚微米粉尘粒子的烟气	铸造、抛丸除尘、电力、机械等
	静电力	湿式电除尘器	操作温度一般为 40～70℃，烟气流速较大	不含硫等腐蚀性气体的烟气	电力、钢铁、水泥、化工、垃圾焚烧、冶金等
		半湿式电除尘器	构造比一般电除尘器更严格，设备中水应循环	高温烟气	电力、钢铁、水泥、化工等

3.2　其他废气调节设备

除了除尘之外，部分工业废气预处理环节，还需要通过调节温度、湿度、成分、浓度等关键参数或条件以实现治理效果并保护后续主要治理设备。工业废气的温度往往因生产工艺的不同而差异较大，若温度过高，可能会对后续处理设备的材质造成损害，降低设备的使用寿命，甚至影响处理效果。一些吸附剂在高温下吸附性能会大幅下降；而温度过低，某些化学反应可能无法有效进行，例如催化氧化反应需要在适宜的温度区间才能高效去除污染物。调温的方法主要根据废气初始温度和目标温度来选择。当废气温度过高时，可采用换热器进行热交换，将废气的热量传递给其他介质，从而降低废气温度；也可以采用补风的方式，引入低温的新鲜空气与高温废气混合，达到降温目的；喷雾降温则是通过向废气中喷洒水雾，利用水的蒸发吸热来降低废气温度。当废气温度过低时，可利用换热器对废气进行加热，或者采用电加热等方式提高废气温度[6]。

湿度的调节同样不容忽视。工业废气湿度情况复杂，湿度过高，废气中的水分可能在设备内部冷凝，导致设备腐蚀，还可能影响一些过滤材料的性能，降低过滤效率；而湿度过低，可能使某些污染物的形态发生变化，不利于后续的吸收或吸附处理。调湿时，若要降低湿度，可使用压缩空气干燥机，通过压缩空气去除废气中的水分，或者采用降温冷凝的方式，使废气中的水蒸气冷却凝结成液态水，然后通过分离设备将水分离出去。若要增加湿度，可采用喷雾加湿的方式，向废气中喷洒细小的水雾，使水雾蒸发增加废气中的水汽含量，或者采用蒸汽加湿，将蒸汽通入废气中提高湿度。

部分工业废气预处理中，需要调节废气中污染物成分的浓度，以便于后续主体设备在适宜浓度条件下运行，避免浓度过高、过低或波动过大，影响后续主体设备高效、稳定地运行。废气浓度过高时，可使用补风机进行调节。补风机通常由风机、过滤系统、控制系统三个主要部分构成，其工作原理主要是通过引入一定量的新鲜空气，与废气进行混合，从而降低废气的浓度。同时，补风机可根据废气的实际浓度，自动调节补风量。废气浓度过低时，目前预处理阶段暂无相关调节设备，主体设备中的吸附浓缩相关设备具有相应调节功能。

实际废气中污染物成分复杂，许多污染物对后续主体治理设备会影响其治理效率，甚至造成损害，因此在预处理过程中需要将这些污染物进行去除，以保证后续主体治理设备的高效、稳定运行。酸碱喷淋塔是常见的预处理成分调节设备，其工作原理是利用化学反应中的酸碱中和反应，去除对后续治理有影响的污染物。酸碱喷淋塔一般分为填料塔和旋流板塔两种，实际使用哪种类型需要根据具体废气成分进行选择。塔中还设置除雾板，部分去除出口废气带出的水汽，但通常需要在后续设置单独除湿装置，减少水汽对于后续设备的影响。除酸碱喷淋塔外，框架式过滤器也常用在喷漆废气的预处理当中，去除废气中的漆雾成分，相关具体介绍详见 3.1.2 过滤式除尘器。

3.3　喷涂行业预处理设计案例

3.3.1　设计任务书

1. 设计背景

本章节所讨论的预处理除尘设计案例，是上一章废气收集设计的进一步延伸与深化，设计资料详见第 2 章。

2. 设计要求

本案例仅设计预处理除尘阶段。

（1）除尘效率：预处理除尘系统需要高效去除废气中的颗粒物，特别是漆雾等黏性、易堵塞的物质，以确保后续吸附和催化燃烧设备的顺畅运行。根据《吸附法工业有机废气治理工程技术规范》（HJ 2026-2013）要求，进入吸附装置的颗粒物含量宜低于 1 mg/m³。因此，除尘系统的效率需达到较高水平，以满足这一标准。

（2）稳定性与可靠性：预处理除尘系统应具备良好的稳定性和可靠性，能够长时间连续运行而不出现故障。除尘设备应选用耐腐蚀、耐磨损的材料，以适应废气中的化学成分和温度变化。

（3）易于维护与管理：除尘设备应易于维护和保养，便于更换易损件和进行定期检查，同时提供清晰的操作指南和维护手册，降低运维成本。

（4）安全性：预处理除尘系统应符合相关安全标准，如设置阻火器等安全装置，以防止火灾和爆炸等事故的发生。在设计过程中，应充分考虑系统的防爆、防雷、防静电等安全措施。

3.3.2　工艺方案的比较确定

喷涂行业废气预处理是一个关键步骤，旨在为后续处理工艺提供有利条件，确保废气最终达标排放。预处理过程主要包括除漆雾、除粉尘、除湿、调节温度、调节浓度以及调节成分等步骤。

在靠近厂界侧的房内设有水帘喷漆工作柜 1 台，虽然湿式喷漆室中设计精良的水帘柜能够捕捉大部分漆雾颗粒，但无法保证所有漆雾颗粒都能与水膜或水滴接触，仍然会有部分脱离水帘而逃逸。此外，经过水帘处理后的气体湿度增加，而颗粒物和水分都会显著影响吸附剂的吸附性能。因此，为确保后续吸附及催化燃烧系统的效率与安全性，必须对这部分逃逸的漆雾颗粒及水汽进行预处理。

鉴于喷漆室已通过水帘进行了初步湿式净化，通常可继续采用湿法预处理，例如使用旋流式水喷淋塔搭配后续除湿器来去除漆雾和水汽。然而，基于尽量减少二次污染的设计原则，本项目计划采用设备更为简单、操作更为方便的过滤器对漆雾和水汽进行预处理，以此可减少废水的产生并节省喷淋塔的建设费用。过滤器通常使用合成纤维滤料对颗粒物进行拦截，如漆雾过滤棉（玻璃纤维）、无纺布（有机合成纤维）等，其按结构型式可分为平板式、袋式、折褶式、卷绕式等，按效率级别则可分为粗效、中效、高中效、亚高效等[7]。为充分阻挡各范围粒径的漆雾颗粒，宜将各级效率的过滤器组合，从而达到高效净化目标。

据相关要求，进入吸附装置的颗粒物含量宜低于 1 mg/m^3。本项目漆雾颗粒物经过水帘初步处理后，最大浓度约为 60 mg/m^3，因此过滤器的除尘计重效率宜大于等于 99%。为达到该效率要求，采用粗效平板式过滤棉 + 中效袋式无纺布的二级组合式除尘过滤器进行喷漆废气的预处理。

另据《涂装作业安全规程 有机废气净化装置安全技术规定》(GB 20101-2006）要求：过滤器前应设置有机废气直接排空装置。当净化装置发生故障或工作结束时，应能立即打开直接排空装置使有机废气直接排空，防止有机气体积聚。最终选定的预处理工艺流程如图 3.13 所示。

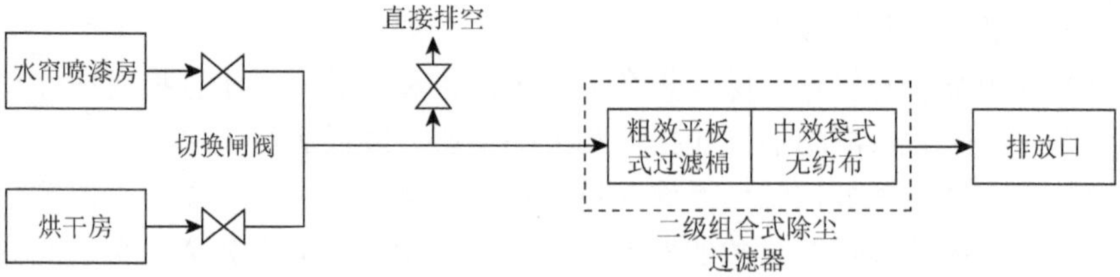

图 3.13 预处理工艺流程框图

3.3.3 处理单元的设计计算

1. 主管漆雾颗粒浓度与产生量

仅喷漆工序会产生漆雾颗粒，喷漆总作业时间为 $t_p = 3$ h/d。喷漆室已设水帘柜，大部分漆雾颗粒已被水帘捕获去除，而水帘系统的漆雾去除率范围在 80%～90%[8]，此处保守估计取最低去除率 80%，并以漆雾颗粒物最大浓度计算（以此设计过滤器可确保吸附系统的安全)。由表 2.7 可知底漆喷涂工序颗粒物浓度最大，为 300 mg/m^3，于是主管内漆雾颗粒浓度为

$$c_{\text{PM}} = 300 \times (1 - 80\%) = 60 \text{ mg/m}^3$$

主管内通过的漆雾颗粒量应为

$$m_{\text{PM}} = 60 \times 20000 \times 3 \times 10^{-6} = 3.6 \text{ kg/d}$$

2. 过滤器材料

过滤器由粗效平板式过滤棉 + 中效袋式无纺布二级组合式除尘过滤器组成。参数指标如表 3.5 所示，基本组成单元如图 3.14 所示。粗效过滤器作为第一道过滤措施，用来阻挡较大的漆雾颗粒，同时可减少中效过滤器的负荷，延长使用寿命；中效过滤器用来拦截更为细小的漆雾，同时兼具除水功能。

表 3.5　二级组合式除尘过滤器材料参数表

参数类别	一级粗效过滤器	二级中效过滤器
过滤材料	防静电复合玻璃纤维	抗断裂高性能 PET 无纺布
框架材料	镀锌铝合金	镀锌铝合金
型式	平板式	袋式
效率级别	粗效	中效
滤料规格/mm	600×600×80	600×600×600（6 袋）
计重效率/%	85	94
计数效率/%	75（粒径≥2.0 μm）	65（粒径≥0.5 μm）
工作温度	常温	常温
最大工作温度/℃	120	120
阻燃标准（德标 DIN 53438）	F1	F1
容漆量/(kg/m^2)	6	0.2
初阻力/Pa	20	50
终阻力/Pa	200	300

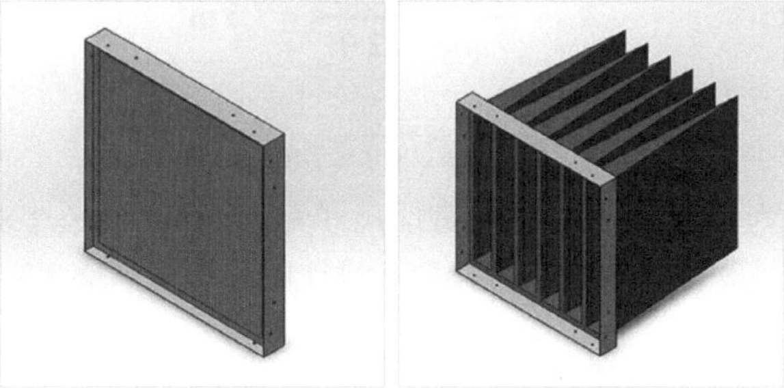

粗效　　中效

图 3.14　平板式过滤棉和袋式无纺布组成单元

3. 过滤器效率

二级组合式过滤器的效率可用下式计算

$$E_f = \left[1-(1-E_1)\times(1-E_2)\right]\times 100\% \tag{3-1}$$

式中：E_f——二级组合式过滤器效率，%；

E_1——一级过滤器效率，%；

E_2——二级过滤器效率，%。

所以

$$E_f = \left[1-(1-85\%)\times(1-94\%)\right]\times 100\% = 99.1\%$$

于是经过过滤器的预处理后，颗粒物最大浓度为

$$c'_{\mathrm{PM}} = (1-99.1\%)\times 60 = 0.54\ \mathrm{mg/m^3} < 1\ \mathrm{mg/m^3}$$

满足《吸附法工业有机废气治理工程技术规范》（HJ 2026-2013）要求：进入吸附装置的颗粒物含量宜低于 1 mg/m^3。

4. 过滤器尺寸与滤料布置

过滤材料迎风截面积可用式（3-2）计算

$$A_f = \frac{120\%\times Q}{3600u_f} \tag{3-2}$$

式中：A_f ——滤料截面积，m^2；

u_f ——过滤迎面风速，m/s。

迎面风速既不可过大亦不可过小，参照《空气过滤器》（GB/T 14295-2019），粗效过滤器迎面风速为 2.5 m/s，中效过滤器迎面风速为 2.0 m/s，取较小者以保证中效过滤器的效率，即 $u_f = 2.0\ \mathrm{m/s}$。

代入数据计算得

$$A_f = \frac{120\%\times 20000}{3600\times 2.0} = 3.3\ \mathrm{m^2}$$

令截面为正方形，则

$$L = B = \sqrt{3.3} = 1.82\ \mathrm{m}$$

圆整尺寸取为 1.8 m，因此滤料截面尺寸为 $L\times B = 1.8\ \mathrm{m}\times 1.8\ \mathrm{m}$。

依据截面尺寸和滤料规格布置排列，设计简图详见本章 3.3.4 节。

5. 过滤阻力与更换周期

为保证过滤器在使用期间内式中正常工作，过滤阻力取终阻力之和，即

$$\Delta P_{f1} = 200 + 300 = 500\ \mathrm{Pa}$$

流体流经管道系统中的异形管件（如弯头、阀门、三通等）时，流动状态发生变化，这时产生的能量损失称为局部阻力损失，又由于过滤器与管道连接，采用形似“喇叭口”的设计和均流网使气体均匀分布，该部分阻力应依据式（2-22）计算。由于该部分阻力系数没有数据可供直接查询，采用近似的管件进行估计，认为其由渐扩和渐缩管构成。

依据表 2.4 一般通风系统管道风速，设该段管内流速 $u_1 = 11\ \mathrm{m/s}$，则该管段直径为

$$d_1 = 18.8\times\sqrt{\frac{20000}{11}} = 801.6\ \mathrm{mm}$$

依据圆形通风管道规格（附表 1），取管径 $d_1' = 800\ \text{mm}$，得管段内实际流速

$$u_1' = \frac{20000 \times 4}{3600 \times \pi \times 0.8^2} = 11.1\ \text{m/s}$$

查附表 4，近似取进入端“喇叭口”的局部阻力系数 0.9，输出端局部阻力系数 0.4[9]。过滤器内流速为 2.0 m/s，管道内流速为 11.1 m/s，于是局部阻力（均以发生损失后第二截面流速计算）为

$$\Delta P_{f2} = 0.9 \times \frac{1.21 \times 2.0^2}{2} + 0.4 \times \frac{1.21 \times 11.1^2}{2} = 32.0\ \text{Pa}$$

因此过滤器的总阻力为

$$\Delta P_f = 500 + 32.0 = 532.0\ \text{Pa}$$

现初步计算设计更换周期。一级、二级过滤材料的更换周期可分别用式（3-3）和式（3-4）计算

$$T_{f1} = \frac{W_1}{m_{\text{PM}} E_1} \tag{3-3}$$

$$T_{f2} = \frac{W_2}{m_{\text{PM}} E_2 (1 - E_1)} \tag{3-4}$$

式中：T_{f1}、T_{f2} ——一级、二级滤料更换周期，d；

W_1、W_2 ——一级、二级滤料容漆量，kg。

根据表 3.5 容漆量数据，此前计算的截面尺寸和滤料布置可计算一级粗效过滤器、二级中效过滤器容漆量分别为

$$W_1 = 6 \times 1.8 \times 1.8 = 19.44\ \text{kg},\quad W_2 = 0.2 \times 0.6 \times 0.6 \times 2 \times 6 \times 9 = 7.78\ \text{kg}$$

于是

$$T_{f1} = \frac{19.44}{3.6 \times 85\%} = 6.4\ \text{d},\quad T_{f2} = \frac{7.78}{3.6 \times 96\% \times (1 - 85\%)} = 15.0\ \text{d}$$

在实际生产中，过滤器应设置压差计，当过滤器的阻力超过设定最大阻力时或到清理日期时，则应开启检修门将饱和滤料沿导轨拉出，清理旧滤料或更换新的过滤材料。

3.3.4 图纸绘制

图 3.15 展示了过滤器的设计简图。图中包含了主视图，清晰展示了过滤器的整体外形和主要部件的布局；同时，还提供了俯视图和侧视图，以便能够全方位地了解过滤器的内部结构。尺寸标注精确无误，每个部件的位置和大小都经过精心测量和标注。

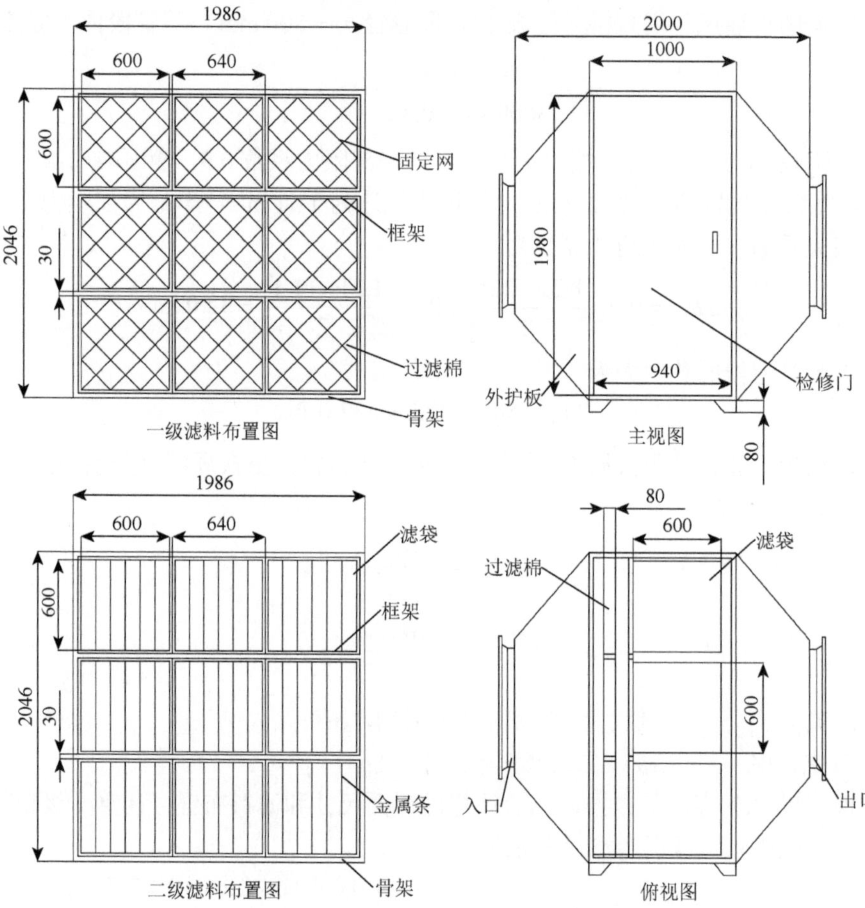

图 3.15　滤料布置及二级过滤器设计简图（单位：mm）

参 考 文 献

[1] 张慧. 大气污染控制工程设计教程[M]. 北京：气象出版社，2020.

[2] 郝吉明，马广大，王书肖. 大气污染控制工程[M]. 3 版. 北京：高等教育出版社，2010.

[3] 王纯，张殿印. 废气处理工程技术手册[M]. 北京：化学工业出版社，2013.

[4] 江晶. 大气污染治理技术与设备[M]. 北京：冶金工业出版社，2018.

[5] 张殿印，王纯，等. 除尘工程设计手册[M]. 2 版. 北京：化学工业出版社，2010：158-159.

[6] 朱宪，张彰. 化工原理[M]. 北京：中国石化出版社，2013.

[7] 周兴求. 环保设备设计手册：大气污染控制设备[M]. 北京：化学工业出版社，2004.

[8] 王锡春，李文刚. 喷漆室节能减排环保的新思路：由湿式漆雾补集装置转换成干式或静电漆雾补集装置[J]. 现代涂料与涂装，2010，13（6）：41-47.

[9] 孙一坚，沈恒根，等. 工业通风[M]. 4 版. 北京：中国建筑工业出版社，2010：31.

第 4 章　气态污染物吸收设计

气体吸收是将气体混合物中的可溶组分（简称溶质）溶解到某种液体（简称溶剂或吸收剂）中去的一类单元操作。其应用包括[1]：①利用气体组分在溶剂中溶解度的差异分离气体混合物；②回收有用组分，例如用水吸收丙胺氧化过程气中的丙烯腈等；③气体净化。气体吸收可用于天然气、石油气中 CO_2 和 H_2S 的脱除，以免设备、管道的腐蚀，催化剂的中毒及发生其他副反应。

4.1　吸收机理

4.1.1　气液相平衡

当混合气体中的溶质与吸收剂接触时，部分溶质向吸收剂进行质量传递（该过程即为吸收过程），同时也发生液相组分向气相逸出的质量传递过程（解吸过程）。接触到某一时刻，吸收速率等于解吸速率，就表示气液两相达到了动态平衡，简称相平衡。

物理吸收常用亨利定律来描述气液间的相平衡关系。当气相总压不太高时（一般小于 5×10^5 Pa），溶质在气相中的平衡压力与它在溶液中的浓度成正比。由于气相与液相中吸收质组分浓度所用单位不同，亨利定律可用不同的形式表达。

$$p=\frac{c}{H} \tag{4-1}$$

或

$$p=Ex \tag{4-2}$$

式中：p——气体组分分压，Pa；

H——溶解度系数，kmol/(m^3·Pa)；

E——亨利系数，Pa；

c——溶质在液相中浓度，kmol/m^3；

x——溶质在液相中的物质的量分数。

化学吸收的气液两相会发生化学反应，被吸收组分的气液平衡关系应服从相平衡关系，同时又服从化学平衡关系。这就使得化学吸收的速率关系十分复杂[2]。通常情况下，化学反应的发生会增强气体的吸收速率，但这种增强效果因反应条件和体系特性而异。当液相中反应组分的浓度较高且反应快速不可逆时，溶质在进入液相后会迅速发生反应并被消耗。此时，气液界面处的溶质分压趋于零，吸收速率的控制因素转变为气相中的扩散阻力，可按气膜控制的物理吸收计算。

4.1.2　吸收理论

双膜吸收理论是解释气体吸收机理最常用的理论。图 4.1 是双膜吸收理论模型示意图，其包含以下内容[3]：

（1）气液两相接触时存在一个相界面，界面两侧分别为呈层流流动的气膜和液膜。吸收质是以分子扩散方式从气相主体连续通过这两层膜进入液相主体。膜层的厚度主要受流速影响，流速越大，厚度越小。

（2）在相界面上，气液两相的浓度总是互相平衡，界面不存在浓度梯度。

（3）气、液相主体中不存在浓度梯度，浓度梯度全部集中于两个膜层内，即通过气膜的浓度降为 $p-p_i$，通过液膜的浓度降为 c_i-c，这样整个吸收过程的传质阻力就简化为两层薄膜中的扩散阻力。

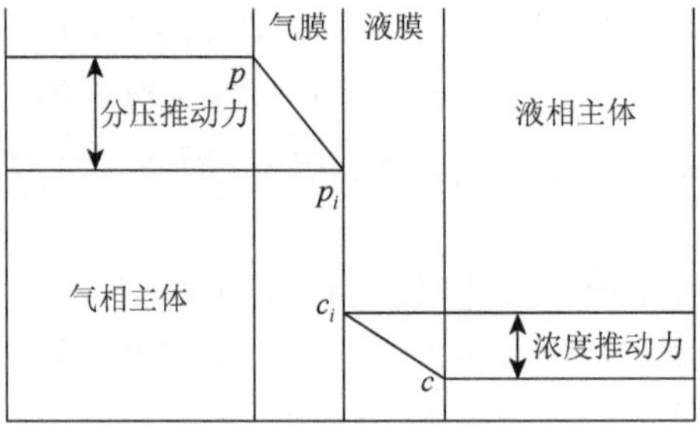

图 4.1　双膜吸收理论模型

由双膜吸收理论模型可以得到，气液两相间的传质速率取决于通过气膜和液膜的分子扩散速度，而气膜阻力和液膜阻力的大小取决于溶质的溶解度系数（H）。对于易溶气体，H 较大，总阻力近似等于气膜阻力，这种情况称为气膜控制。对于难溶气体，H 较小，总阻力近似等于液膜阻力，这种情况称为液膜控制。对于中等溶解度气体，气膜阻力和液膜阻力处于同一数量级，两者都不可忽略。

4.1.3　吸收速率与吸收系数

1. 吸收速率方程式

由双膜吸收理论模型可知，吸收速率为被吸收组分 A 通过两个膜层的分子扩散速率[3]，其速率方程均可用“速率 = 推动力/阻力”的形式表示。

组分 A 经由气膜的吸收速率：

$$N_A = k_G(p - p_i) \tag{4-3}$$

式中：N_A——吸收速率，$kmol/(m^2 \cdot s)$；

p，p_i——组分 A 在气相及相界面上的分压，Pa；

$p - p_i$——气相传质推动力，Pa；

k_G——气体吸收分系数，$kmol/(m^2 \cdot s \cdot Pa)$。

组分 A 经由液膜的吸收速率：

$$N_A = k_L(c_i - c) \tag{4-4}$$

式中：c，c_i——组分 A 在液相主体及相界面上的浓度，$kmol/m^3$；

$c_i - c$——液相传质推动力，$kmol/m^3$；

k_L——液膜吸收分系数，m/s。

从式（4-3）和式（4-4）中可以看出，$\frac{1}{k_G}$ 和 $\frac{1}{k_L}$ 分别为组分 A 通过气膜和液膜的传质阻力。

吸收达到平衡后，组分 A 通过气膜的吸收速率与通过液膜的吸收速率相等，由此可得

$$k_L(c_i - c) = k_G(p - p_i) \tag{4-5}$$

由于 k_G、k_L、c_i、p_i 值均难以直接测定，为了计算方便，在实际工程应用中常采用吸收总速率方程式，以避开界面参数。

吸收总速率方程式：

$$N_A = K_G(p - p^*) = K_L(c^* - c) \tag{4-6}$$

式中：K_G——气相吸收总系数，$kmol/(m^2 \cdot s \cdot Pa)$；

K_L——液相吸收总系数，m/s；

p^*——与液相浓度 c 成平衡的气相分压，Pa；

c^*——与气相分压 p 成平衡的液相浓度，$kmol/m^3$。

式中 $p - p^*$ 和 $c^* - c$ 分别为以分压差、浓度差表示的过程总推动力，$\frac{1}{K_G}$ 和 $\frac{1}{K_L}$ 均表示吸收过程总阻力。

2. 吸收系数

当平衡关系服从亨利定律时，吸收分系数与吸收总系数间的关系为

$$\frac{1}{K_G}=\frac{1}{k_G}+\frac{1}{Hk_L} \tag{4-7}$$

$$\frac{1}{K_L}=\frac{1}{k_L}+\frac{H}{k_G} \tag{4-8}$$

上述两式说明，吸收过程的总阻力为气膜阻力与液膜阻力之和。

吸收总系数 K_G 与 K_L 可以通过实验获取，部分吸收系统的吸收系数列举于表 4.1 中，表 4.1 中的 A 值见表 4.2。

表 4.1 部分吸收系统的吸收系数[3]

系统	填料	气体流量 G_G/[kg/(m²·h)]	液体流量 G_L/[kg/(m²·h)]	吸收系数	备注
水吸收二氧化硫	φ25 填圈填料	4 400～58 500	320～4 150	$k_Ga=0.094\,4G_G^{0.7}G_L^{0.25}$ $k_La=AG_L^{0.82}$	a 为单位面积填料具有的表面积，m^2/m^3； A 为常数，随温度而变，见表 4.2
亚硫酸铵及亚硫酸氢铵溶液吸收二氧化硫				$K_G=5.25\times10^{-4}v^{0.8}$	K_G 单位为 kmol/(m²·h·Pa)；v 为气流速度，m/s
碱中和或乙醇胺吸收硫化氢				$K_G=7.5\times10^{-5}$	K_G 单位为 kmol/(m²·h·Pa)； 空塔气速 0.6～1.0 m/s； 液气比 10 L/m³
水吸收氨	弦栅填料			$K_G=8.2\times10^{-5}v^{0.7}l^{0.5}$ $K_Ga=7.5\times10^{-7}G_G^{0.57}G_L^{0.41}$	K_Ga 单位为 mol/(m²·h·Pa)； l 为液气比，L/m³；v 为气流速度，m/s
20%氢氧化钠吸收氮氧化物				$K_L=0.8-1.7$	氮氧化物浓度 0.5%～16%； K_L 单位为 m/h； 碳酸钠溶液吸收时 K_L 偏低

表 4.2 不同温度下的 A 值

温度/℃	10	15	20	25	30
A	0.0093	0.0102	0.0116	0.0128	0.0143

4.2 吸收操作条件

4.2.1 吸收剂

吸收过程是依靠气体溶质在吸收剂中的溶解来实现的。因此，吸收剂性能的优劣，是决定吸收操作效果的关键之一，在选择吸收剂时应着重考虑以下几方面：①溶解度：溶剂应对混合气体中的溶质有较大的溶解度；②选择性：吸收剂要对溶质组分有良好的吸收能力，而对混合气体中其他组分不吸收或吸收甚微；③低蒸气压（或挥发度）：减少吸收和再生过程中吸收剂的挥发损失；④黏度：吸收剂在操作条件下黏度越低，在塔内的流动性越好，越有利于传质过程；⑤其他：吸收剂应尽可能满足无毒性、无腐蚀性、不易燃易爆、不发泡、冰点低、价廉易得和化学性质稳定等要求。

一般来说，很难找到理想的吸收剂来满足上述所有要求，因此，应对可供选用的溶剂作全面的评价后再进行选择。工业上不同气体常用的吸收剂如表4.3所示。

表4.3 工业气体及其常用吸收剂[4]

溶质气体	吸收剂
HCl、HF、HCN	水、NaOH溶液
NH_3	水、稀硫酸、氯化铵溶液
SO_2、COS	水、氨水、二甲基苯胺水溶液、氢氧化钙水溶液、浓硫酸、亚硫酸盐水溶液、柠檬酸钠水溶液
NO_x	水、稀硝酸、Na_2CO_3水溶液
CO	铜氨盐类水溶液
苯	焦油洗油、石油洗油
丁二烯	乙醇
三氯乙烯	煤油
C_2～C_5烃类	碳六油

4.2.2 操作温度和压力

1. 操作温度

由吸收过程的气液平衡关系可知，低温有利于吸收。但操作温度的最低限值应由吸收系统的具体情况决定。例如，水吸收CO_2的过程所需水量极大，其吸收温度主要由水温决定，而水温又取决于大气温度，因此在夏季循环水温高时应补充一定量温度低的地下水，以维持适宜的温度。

2. 操作压力

由吸收过程的气液平衡关系可知，加压有利于吸收。但随着操作压力的升高，不仅设备的制造要求提高了，能耗也会增加。因此，在实际应用中应结合具体工艺条件综合考虑以确定操作压力。

4.3　吸收设备与流程

4.3.1　吸收设备

一般的气液接触传质设备均可用做吸收设备。其可按不同角度进行分类，具体如下：①按功能可分为精馏塔、吸收塔、解吸塔、萃取塔、闪蒸塔、干燥塔、喷淋塔和鼓泡塔等；②按操作压力可分为常压塔、加压塔和减压塔；③按塔内气液相接触构件的结构形式可分为板式塔和填料塔。有关吸收设备的特性见表 4.4。

表 4.4　各类吸收设备的特性[1]

指标		填料塔		板式塔			鼓泡塔	喷洒塔	列管式	高速并流
		散装	规整	浮阀	筛板	泡罩				
低压降		+	+	○	○	—	—	+	—	—
气体处理能力/(m^3/h)	$<10^3$		+	+	+	+	+	○		+
	$10^3\sim10^4$	+	+	+	+	○	○	+	○	+
	$>10^4$	+	+	+	+	—	—	+	—	+
单个设备中可提供的理论级数或传质单元数	<2	+	+	+	+	+	○	○	+	+
	2～10	+	+	+	+	+	—	—	○	—
	>10	○	+	+	+	+	—	—	—	—
可操作的液气比/(m^3/m^3)	$<10^{-3}$	—	○	○	○	+	+	—	—	—
	$10^{-3}\sim2\times10^{-2}$	○	+	+	+	+	+	○	+	+
	$>2\times10^{-2}$	+	+	+	+	—	○	+	—	—
操作弹性		+	+	+	○	+	○	○	○	—
能否内部除热		—	—	+	+	+	○	—	+	—
液体停留时间长		○	—	+	○	+	+	—	—	—
适于污垢存在		—	○	+	+	+	+	○	—	○
适于发泡物系		+	+	—	—	—	—	+	+	
适于腐蚀性物料		+	+	○	○	○	+	+	○	+
结构简单		+	+	○		—	+	+	—	+

注：+-良好；○-尚可；—-较差。

因气体吸收通常具有操作液气比大的特点，吸收过程通常在填料塔中进行。与板式塔相比，填料塔具有生产能力大、传质效率高、压降小、操作弹性大、塔内持液量小等突出特点，从经济和效率角度看，用于实际生产更佳。因此本章将对填料塔进行详细介绍。

4.3.2　吸收流程

（1）单塔逆流操作（图 4.2）：液相塔顶进入、塔底排出，气相塔顶进入、塔顶排出。其主要特点包括传质平均推动力大、传质速率快、吸收剂利用率高等。

（2）单塔再循环流程（图 4.3）：在逆流操作基础上，将塔底排出液体的一部分经冷却后与新鲜的吸收剂混合，再由泵送回塔顶。适用于吸收剂量过小或吸收热效应大的场合。缺点是与逆流操作相比，其平均推动力低，且多设置循环泵增加了操作费用。

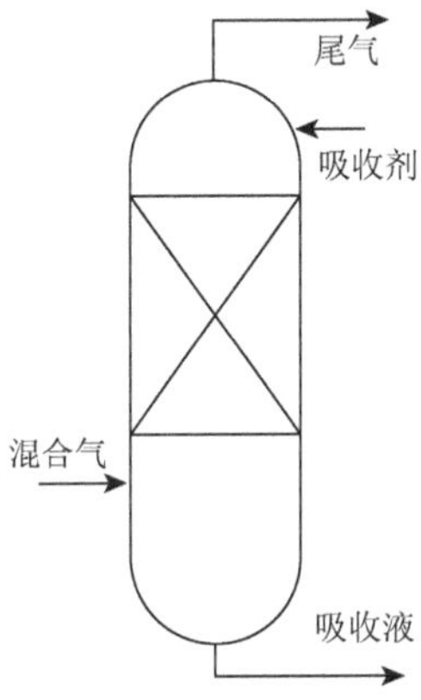

图 4.2　单塔逆流

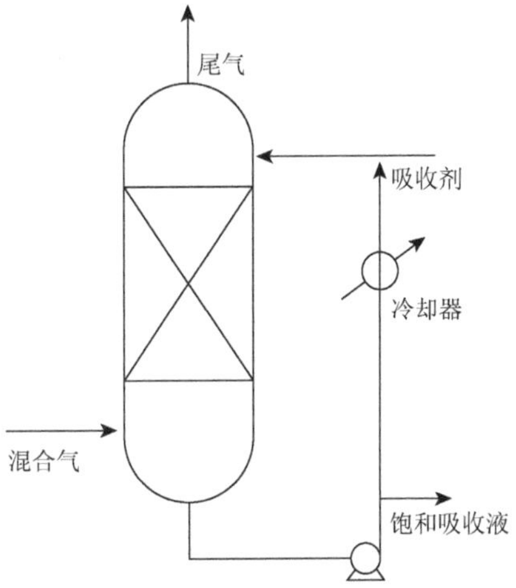

图 4.3　单塔再循环

（3）多塔逆流串联流程（图 4.4）：将填料层分装在几个串联的塔内，每个吸收塔通过的吸收剂和气体量相等。适用于填料层过高或填料需要经常清理的情况。其缺点是增加了设备投资费用。

（4）单塔并流流程（图 4.5）：气液两相均从塔顶流向塔底，并从塔底排出。吸收过程的平衡曲线较平坦，流向对推动力影响不大；但吸收剂用量特别大、逆流操作易引起液泛；适用于吸收易溶气体或对气体的吸收效率要求较低的情况[5]。

（5）串联-并联混合流程：分气相串联液相并联和液相串联气相并联两种操

作[5]。气相串联液相并联适用于吸收过程处理液量很大的情况，避免因喷淋密度过大导致操作气速过低；液相串联气相并联则适用于处理液量不大而气相流量很大的情况。

在实际应用中，应根据生产任务和工艺特点，结合各种流程的适用条件和优缺点选择适宜的流程布置。

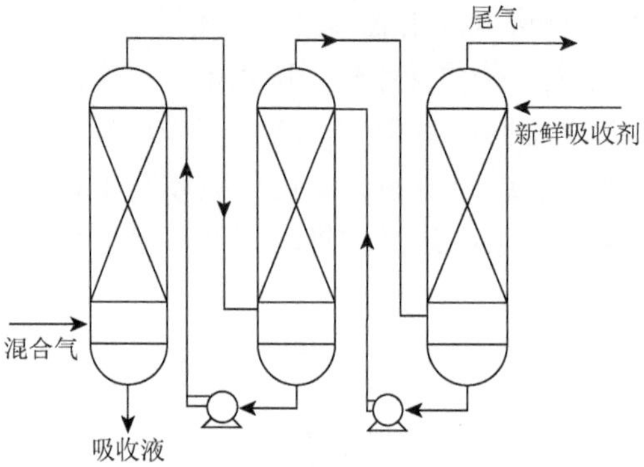

图 4.4　多塔逆流串联

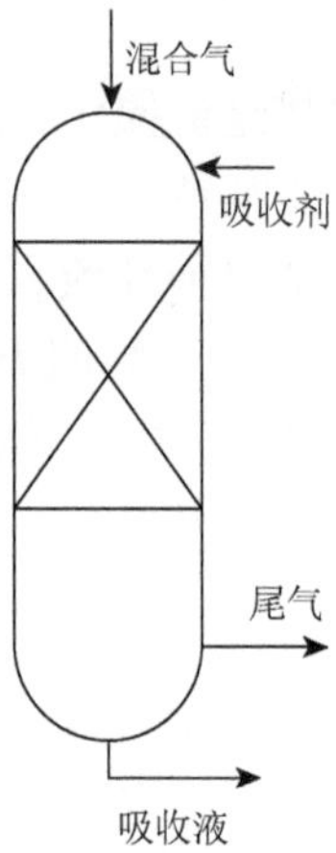

图 4.5　单塔并流

4.4　填料塔及其吸收过程设计

填料塔如图 4.6 所示。它结构简单，塔体材料根据不同处理对象，可由碳钢、陶瓷、塑料、玻璃制成。塔内填充一定高度的填料，填料下方有支撑板、上方为填料压网和液体分布装置。当填料层高度过高时可分成几段填充，两段之间装有液体再分布装置。

填料塔一般按气液逆流操作，混合气体由塔底气体入口进入塔体，自下而上穿过填料层，最后从塔顶气体出口排出。吸收剂由塔顶通过液体分布器，均匀地喷淋到填料层中并沿着填料层表面向下流动，直至塔底由管口排出塔外。气流和吸收剂在填料层中不断接触，塔内气液相浓度沿塔高连续变化，故填料塔又称微分接触式设备。

一般来说，填料塔的设计步骤如下：①确定吸收方案（如确定吸收剂种类、液气比等）；②选择合适填料；③确定塔径和塔高；④计算填料层压降；⑤塔内件和塔附件的设计和选型；⑥辅助设备的设计和选型。

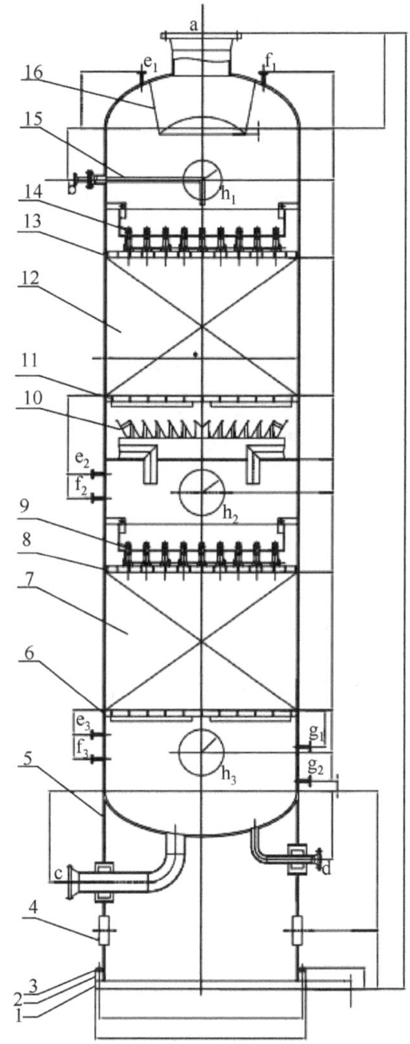

图 4.6　填料塔结构简图

1-基础环；2-筋板；3-盖板；4-椭圆人孔；5-裙座筒；6-填料支撑；7-填料；8、13-填料压网；9、14-液体分布器；10、12-液体收集器；11-填料支撑；15-分布管；16-除沫器

4.4.1　填料的选择

塔内填充填料的主要目的是提供足够大的表面积，促使气液两相充分接触，气液流动又不致造成过大的阻力。为使填料塔发挥良好的效能，填料应符合以下几点要求：①较大的比表面积；②良好的润湿性能；③较高的空隙率；④形状有利于液体均匀分布；⑤制造填料的材料应保证有足够的机械强度，不易破碎、重量轻、耐腐蚀，价廉易得；⑥对气液两相介质都有较好的化学稳定性。

在进行填料的选择时，主要考虑填料的类型、规格及其材质。下面对其进行详细介绍。

1. 填料种类

填料种类很多，按填料装填方式可分为散装填料与规整填料两大类。如图 4.7 所示，拉西环、θ环、十字格环、鲍尔环、弧鞍、矩鞍、阶梯环、θ网环、金属鞍环属于散装填料，波纹填料属于规整填料。

(a) 拉西环　(b) θ环　(c) 十字格环　(d) 鲍尔环　(e) 弧鞍　(f) 矩鞍

(g) 阶梯环　(h) 金属鞍环　(i) θ网环　(j) 波纹填料

图 4.7　几种典型填料

（1）拉西环：是最早出现的工业填料，其结构为外径与高度相等的圆环，可用陶瓷、金属、塑料等材质制造。由于拉西环填料具有气液分布较差、传质效率低、阻力大、通量小等缺点，目前工业上已很少采用。

（2）鲍尔环：在拉西环的基础上改进得到，其结构为在拉西环填料的侧壁上开出两排长方形的窗孔，被切开的环壁的一侧仍与壁面相连，另一侧向环内弯曲，形成内伸的舌叶，诸舌叶的侧边在环中心相搭，可用陶瓷、金属、塑料等材质制造。与拉西环相比，鲍尔环填料通量可增加 50%以上，传质效率提高 30%左右，是目前应用较广的散装填料之一。

（3）阶梯环：是对鲍尔环的进一步改进。与鲍尔环相比，阶梯环填料高度减少了一半，并在一端增加了一个锥形翻边，多用金属和塑料制造。阶梯环填料的空隙率大，且填料个体之间呈点接触，可使液膜不断更新，具有压降小和传质效率高的特点，是目前所使用的环形填料中最为优良的一种。

（4）弧鞍：形状如同马鞍，材质多为陶瓷。弧鞍填料的特点是表面全部敞开而不分内外，液体在表面两侧均匀流动，表面利用率高，流道呈弧形，流动阻力小。缺点是易发生套叠，致使一部分填料表面重合，使传质效率降低；且弧鞍填料的强度较差，容易破碎，在工业生产中应用不多。

（5）矩鞍：将弧鞍填料两端的弧形面改为矩形面，且两面大小不等，即可得矩鞍填料。矩鞍填料堆积时不会套叠，液体分布较均，一般采用陶瓷材质制成。目前，国内绝大多数应用陶瓷拉西环的场合，均已被陶瓷矩鞍填料取代。

（6）波纹填料：工业上应用的规整填料绝大部分为波纹填料。波纹填料按结构可分为网波纹填料和板波纹填料两大类，可用陶瓷、金属、塑料等制得。其优点包括结构紧凑、阻力小、传质效率高、处理能力大、比表面积大等。缺点是不适用于处理黏度大、易聚合或有悬浮物的物料，装卸、清理困难，造价高等。

填料种类的选择要考虑分离工艺的要求，通常包括下列几个方面：①传质效率要高。一般而言，规整填料的传质效率高于散装填料。②通量要大。在保证具有较高传质效率的前提下，应选择具有较高泛点气速的填料。③填料层的压降要低。④填料的操作性能，如填料抗污堵性能强，拆装、检修方便等。

常用填料特性数据列于表 4.5。几个与流体流动及传质性能关系密切的特性说明如下：

1）比表面积 a_t

a_t 为单位体积填料层所具有的表面积，可由下式估算：

$$a_t = na_0 \tag{4-9}$$

式中：n ——单位体积填料层中填料个数，个/m^3；

a_0 ——为每个填料的表面积，m^2/个。

实际填料层的 a_t 将小于上述计算值，因为填料间接触部分的表面积被覆盖。同一种填料，尺寸愈小，a_t 值愈大。

2）空隙率 ε

ε 即单位体积填料层所具有的空隙体积，可由下式计算：

$$\varepsilon = 1 - nV_0 \tag{4-10}$$

式中：V_0 ——单个填料的实体体积，m^3/个。

操作中由于填料壁上附有液层，所以这时填料层的空隙率将小于上述 ε 值。

3）干填料因子及填料因子

干填料因子是干填料层的 a_t/ε^3 计算值，其单位为 m^{-1}。在有液体喷淋的填料上，部分空隙为液体所占有，空隙率有所减小，比表面积也会发生变化，因此按干填料算出的 a_t/ε^3 值不能确切地表示填料淋湿后的流动特性，故把在有液体喷淋时的实验值称为填料因子，以 ϕ 表示。ϕ 愈小，填料层阻力越小，气体通量越大。

4）填料层堆积密度 ρ_p

指每 m^3 填料层的填料质量，单位为 kg/m^3。

5）填料的公称尺寸及实际尺寸

公称尺寸表示填料的大小规格。环形、球形填料以外径为公称尺寸。鞍形填料及环鞍形填料以腰径为公称尺寸。实际尺寸表示填料特征的主要尺寸，如环形填料的实际尺寸为：外径（d）×高度（H）×厚度（δ）。以上尺寸均以 mm 为单位。

表 4.5　常用填料特性数据

填料种类	实际尺寸	比表面积 a_t /(m^2/m^3)	空隙率 ε /(m^3/m^3)	堆积密度 ρ_p /(kg/m^3)	个数 n/(个/m^3)	填料因子 ϕ/m^{-1}
陶瓷拉西环（散装）	外径×高×厚 /mm×mm×mm					
	8×8×1.5	570	0.64	600	1 465 000	2 500
	10×10×1.5	440	0.70	700	720 000	1 500
	15×15×2	330	0.70	690	250 000	1 020
	25×25×2.5	190	0.78	505	49 000	450
	40×40×4.5	126	0.75	577	12 700	350
	50×50×4.5	93	0.81	457	6 000	205
陶瓷拉西环（整砌）	外径×高×厚 /mm×mm×mm					
	50×50×4.5	124	0.72	673	8 830	
	80×80×9.5	102	0.57	962	2 580	
	100×100×13	65	0.72	930	1 060	
	125×125×14	51	0.68	825	530	
	150×150×16	44	0.68	802	318	
金属拉西环（散装）	外径×高×厚 /mm×mm×mm					
	8×8×0.3	630	0.91	750	1 550 000	1 580
	10×10×0.5	500	0.88	960	800 000	1 000
	15×15×0.5	350	0.92	660	248 000	600
	25×25×0.8	220	0.92	640	55 000	390
	35×35×1	150	0.93	570	19 000	260
	50×50×1	110	0.95	430	7 000	175
	76×76×1.6	68	0.95	400	1 870	105
金属鲍尔环（散装）	外径×高×厚 /mm×mm×mm					
	16×16×0.4	364	0.94	467	235 000	230
	25×25×0.6	209	0.94	480	5 100	160
	38×38×0.8	130	0.95	379	13 400	92
	50×50×0.9	103	0.95	355	6 200	66

续表

填料种类	实际尺寸	比表面积 a_t/(m²/m³)	空隙率 ε/(m³/m³)	堆积密度 ρ_p/(kg/m³)	个数 n/(个/m³)	填料因子 ϕ/m⁻¹
塑料鲍尔环（散装）	外径/mm					
	16	364	0.88	72.6	235 000	320
	25	209	0.90	72.6	51 100	170
	38	130	0.91	67.7	13 400	105
	50	103	0.91	67.7	6 380	82
塑料阶梯环（散装）	外径×高×厚 /mm×mm×mm					
	25×12.5×1.4	223	0.90	97.8	81 500	172
	38.5×19×1.0	132.5	0.91	57.5	27 200	175
陶瓷矩鞍（散装）	外径×厚/mm×mm					
	13×1.8	630	0.78	548	735 000	870
	19×2	338	0.77	563	231 000	480
	25×3.3	258	0.775	548	84 000	320
	38×5	197	0.81	483	25 200	170
	50×7	120	0.79	532	9 400	130

2. 填料规格

1）散装填料规格的选择

工业塔常用的散装填料主要有 DN 16、DN *n* 25、DN 38、DN 76 等几种规格。同类填料，尺寸越小，分离效率越高，但阻力增加，通量减小，填料费用也增加很多。而大尺寸的填料应用于小直径塔中，又会产生液体分布不良及严重的壁流，使塔的吸收效率降低。因此，对塔径与填料尺寸的比值要有一规定。现将常用填料的塔径与填料公称直径比值 D/d 的推荐值列于表 4.6 中。

2）规整填料规格的选择

工业上常用规整填料的型号和规格的表示方法很多，国内习惯用比表面积表示，主要有 125、150、250、350、500、700 等几种规格，同种类型的规整填料，比表面积越大，传质效率越高，但阻力和填料费用也会明显增加。选用时应从分离要求、通量要求、场地条件、物料性质及设备投资、操作费用等方面综合考虑。

一座填料塔既可以选用同种类型同一规格的填料，也可选用同种类型不同规格的填料，还可以选用不同类型不同规格的填料；同一填料塔的不同塔段可分别选用规整填料和散装填料。设计时应灵活选用。

表 4.6　常用填料的塔径与填料公称直径比值推荐值

填料	*D/d* 推荐值	填料	*D/d* 推荐值
拉西环	≥20～30	鲍尔环	≥10～15
鞍环	≥5	阶梯环	>8
环矩鞍	>8		

3. 填料材质的选择

工业上，填料材质主要有陶瓷、金属和塑料三大类。

（1）陶瓷填料：其优点是具有良好的耐腐蚀性及耐热性，一般能耐除氢氟酸以外的常见的各种无机酸、有机酸的腐蚀；价格低廉，具有很好的表面润湿性能。缺点是质脆、易碎，不宜在高冲击强度下使用。

（2）金属填料：其材质的选择主要根据物系的腐蚀性和金属材质的耐腐蚀性来综合考虑。例如：对于无腐蚀或低腐蚀性物系，应优先考虑采用造价低、表面润湿性能良好的碳钢填料；而不锈钢一般能耐除 Cl^- 以外常见物系的腐蚀，但与碳钢相比造价较高。与同种类型、同种规格的陶瓷和塑料填料相比，金属填料的通量大、气体阻力小，且具有更高的抗冲击性能，能在高温、高压、高冲击强度下使用，因此工业应用主要以金属填料为主。

（3）塑料填料：其材质主要包括聚丙烯、聚乙烯和聚氯乙烯等，国内一般多采用聚丙烯。其耐腐蚀性能较好，可耐一般的无机酸、碱和有机溶剂的腐蚀；耐温性良好，可长期在 100℃以下使用；质轻、价格低廉、不易破碎。缺点是表面润湿性能差。

4.4.2　吸收过程的物料衡算与操作线方程

吸收操作线方程、相平衡关系和吸收速率方程是计算吸收剂用量、确定设备尺寸的主要依据。在吸收操作中，吸收剂和惰性气体的摩尔流量在通过吸收塔前后基本无变化，因此在进行物料衡算时，气液相流量可分别用惰性气体及吸收剂的摩尔流量表示，相应的气、液相组成用摩尔比表示。

1. 物料衡算[6]

图 4.8 所示是一个处于相平衡状态下的逆流接触的吸收塔。对单位时间内进、出吸收塔的溶质作物料衡算，得

$$V(Y_1 - Y_2) = L(X_1 - X_2) \tag{4-11}$$

或

$$VY_1 + LX_2 = VY_2 + LX_1$$

图 4.8 中：V——惰性气体摩尔流量，kmol/s；

L——吸收剂摩尔流量，kmol/s；

Y、Y_1、Y_2——塔任意截面、塔底、出塔的气相组成，kmol 溶质/kmol 惰性气体；

X、X_1、X_2——塔任意截面、塔底、进塔的液相组成，kmol 溶质/kmol 吸收剂。

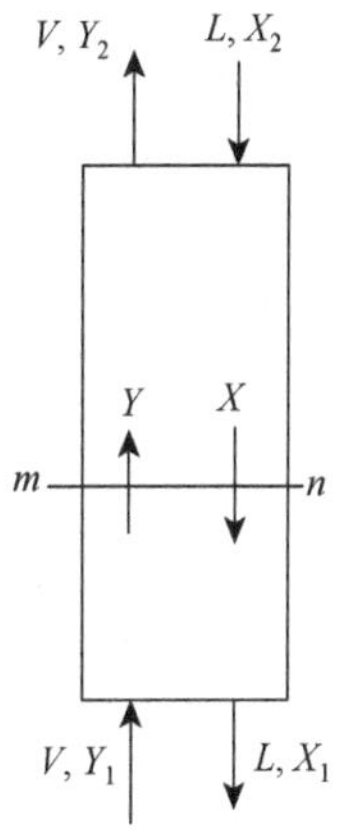

图 4.8　逆流吸收塔的物料衡算

一般情况下，进塔混合气的组成与流量是设计任务规定的。如果吸收剂的组成与流量已经确定，则 V、Y_1、L 及 X_2 皆为已知数。此时根据吸收任务的回收率，可求得气体出塔浓度 Y_2：

$$Y_2 = Y_1(1-\varphi) \tag{4-12}$$

式中：φ——混合气溶质被吸收的百分率，称为吸收率或回收率，%。

之后可通过全塔物料衡算求得塔底吸收液浓度 X_1。

2. 操作线方程与操作线

如图 4.8 所示，若对填料层的任一横截面（m-n 截面）与塔底端面之间进行物料衡算[3]，可得

$$VY + LX_1 = VY_1 + LX \tag{4-13}$$

或

$$Y = \frac{L}{V}X + \left(Y_1 - \frac{L}{V}X_1\right)$$

若在 m-n 截面与塔顶端面之间进行物料衡算，可得

$$Y = \frac{L}{V}X + \left(Y_2 - \frac{L}{V}X_2\right) \tag{4-14}$$

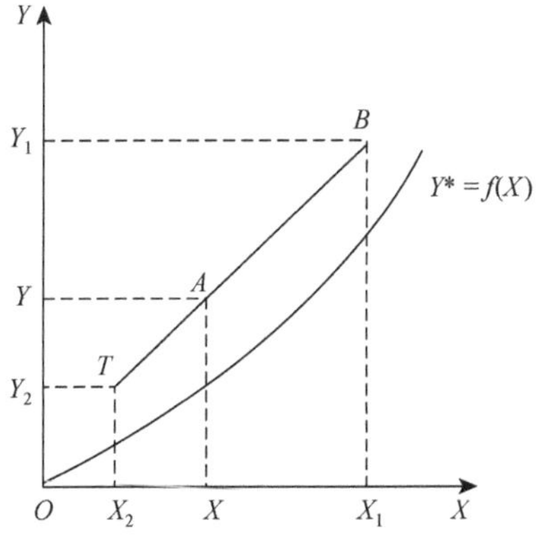

图 4.9　逆流吸收塔的操作线

式（4-13）和式（4-14）为在一定操作条件下逆流操作吸收塔的操作线方程。它表明塔内任一截面上气相浓度 Y 和液相浓度 X 之间成线性关系，且斜率为 $\frac{L}{V}$。图 4.9 的线段 BT 即

为吸收操作线，BT 上任何一点 A，代表塔内相应截面上液气相浓度 X、Y。

在进行吸收操作时，在塔内任一截面上，溶质在气相中的实际分压总是高于其接触的液相平衡分压，所以吸收操作线总是位于平衡线 $[Y^* = f(x)]$ 的上方[1]。

3. 确定吸收剂用量

在吸收塔的设计中，需要处理的气体流量及气体的初、终浓度已由任务规定，吸收剂的入塔浓度常由工艺条件或设计者选定，因此 V、Y_1、Y_2 及 X_2 皆为已知数。但吸收剂用量尚待进一步计算。

由图 4.10（a）可见，在 V、Y_1、Y_2 及 X_2 已知的情况下，吸收塔操作线的一个端点 T 已经固定，另一个端点 B 则可在 $Y = Y_1$ 的水平线上移动。点 B 的横坐标将取决于操作线的斜率 $\dfrac{L}{V}$。

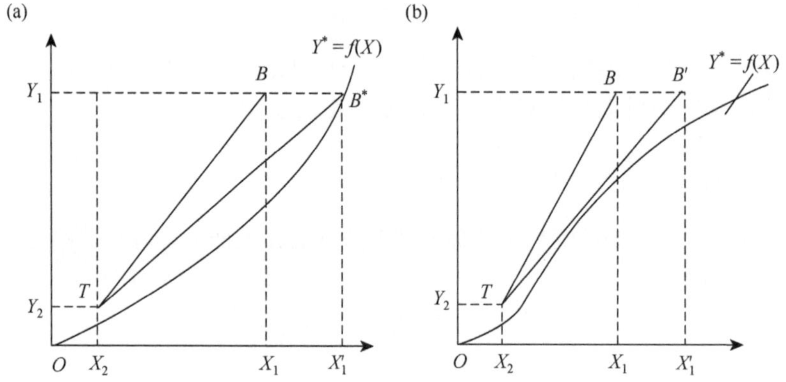

图 4.10　吸收塔的最小液气比

操作线的斜率 $\dfrac{L}{V}$ 称为液气比，是吸收剂与惰性气体摩尔流量的比值，反映单位气体处理量的吸收剂耗用量大小。在此，V 值已经确定，若减小吸收剂用量，操作线的斜率就要变小，点 B 便沿水平线 $Y = Y_1$ 向右移动，其结果是使出塔吸收液的浓度加大，而吸收推动力相应减小。若吸收剂用量减少到恰使点 B 移至水平线 $Y = Y_1$ 与平衡线的交点 B^*时，$X = X_1'$，即塔底流出的吸收液与刚进塔的混合气达平衡。这是理论上吸收液所能达到的最高浓度。但此时吸收过程的推动力已变为零，因而需要无限大的相际传质面积。这是吸收过程的一种极限状况，实际上并不存在。此种状况下的吸收操作线（TB^*）的斜率称为最小液气比，以 $\left(\dfrac{L}{V}\right)_{\min}$ 表示；相应的吸收剂用量即为最小吸收剂用量，以 $L_{\min}$ 表示[2]。

反之，若增大吸收剂用量，则点 B 将沿水平线向左移动，使操作线远离平衡线，过程推动力增大；但超过一定限度后，推动效果便不明显，但吸收剂的消耗、输送及回收等操作费用会急剧增大。

通过以上分析可知，吸收剂用量的大小，从设备费与操作费两方面影响到生产过程的经济效果。因此，应选择适宜的液气比，使两种费用之和最小。根据生产实践经验，一般情况下取吸收剂用量为最小用量的 1.1～2.0 倍，即

$$\frac{L}{V} = (1.1\sim2.0)\left(\frac{L}{V}\right)_{\min} \tag{4-15}$$

或

$$L = (1.1\sim2.0)L_{\min} \tag{4-16}$$

最小液气比可用图解求出。如果平衡线如图 4.10（a）所示的一般情况，则需找到水平线 $Y = Y_1$ 与平衡线的交点 B^*，从而读出 X_1^* 的数值，然后用下式计算最小液气比，即

$$\left(\frac{L}{V}\right)_{\min} = \frac{Y_1 - Y_2}{X_1^* - X_2} \tag{4-17}$$

$$L_{\min} = V\left(\frac{Y_1 - Y_2}{X_1^* - X_2}\right) \tag{4-18}$$

如果平衡线呈现如图 4.10（b）中所示的形状，则应过点 T 作平衡曲线的切线，找到水平线 $Y = Y_1$，与此切线的交点 B'，读出点 B'的横坐标 X'的数值，然后按下式计算最小液气比：

$$\left(\frac{L}{V}\right)_{\min} = \frac{X_1 - Y_2}{X_1' - X_2} \tag{4-19}$$

$$L_{\min} = V\left(\frac{Y_1 - Y_2}{X_1' - X_2}\right) \tag{4-20}$$

若平衡关系符合亨利定律，可用 $Y^* = mX$ 表示。则可用下式算出最小液气比：

$$\left(\frac{L}{V}\right)_{\min} = \frac{Y_1 - Y_2}{\dfrac{Y_1}{m} - X_2} \tag{4-21}$$

或

$$L_{\min} = V\left(\frac{Y_1 - Y_2}{\dfrac{Y_1}{m} - X_2}\right) \tag{4-22}$$

4.4.3 工艺尺寸的计算

1. 塔径的计算

塔径计算公式，类似于流体输送过程中计算管径的公式，即：

$$D=\sqrt{\frac{4V_S}{\pi u}} \tag{4-23}$$

式中：D——初估塔径，m；

V_S——气体体积流量，m^3/s；

u——混合气体的空塔气速，m/s。

一般V_S由吸收任务给定，因此计算塔径的核心问题是确定空塔气速u。

空塔气速的确定有两种方法：

1）泛点气速法

泛点气速是填料塔操作气速的上限，填料塔的空塔气速必须小于泛点气速，空塔气速与泛点气速之比称为泛点率。

对于散装填料，泛点率的经验值为

$$\frac{u}{u_f}=0.5\sim0.85$$

对于规整填料，泛点率的经验值为

$$\frac{u}{u_f}=0.6\sim0.95$$

泛点率的选择主要考虑填料塔的操作压力和物系的发泡特性。对于加压操作，泛点率取较高值，减压操作反之；对于易发泡物系，泛点率取低限值，无泡沫体系反之。

泛点气速可用贝恩-霍根关联式计算，即

$$\lg\left(\frac{u_f^2}{g}\times\frac{a_t}{\varepsilon^3}\times\frac{\gamma_G}{\gamma_L}\mu_L^{0.2}\right)=A-K\left(\frac{L}{G}\right)^{\frac{1}{4}}\left(\frac{\gamma_G}{\gamma_L}\right)^{\frac{1}{8}} \tag{4-24}$$

式中：u_f——泛点气速，m/s；

g——重力加速度，m/s^2；

$\frac{a_t}{\varepsilon^3}$ ——干填料因子，m^{-1}；

γ_G、γ_L ——气相、液相密度，kg/m^3；

μ_L ——液体黏度，mPa·s；

L、G ——液相、气相流量，kg/h；

A、K ——关联常数，见表 4.7；

ε ——填料空隙率，m^3/m^3。

表 4.7　各类填料的 *A*、*K* 值

填料	*A* 值	*K* 值	填料	*A* 值	*K* 值
金属鲍尔环	0.10	1.75	金属丝网波纹	0.300	1.75
塑料鲍尔环	0.0942	1.75	塑料丝网波纹	0.420	1.75
塑料阶梯环	0.204	1.75	金属网孔波纹	0.155	1.47
金属阶梯环	0.106	1.75	金属孔板波纹	0.291	1.75
瓷矩鞍	0.176	1.75	塑料孔板波纹	0.291	1.56
金属环矩鞍	0.0623	1.75			

2）埃克特（Eckert）压降通用关联图

Eckert 压降通用关联图如图 4.11 所示，此图以 $\frac{L}{G}\left(\frac{\gamma_G}{\gamma_L}\right)^{1/2}$ 为横坐标，以 $\frac{u^2\gamma_G\varphi\phi}{g\gamma_L}\mu_L^{0.2}$ 为纵坐标，适用于散装拉西环、鲍尔环、鞍形填料。其中：ϕ ——填料因子，m^{-1}；φ ——液体密度校正系数，等于水的密度与液体密度之比；Z——填料层高度，m。

图中以每米填料层的压降为参数，绘出了若干条曲线。各曲线表示不同压降条件下纵、横坐标数群间变化关系，一条曲线对应一个 $\Delta p/Z$ 值，称为等压降线，液泛时的等压降线称为泛点线。计算 u_f 时，首先由气液相负荷及有关物性数据，求出横坐标，然后作垂线与相应的泛点线相交，再通过交点作水平线与纵坐标相交，求出纵坐标的值。此时所对应的 u 即为空塔气速。

通过上述方法计算出空塔气速后，即可由式（4-23）计算出塔径 D。之后需按塔径系列标准对塔径进行圆整。常用的标准塔径为：400 mm、500 mm、600 mm、700 mm、800 mm、1000 mm、1200 mm、1400 mm、1600 mm、2000 mm、2200 mm 等。圆整后，再核算空塔气速与泛点率。

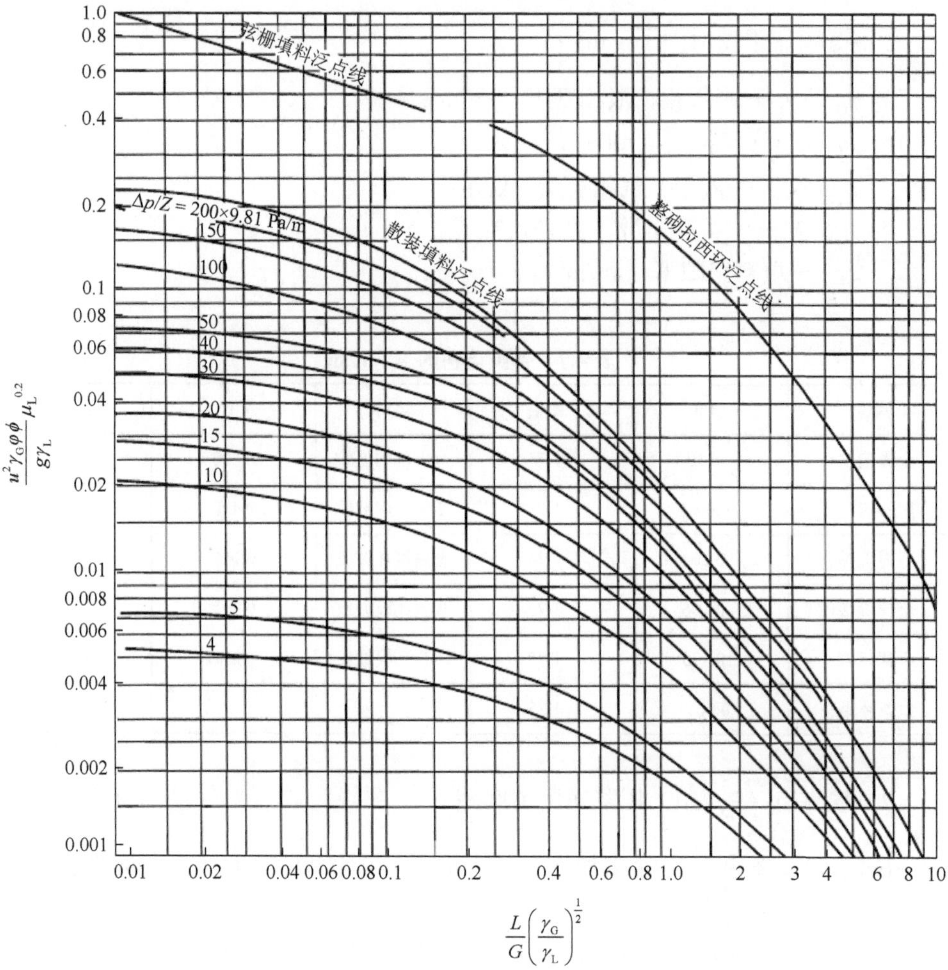

图 4.11 Eckert 压降通用关联图[7]

2. 液体喷淋密度的验算

填料塔的喷淋密度是指单位时间、单位塔截面上喷淋的液体体积。为使填料能获得良好的润湿，还应使塔内液体的喷淋密度不低于某一极限值，此极限值称最小喷淋密度。对于散装填料，常用式（4-26）求最小喷淋密度。

最小喷淋密度可由最小润湿速率求得。最小润湿速率是指塔的横截面上，单位长度的填料周边上液体的最小体积流量。对于直径 75 mm 以内的散装填料，最小润湿速率应取 0.08 $m^3/(m^2 \cdot h)$；对于直径大于 75 mm 的填料则取 0.12 $m^3/(m^2 \cdot h)$。规整填料的最小喷淋密度可从有关填料手册中查得，在设计中通常取 0.2 $m^3/(m^2 \cdot h)$。

在实际操作时采用的喷淋密度应大于最小喷淋密度[2]。若喷淋密度过小，可采用增大液气比或采用吸收剂部分循环的方法，以保证润湿速率；也可采用减小塔径，或适当增加填料层高度予以补偿。如喷淋密度过大，则可增大塔径或采用多塔流程即气相串联、液相并联以减少喷淋密度。

$$L_{\mathrm{w}}=\frac{U}{a_{\mathrm{t}}} \tag{4-25}$$

或

$$U_{\min}=(L_{\mathrm{w}})_{\min}a_{\mathrm{t}} \tag{4-26}$$

式中：U、$U_{\min}$——喷淋密度及最小喷淋密度，$m^3/(m^2 \cdot h)$；

L_{w}、$(L_{\mathrm{w}})_{\min}$——润湿速率及最小润湿速率，$m^3/(m^2 \cdot h)$；

a_{t}——填料比表面积，m^2/m^3。

3. 填料层高度的计算

填料吸收塔要达到给定的分离效果，必须有一定高度的填料层，以满足所需的气液相接触面积。吸收过程中填料层高度多采用传质单元数法，即：

$$Z=H_{\mathrm{OG}}N_{\mathrm{OG}} \tag{4-27}$$

$$Z=H_{\mathrm{L}}N_{\mathrm{L}} \tag{4-28}$$

式中：H_{OG}、H_{L}——气相、液相传质单元高度，m；

N_{OG}、N_{L}——气相、液相传质单元数；

Z——填料层高度，m。

1）传质单元数的计算

计算方法多样，本章介绍解析法（脱吸因数法）。若在吸收过程所涉及的浓度范围的平衡线为一直线（即 $Y^*=mX$），则可用解析法求 N_{OG}。

脱吸因数

$$S=\frac{mV}{L} \tag{4-29}$$

式中：m——相平衡常数。

则

$$N_{\mathrm{OG}}=\frac{1}{1-S}\left[(1-S)\frac{Y_1-Y_2^*}{Y_2-Y_2^*}+S\right] \tag{4-30}$$

2）吸收系数及传质单元高度的计算

由于影响吸收操作的因素较复杂，如气液相的物理化学性质、气液相的流动状态、相界面状态以及填料类型、尺寸、操作条件等，乃至对同一吸收系统同一填料的不同操作条件，吸收系数及传质单元高度都不相同。目前还没有通用的计算方法和计算公式。在工程设计中，应用较为普遍的是修正后的恩田（Onda）公式。

恩田等将填料润湿比表面积作为有效传质面积，依此提出了分别计算散堆塔填料润湿比表面积 a_w 和气、液膜吸收系数 k_G、k_L 的一组特征数关联式。修正后的恩田公式如下：

$$\frac{a_w}{a_t}=1-\exp\left\{-1.45\left(\frac{\sigma_c}{\sigma_L}\right)^{0.75}\left(\frac{U_L}{a_t\mu_L}\right)^{0.1}\left(\frac{a_tU_L^2}{\rho_L^2 g}\right)^{-0.05}\left(\frac{U_L^2}{\rho_L\sigma_L a_t}\right)^{0.2}\right\} \tag{4-31}$$

式中：σ_c、σ_L——填料材质的临界表面张力（见表 4.8）、液体的表面张力，N/m；

a_w——为单位体积填料层的有效传质面积，m^2/m^3；

U_L——液体质量通量，$kg/(m^2 \cdot h)$。

$$k_L'=0.0095\left(\frac{U_L}{a_t\mu_L}\right)^{\frac{2}{3}}\left(\frac{\mu_L}{\rho_L D_L}\right)^{-\frac{1}{2}}\left(\frac{\mu_L g}{\rho_L}\right)^{\frac{1}{3}} \tag{4-32}$$

式中：D_L——溶质在液相中的扩散系数，m^2/s。

$$k_G'=2.37\left(\frac{U_V}{a_t\mu_V}\right)^{0.7}\left(\frac{\mu_V}{\rho_V D_V}\right)^{\frac{1}{3}}\left(\frac{a_t D_V}{RT}\right) \tag{4-33}$$

式中：U_V——液体质量通量，$kg/(m^2 \cdot h)$；

μ_V——混合气体黏度，$Pa \cdot s$；

D_V——溶质在空气中的扩散系数，m^2/s；

$$k_L'a=k_L'a_w\varphi^{0.4} \tag{4-34}$$

$$k_G'a=k_G'a_w\varphi^{1.1} \tag{4-35}$$

式中：φ——填料形状修正系数，见表 4.9。

上述修正后的恩田公式只适用于 $\frac{u}{u_f}\leqslant 0.5$ 的情况，当 $\frac{u}{u_f}>0.5$ 还需按式（4-36）和式（4-37）继续修正：

$$k_La=k_L'a\left[1+2.6\left(\frac{u}{u_f}-0.5\right)^{2.2}\right] \tag{4-36}$$

$$k_Ga=k_G'a\left[1+9.5\left(\frac{u}{u_f}-0.5\right)^{1.4}\right] \tag{4-37}$$

表 4.8　填料材质的临界表面张力 σ_c

材质	钢	陶瓷	聚丙烯	聚氯乙烯	石墨	玻璃	表面涂石蜡
表面张力/(N/m)(×10^3)	75	61	33	40	56	73	20

表 4.9　各种填料的形状修正系数 φ

填料类型	球	棒	拉西环	弧鞍	鲍尔环（米字筋）	鲍尔环（井字筋）	阶梯环
φ	0.72	0.75	1	1.19	1.36	1.53	1.47

根据

$$\frac{1}{K_G}=\frac{1}{k_G}+\frac{1}{Hk_L} \tag{4-38}$$

求 K_Ga

$$K_Ga=\frac{1}{\dfrac{1}{k_Ga}+\dfrac{1}{Hk_La}} \tag{4-39}$$

式中：H——溶解度系数，kmol/(m³·kPa)。

传质单元高度计算式如下：

$$H_{OG}=\frac{V}{K_GaP\Omega} \tag{4-40}$$

式中：Ω——填料塔截面积，m²；

P——操作总压，kPa。

4.4.4　附属结构

填料塔的附属结构包括填料支承板、液体分布器及再分布器、排液装置及除雾器等。

1. 填料支承板

填料支承板要求有足够的强度、刚度和自由截面，使支撑处不形成液泛。其类型如图 4.12 所示，栅板是填料塔中最常用的支撑装置。

2. 液体分布器

常见的液体分布器有以下几种：

1）管式喷淋器。图 4.13 为几种结构简单的管式喷淋器，其中，弯管式和缺口式分布器的均匀性较差，适用于直径在 0.3 m 以下的小塔；多孔直管式用于直径为 0.6 m 以下的塔；多孔盘管式用于直径 1.2 m 以下的塔。

2）莲蓬式喷洒器。如图 4.14 所示，在莲蓬头下部球面上钻有许多小孔。这种喷洒器的优点是制造、安装简单，喷洒比较均匀；缺点是小孔容易堵塞，而且液体的喷洒范围与压头密切有关。一般用于直径 600 mm 以下的吸收塔。

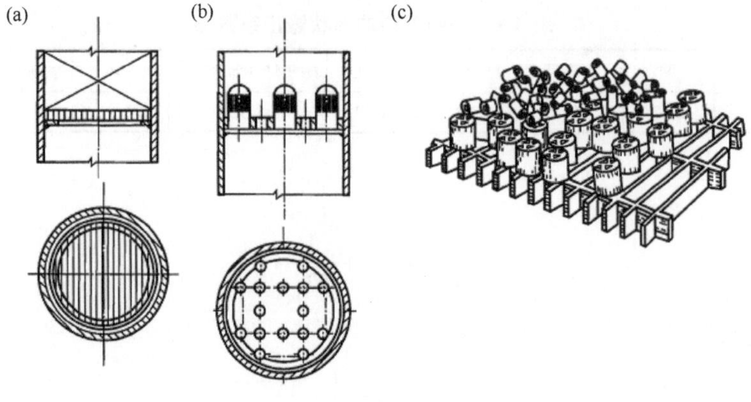

图 4.12　填料支承板[3]

（a）栅板；（b）升气管式；（c）十字格环层

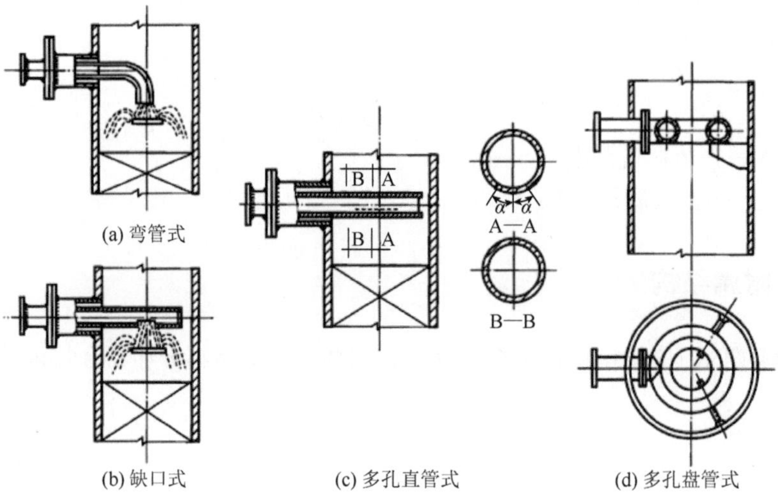

图 4.13　管氏喷淋器[2]

3）盘式分布器。图 4.15（a）为溢流管式，盘上均匀地装有若干根直径大于 15 mm 的溢流管，管上端开有矩形齿槽。图 4.15（b）为筛孔式，盘底均地钻有 3～10 mm 的小孔。液体流到盘上后，通过溢流管的齿槽或盘底小孔均匀地分洒在整个塔截面上。一般分布盘的直径为塔径的 0.6～0.8 倍。此类分布器适用于直径 800 mm 以上的吸收塔中。

3. 液体再分布器

当填料层较高时，为减小壁流现象的影响，需对填料层进行分段，在段与段之间需设置液体收集和再分布装置。最简单的液体再分布装置为截锥式再分布器，

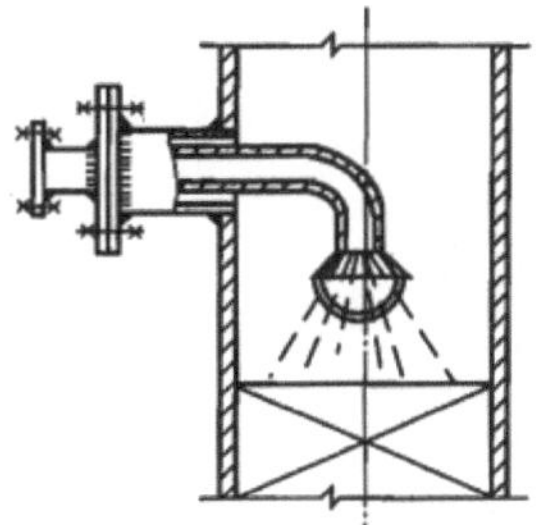

图 4.14 莲蓬式喷洒器[3]

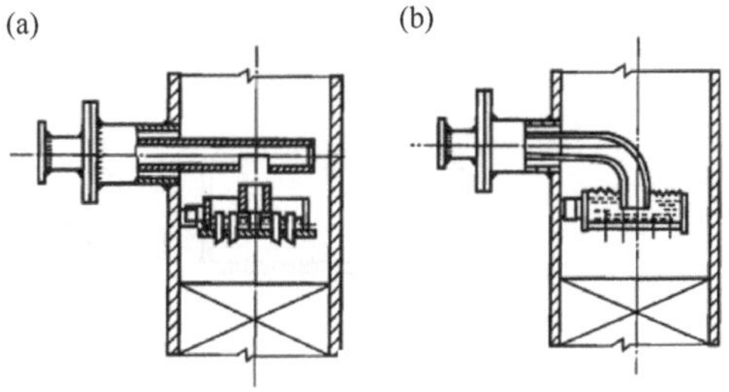

图 4.15 盘式分布器[2]

（a）溢流管式；（b）筛孔式

如图 4.16 所示。截锥式再分布器结构简单，安装方便，但其只起到将壁流向中心汇集的作用，无液体再分布功能，一般用于直径小于 0.6 m 的塔中。

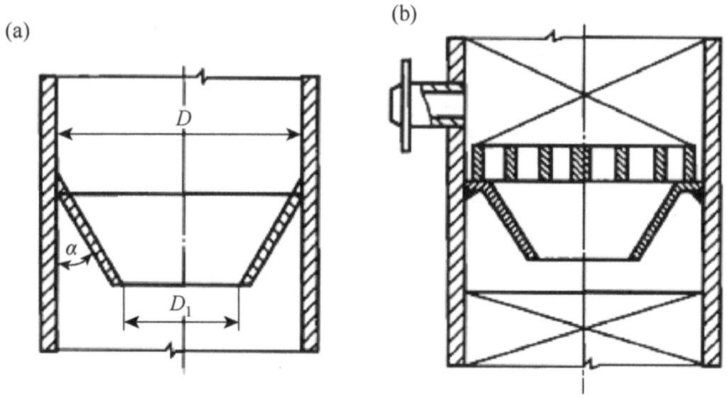

图 4.16 截锥式再分布器[3]

4. 排液装置

塔内液体从塔底排出时，一方面要使液体能顺利流出，另一方面应保证塔内气体不会从排液管排出，一般采用如图 4.17 所示的装置。常压操作时用图 4.17（a）的结构；塔内外压差较大时，可采用图 4.17（b）的结构。

5. 除雾装置

填料塔常用的除雾装置有以下三种。

（1）折板除雾器如图 4.18 所示，这是一种简单有效的除雾器。除雾板由 2 液体出口装置 50 mm×50 mm×3 mm 的角钢组成，板间横向距离为 25 mm。除雾板阻力为 50～100 Pa（5～10 mm H_2O），能除去的最小雾滴直径为 50 μm。

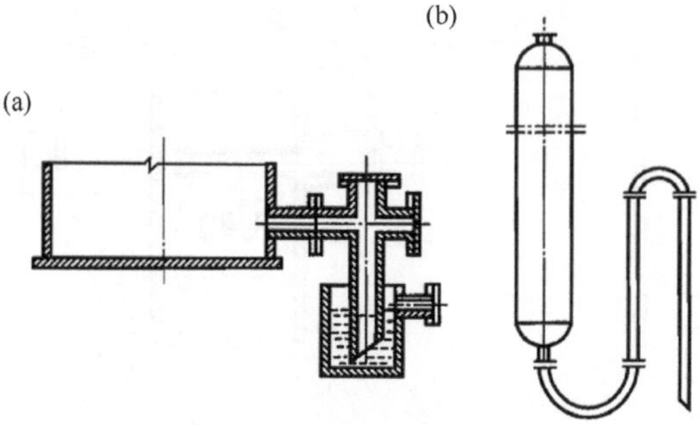

图 4.17　排液装置[3]

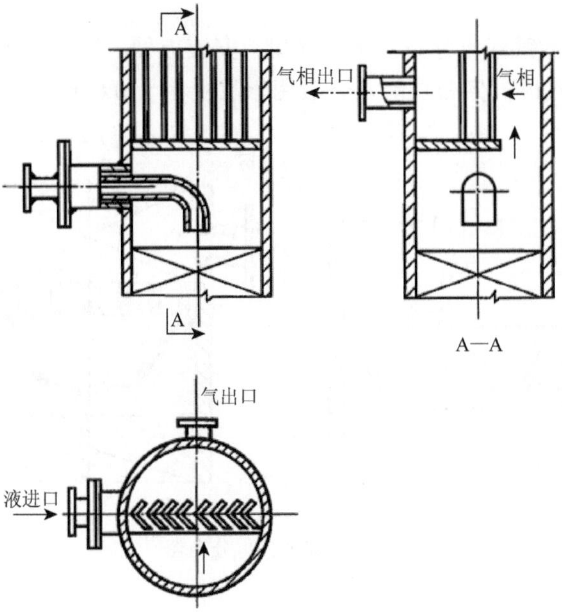

图 4.18　折板除雾器[3]

（2）填料除雾器。如图 4.19 所示，塔顶气体排出前，再通过一层填料以达到分雾沫的目的，所用填料一般为环形填料，比塔内填料小；填料的高度根据除沫要求和允许压降决定。这种除雾装置效率高，但阻力大，占空间也大。

（3）丝网除雾器。如图 4.20 所示，它是用一定规格的丝网带卷成盘状，再用支承板加以固定的一种装置。丝网盘高一般为 100～150 mm，丝网支承栅板的自由截面积应大于 90%。这种除雾装置分离效率高（对大于 5 μm 的雾滴，可达 98%～99%），阻力小（约小于 250 Pa），占空间小；但不适宜于分离含有固体杂质的雾沫，以免堵塞网孔。

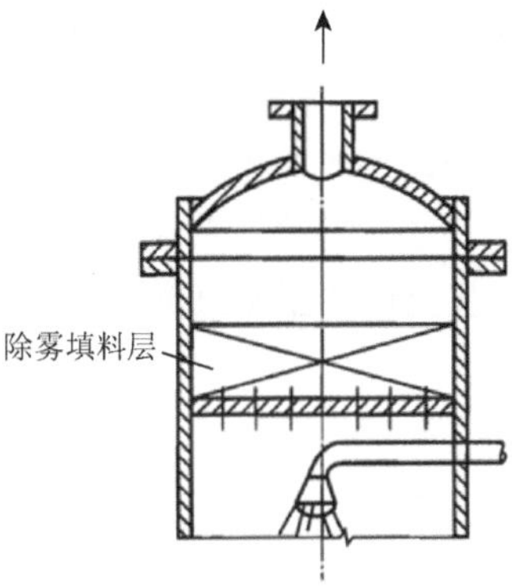

图 4.19　填料除雾器[3]

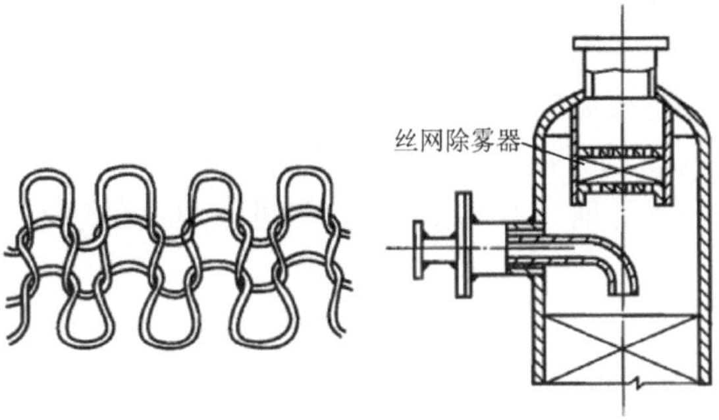

图 4.20　丝网除雾器[3]

4.5　气态污染物吸收设计案例

4.5.1　设计任务书

针对江苏某公司生产过程中产生的 NH_3 进行处理。废气参数如表 4.10 所示。

表 4.10　废气参数表

序号	项目	参数
1	废气风量	3000 m^3/h
2	混合气中氨气含量	3.5%（体积分数）
3	压力及温度	101.3 kPa；293.15 K
4	出口氨气体积分数	0.02%

4.5.2　设计方案

根据甲方提供资料，本项目废气主要为 NH_3。NH_3 极易溶解于水且溶解速率大，在常温下，1 体积水大约可溶解 700 体积氨气。故含氨废气处理设备宜采用水喷淋吸收方式处理。

为达到更高的处理效率，常在吸收塔填料中加入酸溶液。氨气和空气混合后，经由填料塔的下端进填料塔中，与从填料塔顶流下的稀硫酸溶液逆流接触，在填料的作用下进行吸收。酸性液体吸收是一种常见高效处理 NH_3 的方式，在实际中已被广泛应用，较稳定，不易分解、不挥发。

本设计加药系统通入质量分数为 3%～6%的稀硫酸，按以往工程经验，该操作 NH_3 的吸收率可达 90%及以上。为了实现 NH_3 达标排放，后续设置吸附塔进行进一步处理。本章仅对填料塔进行详细设计计算。工艺流程如图 4.21 所示。

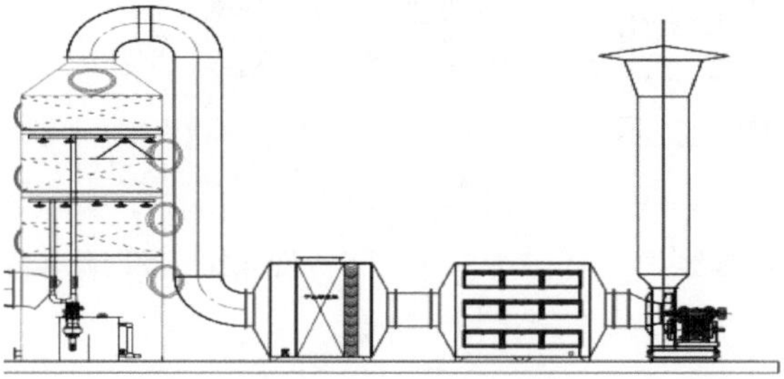

图 4.21　工艺流程图

4.5.3　填料塔的设计计算

1. 液相物性数据

对低浓度吸收过程，溶液的物性数据可近似取纯水的物性数据。查手册可知，20℃水的有关物性数据如下：

密度：$\rho_L = 998.2\ \text{kg/m}^3$；

黏度：$\mu_L = 3.6\ \text{kg/(m·h)}$；

表面张力：$\sigma_L = 72.8 \times 10^{-3}\ \text{Pa/s}$；

20℃氨气在水中的扩散系数：$D_L = 1.76 \times 10^{-9}\ \text{m}^2\text{/s}$；

20℃氨气在水中的溶解度系数：$H = 0.725\ \text{kmol/(m}^3\text{·kPa)}$。

2. 气相物性数据

混合气体平均摩尔质量：$\bar{M} = 0.035 \times 17 + (1 - 0.035) \times 29 = 28.58\ \text{kg/kmol}$；

混合气体的平均密度：$\rho V = \dfrac{P\bar{M}}{RT} = \dfrac{101.3 \times 28.58}{8.314 \times 293} = 1.188\ \text{kg/m}^3$；

混合气体黏度近似空气黏度：$\mu_V = 1.81 \times 10^{-5}\ \text{Pa·s} = 0.06228\ \text{kg/(m·h)}$。

3. 气液相平衡数据

20℃常压下，氨气在水中的亨利系数：$E = \dfrac{\rho L}{HML} = \dfrac{998.2}{0.725 \times 18.02} = 76.406\ \text{kPa}$

式中：M_L ——液体摩尔质量，g/mol。

相平衡常数：$m=\dfrac{E}{P}=\dfrac{76.406}{101.3}=0.754$

4. 物料衡算

进塔 NH_3 与惰性气体之比：$Y_1=\dfrac{0.035}{1-0.035}=0.03627$

出塔气体中 NH_3 浓度：$Y_2=Y_1(1-\varphi)=0.03627\times(1-0.9)=0.3627\%=0.003627$

对于纯溶剂吸收过程，进塔液相组成：$X_2=0$

混合气体流量：$3000\times\dfrac{273}{293}\times\dfrac{1}{22.4}=124.79\ \text{kmol/h}$

惰性气体流量 V：$124.79\times(1-0.035)=120.42\ \text{kmol/h}$

最小液气比：$\left(\dfrac{L}{V}\right)_{\min}=\dfrac{Y_1-Y_2}{X_1^*-X_2}=\dfrac{0.03627-0.003627}{\dfrac{Y_1}{m}}=0.6786$

为了设计出更符合要求的质量传递能力高的吸收塔，取实际液相和气相比值为最小液相和气相比值的 3 倍，则

$$\frac{L}{V}=3\times\left(\frac{L}{V}\right)_{\min}=2.04$$

吸收剂用量：$L=120.42\times2.04=245.66\ \text{kmol/h}$

$$X_1=\frac{0.03627-0.003627}{3\times0.6786}=0.016$$

5. 计算泛点气速

本次设计采用 38 mm 聚丙烯阶梯环填料，故 A 值为 0.204，K 值为 1.75，则

$$\lg\left(\frac{u_f^2}{g}\times\frac{a_t}{\varepsilon^3}\times\frac{\gamma_G}{\gamma_L}\mu_L^{0.2}\right)=0.204-1.75\times(1.247)^{\frac{1}{4}}\times\left(\frac{1.166}{998.2}\right)^{\frac{1}{8}}=-0.591$$

$$\frac{u_f^2}{g}\times\frac{a_t}{\varepsilon^3}\times\frac{\gamma_G}{\gamma_L}\mu_L^{0.2}=0.2564$$

$$u_f=\sqrt{\frac{0.2564\times9.81\times0.91^3\times998.2}{132.5\times1.181\times1.004^{0.2}}}=3.48\ \text{m/s}$$

6. 计算空塔气速 u

取泛点率为 0.6，则 $u=0.6\times3.48=2.1\ \text{m/s}$

7. 计算塔径 D

$$D=\sqrt{\frac{3000/3600}{0.785\times 2.1}}=0.711\ \text{m}$$

圆整后 D 取 0.7 m

1）泛点率校核

$$u=\frac{4V_{\text{S}}}{\pi D^2}=\frac{3000/3600}{0.785\times 0.7^2}=2.17\ \text{m/s}$$

$$\frac{u}{u_{\text{f}}}=\frac{1.17}{3.48}=0.62$$

符合泛点率的经验值 0.5～0.85

2）填料规格校核

$$\frac{D}{d}=\frac{700}{38}=18.42>8$$

符合要求

3）校核填料塔的喷淋密度

取最小润湿速率：$(L_{\text{w}})_{\min}=0.08\ \text{m}^3/(\text{m}\cdot\text{h})$　$a_{\text{t}}=132.5\ \text{m}^2/\text{m}^3$

故：

$$U_{\min}=(L_{\text{w}})_{\min}\cdot a_{\text{t}}=0.08\times 132.5=10.6\ \text{m}^3/(\text{m}^2\cdot\text{h})$$

$$U=\frac{L}{0.785D^2}=\frac{245.15\times 18/998.2}{0.785\times 0.7^2}=11.49>U_{\min}$$

经上述校核可知，填料塔直径选用 $D=0.7$ m 合理。

8. 计算填料层高度

查手册知，0℃、101.3 kPa 下，氨气在空气中的扩散系数：$D_0=19.85\times 10^{-6}\ \text{m}^2/\text{s}$

则 20℃、101.3 kPa 下，氨气在空气中的扩散系数为

$$D_{\text{V}}=D_0\left(\frac{101.3}{101.3}\right)\left(\frac{293}{273}\right)^{\frac{3}{2}}=2.24\times 10^{-5}\ \text{m}^2/\text{s}$$

液相扩散系数：$D_{\text{L}}=1.76\times 10^{-9}$

液体质量通量：$U_{\text{L}}=\dfrac{245.66\times 18}{0.785\times 0.7^2}=11496\ \text{kg}/(\text{m}^2\cdot\text{h})$

气体质量通量：$U_{\text{V}}=\dfrac{3000\times 1.188}{0.785\times 0.7^2}=9266\ \text{kg}/(\text{m}^2\cdot\text{h})$

$$Y_1^*=mX_1=0.754\times 0.016=0.0121$$

$$Y_2^*=mX_2=0$$

脱吸因数：$S=\dfrac{0.754\times 120.42}{245.66}=0.37$

气相总传质单元数：

$$N_{\mathrm{OG}}=\frac{1}{1-0.37}\times\left[(1-0.37)\times\frac{0.03627-0}{0.003627-0}+0.37\right]=10.59$$

由表 4.8 知，$\sigma_{\mathrm{c}}=33=427680\ \mathrm{kg/h^2}$

$$\frac{a_{\mathrm{w}}}{132.5}=1-\exp(-1.45\times 0.5536\times 1.3744\times 0.6877\times 0.2557)=0.1764$$

$$a_{\mathrm{w}}=132.5\times 0.1764=23.37\ \mathrm{m^2/m^3}$$

$$k_{\mathrm{L}}'=0.0095\times\left(\frac{11472}{132.5\times 0.06228}\right)^{\frac{2}{3}}\times\left(\frac{3.6}{998.2\times 1.76\times 10^{-9}\times 3600}\right)^{-\frac{1}{2}}$$

$$\times\left(\frac{3.6\times 9.81}{998.2}\right)^{\frac{1}{3}}=0.8107$$

$$k_{\mathrm{G}}'=2.37\times\left(\frac{9266}{132.5\times 0.06228}\right)^{0.7}\times\left(\frac{0.06228}{1.188\times 2.24\times 10^{-5}\times 3600}\right)^{\frac{1}{3}}$$

$$\times\left(\frac{132.5\times 2.24\times 10^{-5}\times 3600}{8.314\times 293}\right)=1.229$$

$$k_{\mathrm{L}}'a=0.8107\times 23.37\times 1.47^{0.4}=22.1\ \mathrm{h^{-1}}$$

$$k_{\mathrm{G}}'a=1.229\times 23.37\times 1.47^{1.1}=43.88\ \mathrm{kmol/(m^3\cdot h\cdot kPa)}$$

因为$\dfrac{u}{u_{\mathrm{f}}}=0.62>0.5$，故需要再次对恩田公式进行修正

$$k_{\mathrm{L}}a=22.1\times[1+2.6\times(0.54-0.5)^{2.2}]=29.75\ \mathrm{kmol/(m^3\cdot h\cdot kPa)}$$

$$k_{\mathrm{G}}a=43.88\times[1+9.5\times(0.54-0.5)^{1.4}]=159.46\ \mathrm{kmol/(m^3\cdot h\cdot kPa)}$$

则 $K_{\mathrm{G}}a=\dfrac{1}{\dfrac{1}{159.46}+\dfrac{1}{0.724\times 29.75}}=18.97\ \mathrm{kmol/(m^3\cdot h\cdot kPa)}$

$$H_{\mathrm{OG}}=\frac{120.42}{18.97\times 101.3\times 0.785\times 0.7^2}=0.163\ \mathrm{m}$$

$$Z=10.59\times 0.163=1.73\ \mathrm{m}$$

计算出填料层高度后，还应留出一定的安全系数，据设计经验，填料层的设计高度一般为（1.2～1.5）Z。

取安全系数为 1.5，实际填料层高度为 2.6 m。

设计取填料层高度为：$Z=2.6$ m。

参 考 文 献

[1] 王松汉，等. 石油化工设计手册[M]. 北京：化学工业出版社，2002.

[2] 刘宏. 环保设备：原理·设计·应用[M]. 4 版. 北京：化学工业出版社，2019.

[3] 王纯，张殿印. 废气处理工程技术手册[M]. 北京：化学工业出版社，2013.

[4] Perry R H. Perry’s chemical engineers’ handbook[M]. 7th ed. New York：McGraw-Hill Professional，1997.

[5] 付家新. 化工原理课程设计[M]. 2 版. 北京：化学工业出版社，2016.

[6] 李家瑞. 工业企业环境保护[M]. 北京：冶金工业出版社，1992.

[7] 刘天齐. 三废处理工程技术手册[M]. 北京：化学工业出版社，1999.

第 5 章 VOCs 吸/脱附系统设计

5.1 吸附材料、设备与工艺

5.1.1 吸附材料

满足工业要求的吸附材料应具备以下要求：①大的比表面积和吸附容量大；②良好的选择性吸附作用；③吸附容量大；④良好的机械强度和均匀的颗粒尺寸；⑤足够的热稳定性及化学稳定性；⑥良好的再生性能。在 VOCs 的吸附中，活性炭和沸石两类吸附剂应用最为广泛，此外，超高交联树脂和金属有机骨架材料（MOFs）等新型吸附材料也可用来吸附 VOCs。

活性炭是由煤炭、石焦油、生物质原料等各种含碳材料为原料，在高温和缺氧条件下炭化后，再用各种物理或化学方法进行活化处理制成的炭质吸附剂，按照形态可分为柱状活性炭、蜂窝活性炭和活性炭纤维。目前工业处理中应用最广泛的为柱状活性炭和蜂窝活性炭。

活性炭比表面积高、孔隙结构发达，且表面非极性，具有疏水性和亲有机物的特点，故常常被用来吸附 VOCs，且具有净化效率高、效果稳定、处理成本低等特点，被广泛应用于印刷、涂装、电子等行业。但是，活性炭吸附处理技术的效果容易受废气温度、湿度、颗粒物含量等因素影响。

沸石是硅铝四面体形成的三维硅铝酸盐金属结构的晶体，是具有均一孔径的吸附剂。人工合成沸石（也称分子筛）具有高度有序的微孔通道，孔径可调节，存在多种相异结构，且具有良好的热稳定性。通常情况下，沸石只能吸附与沸石孔径相当和更小的吸附质，超过沸石孔径范围的吸附质分子无法进入沸石孔道内。对于废气中特定 VOCs 的选择性吸附而言，选择与其动力学直径相匹配的沸石有利于增强其在分子筛孔道内的扩散，实现大吸附容量。沸石的极性随着硅铝比的增加而逐渐减弱，从而影响其吸附性能。因大多数 VOCs 具有非极性和弱极性，因此所用沸石大多为疏水性沸石，通常是高硅含量的 Z 型、β 型和较高硅铝比的 Y 型等。此外，近年来有针对乙醇（具有较强亲水性）和苯乙烯（吸附时易发生聚合）等特定物质吸附的特殊型号分子筛。

超高交联树脂又称为聚合物吸附剂，是一大类不含离子交换基团，具有大且多孔的网状结构、内部结构复杂、高交联度的高分子聚合物，是比表面积高、孔结构丰富的吸附材料。通过后交联剂选择以及工艺参数控制，可以获得丰富的微孔结构，使得其在 VOCs 吸附中表现出优异性能。

此外，还有一些新型吸附材料，比如 MOFs 和共价有机框架（COFs）。MOFs 是由金属和有机配体通过自组装形成的具有确定组成与结构的多孔材料，具有结构有序，比表面积大、孔尺寸可调的特点。通过调变金属离子与不同有机配体可合成不同孔径、不同结构的 MOFs 材料。根据各类 MOFs 材料特殊的骨架结构、孔道大小和表面化学性质可以吸附不同的 VOCs。COFs 是由有机小分子单体通过共价键连接形成的具有周期性结构的多孔晶态聚合物。COFs 与传统树脂的化学本质相同，都是由 C、H、O、N 等轻质元素组成。COFs 具有结构明确、高比表面积、孔道均一且尺寸可调、易于官能团修饰、高稳定性等优点，使得 COFs 在吸附领域具有良好的应用潜力。这些新型吸附材料目前还处于实验室研究阶段，实际案例较少。

5.1.2　吸附设备

根据吸附剂在吸附器中的工作状态，常用的吸附设备分为固定床吸附器、旋转式吸附器、移动床吸附器和流化床吸附器等类型。在有机废气处理中，最常用的是固定床吸附器和旋转式吸附器。

1. 固定床吸附器

1）固定床吸附器的工作原理

固定床吸附器是工业上最常用的吸附设备，结构简单，一般设两个以上的吸附器，交替吸附再生。如图 5.1 所示是典型的两个固定吸附器交替运行的流程：

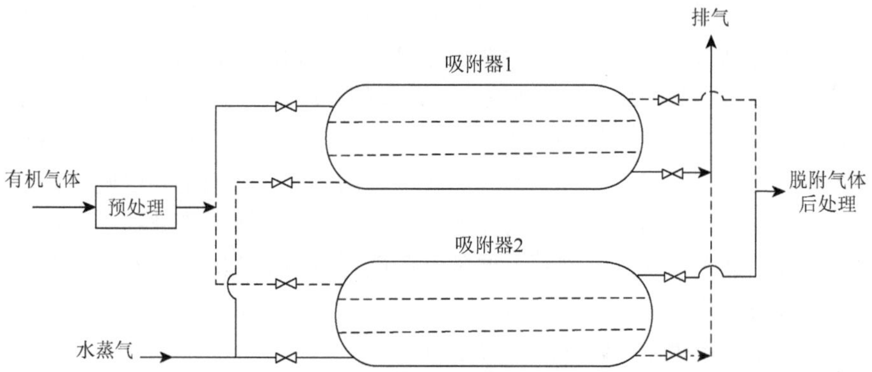

图 5.1　交替运行的固定床吸附器

有机废气通入吸附器 1（通入吸附器 2 的阀关闭），经吸附后的气体从出口排出。与此同时，吸附器 2 处于再生阶段。吸附器 1 吸附饱和后进行再生，有机气体则进入吸附器 2 进行处理，依此循环。

固定床吸附器按照吸附剂床层的布置方式可以分为竖式、水平式和筒式几种，如图 5.2 所示。竖式固定床吸附器结构为圆柱形立式设备，吸附剂床层横截面较小，操作灵活性较高，适合处理小气量、高浓度的气体。水平式固定床结构为水平摆放的圆柱形装置，床层横截面较大，更适合处理大流量的工艺。水平式吸附器的优点是流体阻力小，可以减小流体通过吸附剂床层的动力消耗。但由于吸附剂床层横截面积大，容易产生气流分布不均匀的现象。筒式固定床吸附器结构比竖式和水平式吸附器复杂，吸附剂填充在两个同心圆筒构成的环隙之间，具有结构紧凑、处理能力大的优点。

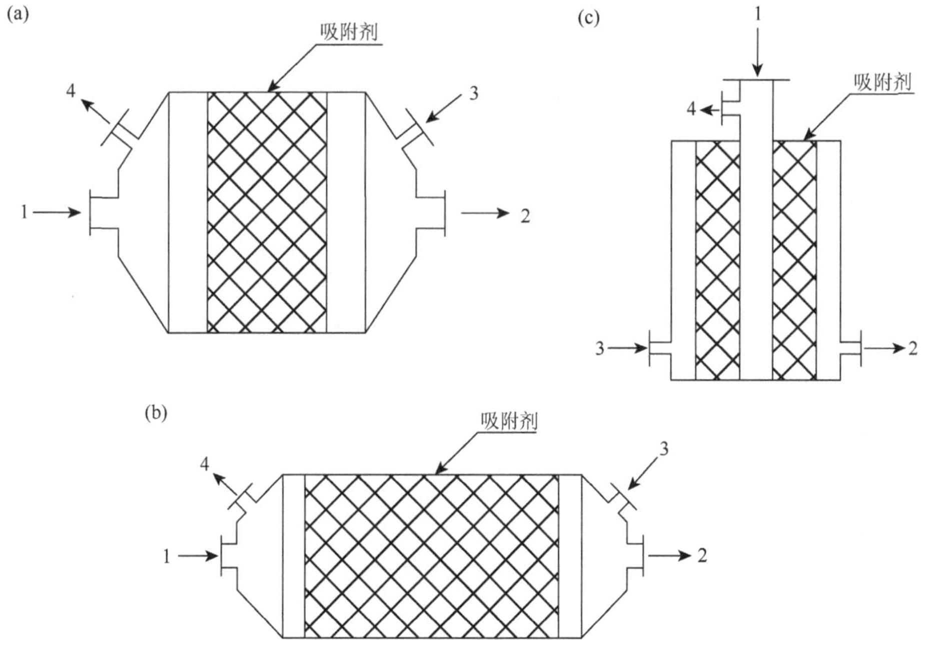

图 5.2 固定床吸附器结构示意图

（a）竖式；（b）水平式；（c）筒式

1-污染气体入口；2-净化气体出口；3-蒸汽入口；4-脱附蒸汽出口

固定床吸附器的优点是结构简单，造价低，吸附剂磨损少。适合小型、分散、间歇型的有机污染气体治理，在连续性治理中使用也很普遍。其缺点是每个吸附器间歇操作，吸附和再生两个过程必须周期性更换，这样不但需要设置备用设备，而且要配置较多的管道和进出口阀门，占地面积较大。为了保证净化效果，床层有一定的设计余量，需要放置更多的吸附剂，使吸附剂用量增加。除此之外，再生时需加热升温，由于静止的吸附床层导热性差，对床层的热量输入和导出均不容易，因此容易出现床层局部过热现象而影响吸附。加热再生后还需冷却，再生时间较长。

固定床吸附器净化有机废气时，采用的吸附剂通常为柱状活性炭和活性炭纤维，固定床吸附器吸附层的气体流速应根据吸附剂的形态确定，依据《吸附法工业有机废气治理工程技术规范》规定，采用柱状活性炭时，气体流速要低于0.6 m/s，装填厚度不宜低于0.3 m；采用活性炭纤维时，气流速度宜低于0.15 m/s，装填厚度不宜低于90 mm；采用蜂窝活性炭时，气流速度宜低于1.2 m/s。

2）固定床吸附器计算

（1）吸附剂床层截面尺寸。

吸附层截面积计算：

$$A = \frac{Q}{3600U} \tag{5-1}$$

式中：A——吸附床层设计截面积，m^2；

Q——通过吸附床层废气风量，m^3/h；

U——通过吸附床层废气流速，m/s。

（2）吸附层高度与吸附周期。

由于固定床吸附器的操作是非稳态的，计算过程比较复杂。通常是采用简化、近似的希洛夫方程计算，即在下述条件使用：①假设吸附速率无穷大，即吸附质进入吸附层即被吸附，②达到穿透时间时，进入床层的吸附质质量等于这段时间内吸附床的吸附量（即动活性等于静活性）。

$$H_a = \frac{G_s Y_0 t_a}{X_s \rho_s} \tag{5-2}$$

式中 H_a——吸附层高度，m；

G_s——载气通过床层的流率，$kg/(m^2 \cdot s)$；

Y_0——气体中吸附质的初始浓度，即吸附质和载气的质量比；

t_a——实际穿透时间，s；

X_s——与吸附质初始浓度达到平衡时的吸附剂静活性，即吸附质和吸附剂的质量比；

ρ_s——吸附剂堆积密度，kg/m^3。

简化的希洛夫方程是理想化的方程，而在实际中，吸附并不是瞬时完成的，吸附效率也不是100%，动活性并不等于静活性。为此需对上式进行一定的修正，将到达穿透时间时吸附剂的静活性改为动活性，并乘上吸附效率（本质是吸附质质量守恒），或增加一定的损失高度，修正公式如下：

$$H_{\mathrm{a}} = E_{\mathrm{a}} \cdot \frac{G_{\mathrm{s}} Y_0 t_{\mathrm{a}}}{X_{\mathrm{d}} \rho_{\mathrm{s}}} \tag{5-3}$$

$$H_{\mathrm{a}} = \frac{G_{\mathrm{s}} Y_0 t_{\mathrm{a}}}{X_{\mathrm{s}} \rho_{\mathrm{s}}} + H_0 \tag{5-4}$$

式中：E_{a} ——吸附效率，%；

X_{d} ——吸附剂动活性，到达穿透时间时被吸附的吸附质总质量与吸附剂总质量之比；

H_0 ——吸附剂层中未被利用部分的高度，m，亦称为“死层”。

（3）吸附剂用量。

吸附剂用量用式（5-5）计算：

$$M = A H_{\mathrm{a}} \rho_{\mathrm{s}} \tag{5-5}$$

式中：M ——吸附剂用量，kg；

A——吸附床层设计截面积，m^2；

H_{a} ——吸附层高度，m；

ρ_{s} ——吸附剂堆积密度，kg/m^3；

（4）吸附床层阻力。

埃尔贡（Ergun）基于颗粒床的大量实验研究，对福希海默（Forchheimer）模型进行了修正，提出了著名的 Ergun 方程[1]。颗粒活性炭的固定床压降可用 Ergun 方程进行估算：

$$\frac{\Delta P_{\mathrm{a}}}{H_{\mathrm{a}}} = 150 \frac{(1-\varepsilon_1)^2}{\varepsilon_1^{\ 3}} \cdot \frac{\mu_{\mathrm{a}} U}{d_{\mathrm{a}}^2} + 1.75 \frac{1-\varepsilon_1}{\varepsilon_1^{\ 3}} \cdot \frac{\rho_{\mathrm{a}} U^2}{d_{\mathrm{a}}} \tag{5-6}$$

此方程的适用范围为

$$\frac{Re}{1-\varepsilon_1} \leqslant 2500$$

$$Re = \frac{\rho_{\mathrm{a}} U_{\mathrm{a}} d_{\mathrm{a}}}{\mu_{\mathrm{a}}} \tag{5-7}$$

式中：ΔP_{a} ——吸附床层压降，Pa；

H_{a} ——吸附层高度，m；

U——通过吸附床层废气流速，m/s；

ε_1 ——吸附剂的孔隙率，%；

μ_{a} ——气体黏度，$\mathrm{Pa \cdot s}$；

d_{a} ——吸附剂平均粒径，m；

ρ_{a} ——气体密度，kg/m^3；

Re——雷诺数。

若采用蜂窝活性炭，蜂窝活性炭的阻力显著小于颗粒活性炭，不适用于 Ergun 公式。采用经验公式[2]，式（5-8），进行估算：

$$\Delta P_{a1} = 945.1U^{1.055} \times H_a \tag{5-8}$$

式中：ΔP_{a1}——吸附床层压降，Pa；

H_a——吸附层高度，m；

U——通过吸附床层废气流速，m/s。

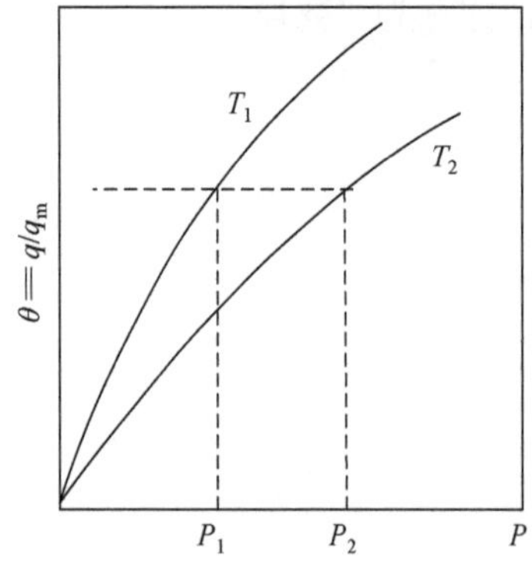

图 5.3　从不同温度的等温吸附线求等量吸附热示意图

（5）吸附热计算。

吸附过程产生的热为吸附热。在实际操作中，吸附高浓度 VOCs 时，吸附热的累积会导致吸附层温度升高，进而影响吸附剂的活性。准确的温升计算可以确保吸附过程在最佳温度范围内进行，从而提高吸附效率。此外，温度变化还会影响废气中污染物与吸附剂之间的化学相互作用，可能引发化学反应，从而影响吸附效率，甚至导致着火等事故。所以，对于活性较强且浓度较高的 VOCs 吸附，使用过程中需要特别重视吸附热的计算，确保吸附后的温度在吸附剂的安全工作范围内。

等量吸附热可根据等温吸附线求得[3]，如图 5.3 所示。通过两个不同温度（T_1、T_2）下的等温吸附线在同一吸附量对应的两个吸附压力值（P_1、P_2），采用式（5-9）可求得该吸附量下的等温吸附热。

$$H = RT_1T_2\frac{\ln P_2 - \ln P_1}{T_2 - T_1} \tag{5-9}$$

式中：H——吸附热；

R——气体常数；

T_1、T_2——吸附温度；

P_1、P_2——吸附压力。

（6）脱附风量和脱附阻力。

脱附风量可根据被吸附有机溶剂的浓缩倍数（一般控制在 10～20 倍），脱附出气体中有机溶剂浓度（控制在适于爆炸下限 25%以下），热能利用率及催化燃烧系统设备费与运行费价格比等因素综合考虑。下面用脱附总量和脱附时间对其进行推算。

$$Q_d = \frac{MX_d E_d \times 10^6}{c_d t_d} \quad (5\text{-}10)$$

式中：Q_d——脱附风量，m^3/h；

E_d——脱附效率，%；

c_d——平均脱附浓度，mg/m^3；

t_d——平均脱附时间，h。

脱附阻力计算公式与吸附阻力公式（5-8）相同，涉及的参数由吸附改脱附即可。

2. 旋转式吸附器

1）旋转式吸附器工作原理

如图 5.4 所示，有机废气进入吸附区，有机污染物被吸附，净化后的气体排出，转轮连续旋转后达到脱附区脱附，将吸附的有机污染物脱附形成高浓度 VOCs，高浓度 VOCs 可以经收集、冷凝、油水分离后，形成有机溶剂回收利用，也可以进入热力燃烧或催化燃烧装置进行处理，具体处理方式见第 7 章介绍。脱附再生后的吸附剂温度可能较高，后续吸附效果会受到影响，为了避免这种影响，可以将未净化的废气或新鲜空气引入冷却区，将脱附后的转轮区域进行降温冷却，冷却后再转到吸附部位进行吸附。同时，经过冷却区的空气可再经过加热后作为再生空气使用，达到节能的效果。

旋转式吸附器通常以沸石作为吸附剂，操作表观气速范围应小于 4.5 m/s，再生方式通常为热空气再生。

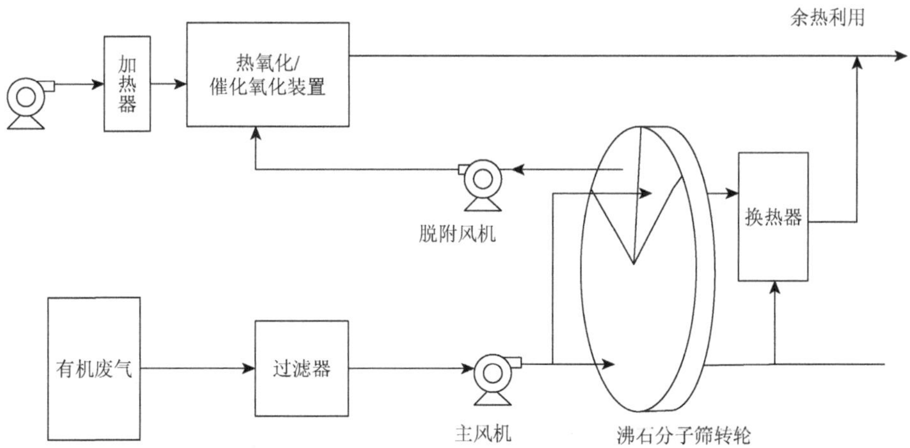

图 5.4　沸石转轮-催化燃烧组合净化有机气体工艺流程图

旋转式吸附器（图 5.5）由转轮（或转筒）、壳体及支撑框架、电机及传动机构、进出口管道及保温层等部分组成的具有吸附脱附浓缩功能的装置，可用来净化有机废气。转轮旋转式吸附器根据功能不同分为吸附区、冷却区和脱附区三个功能区域，如果无冷却区可以达到净化要求时，可不设冷却区。

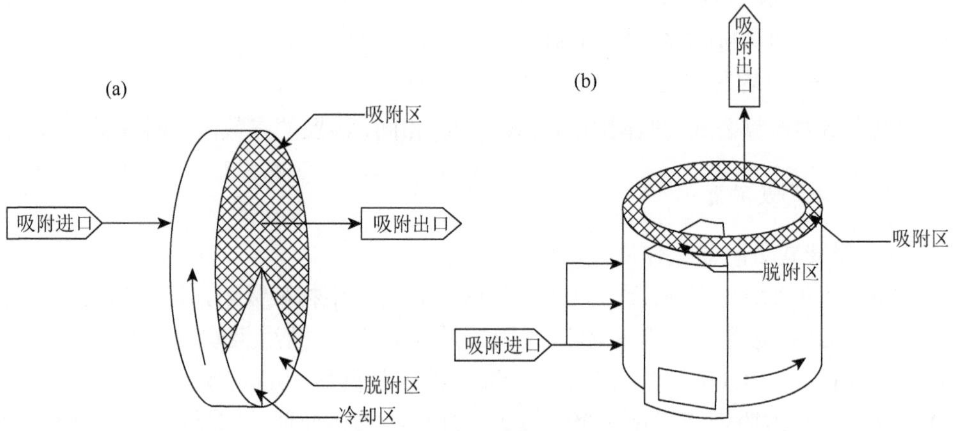

图 5.5　旋转式吸附器典型结构示意图

（a）转盘式；（b）转筒式

旋转式吸附器的优点是脱附浓度稳定，可实现连续操作，处理气体量大，易于实现自动化，且气流阻力损失小，设备紧凑。缺点是转盘/转筒与接管的密封要求高。

2）旋转式吸附器计算

转轮一般分为十二块区域。在转轮运行过程中，有十块区域是处于吸附状态，一块区处于脱附状态，还有一块区处于冷却状态。

吸附剂的体积为

$$V = \frac{M}{\rho} \tag{5-11}$$

式中：V——吸附剂体积，m^3；

ρ——吸附剂密度，kg/m^3；

$$M = \frac{3QT(c_0 - c)}{2\varepsilon} \tag{5-12}$$

式中：Q——废气体积流量，m^3/h；

T——回转周期，1～3 h；

c_0——吸附前的浓度，mg/m^3；

c——吸附后的浓度，mg/m^3；

ε——吸附剂的吸附量，g 吸附质/g 吸附剂。

转轮吸附剂截面积 S 的计算如下：

$$S=\frac{3Q}{2u} \tag{5-13}$$

式中：Q——废气体积流量，m^3/h；

u——吸附区气体流速，m/s。

吸附剂床层厚度 b 计算公式如下：

$$b=\frac{V}{S} \tag{5-14}$$

式中：V——吸附剂体积，m^3；

S——吸附剂截面积，m^2。

3. 其他吸附器

有机气体吸附净化除了采用固定床吸附器和旋转式吸附器外，移动床吸附器和流化床吸附器也有应用。

移动床吸附器是气固两相均以恒定的速度通过的设备，气体与吸附剂连续接触，一般采用逆流操作，也可以采用错流操作。图 5.6（a）是一种错流操作的移动床吸附器的结构示意图。再生后的活性炭从顶部连续送入吸附器 1，与横向流

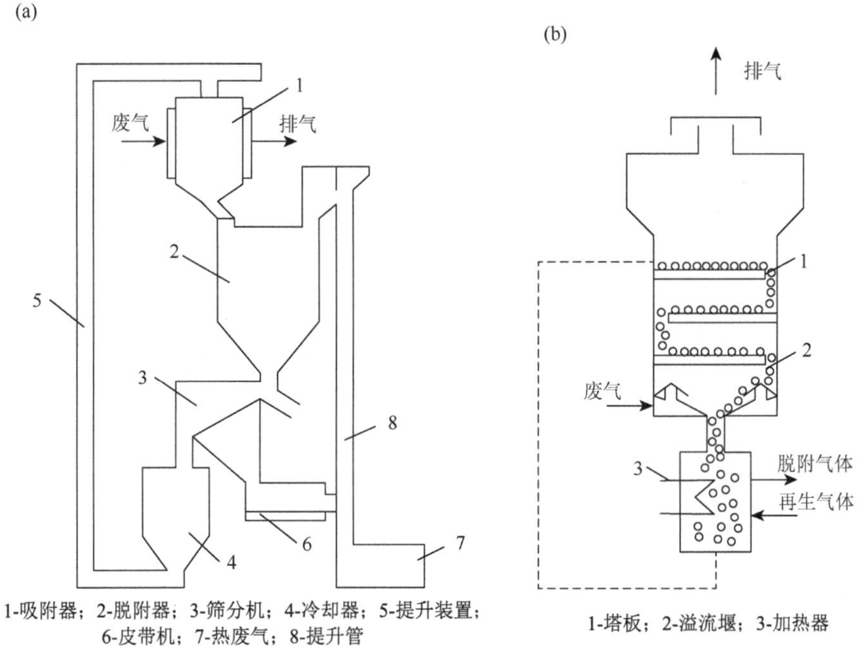

图 5.6　移动床吸附器（a）和流化床吸附器（b）结构示意图

过的废气接触，吸附了污染物后流入脱附器 2，与热砂混合被加热再生，然后流过筛分机 3 与砂子分开进入冷却器 4 后再经提升装置 5 送回吸附器重复使用。砂子由皮带机 6 送到提升管 8 被热废气加入并送往脱附器 2 的顶部。

移动床吸附器优点是处理气量大，吸附剂可循环使用，适用于稳定、连续、量大的气体净化工艺。缺点是吸附剂的磨损较大，动力消耗大。

流化床吸附器为塔式设备，内设若干筛板，吸附剂置于筛板上，当一定流速的气体通过吸附剂床层时，吸附剂在筛板上呈沸腾状态，所以称为流化床。流化床吸附器操作时，气固两相充分接触，吸附速度快，处理能力大，特别适用于连续的大气量的有机气体净化。

流化床吸附器由吸附段和脱附段两部分组成，结构如图 5.6（b）。上段为吸附段，下段为再生段。气体净化过程为：有机废气从吸附段的下部进入，依次通过每层筛板上的筛孔，使得筛板上的吸附剂呈流化状态，污染物质被充分吸附后的气体进入上部的扩大段，在这里气体速度减小，固体吸附剂回到吸附段，而净化后的气体则从出口排出。吸附剂由吸附段的上端进入，逐层与上端下降的吸附剂接触，再由脱附段再生，再生后的吸附剂用气流输送装置提升到吸附段重复使用。

和固定床相比，流化床所用的吸附剂粒度较小，空塔气速一般为固定床的 3～4 倍，装置较为复杂，吸附剂的损耗也比较大。

4. 吸附器结构优化

吸附器中气体与吸附剂接触时可能会出现传质、传热效果不理想等问题，从而影响吸附净化效果。随着计算流体力学学科的发展，这些问题可通过软件对吸附器结构优化计算，对吸附器内流场模拟优化加以解决。

计算流体力学（computational fluid dynamics，CFD）由于其计算速度快、成本低、适用范围广，且能解决某些实验条件难以达到的实际工程情况或假设理想条件等优势，广泛应用于工程问题的解决。CFD 方法可以研究吸附器内流体分布状况和流动规律，模拟吸附器内流体流动状况，分析影响吸附器吸附效率的影响因素，从而优化吸附器内部构造、提高吸附效率。吸附床的结构优化方面可采用 Comsol Multiphysics 软件建立吸附床数学模型，开展不同结构和运行工况对吸附床的性能影响分析；探究吸附剂厚度对吸附床性能的影响。流体分布情况可利用 Fluent 等流场模拟软件进行仿真模拟，预测流体在设备内的流动变化规律，从而完成对设备结构的研究和优化[4]。

需要注意的是，通过模拟计算设计的吸附器并不一定是最优的，在实际工程中还需根据具体情况进行优化。

5.1.3　吸附工艺

1. 吸附预处理

为了确保吸附器正常运行，进入吸附设备的有机废气要经过预处理达到以下条件。

（1）溶剂和油气储运销装置的有机废气回收外，进入吸附装置的有机废气中有机物的浓度应低于其爆炸极限下限的 25%，当废气中有机物的浓度高于其爆炸极限的 25%时，应采用冷凝或稀释等方式使得有机物浓度低于其爆炸极限下限的 25%后方可采用吸附净化。当废气中的有机物浓度高且易于冷凝时，应先采用冷凝工艺回收废气中的部分有机物后再进行吸附净化。

（2）有机废气中如果含有颗粒物和水分时，应先进行过滤或洗涤等预处理，保证进入吸附装置的颗粒物浓度低于 1 mg/m^3，相对湿度不宜超过 80%。

（3）进入吸附装置的气体温度较高时，要预先采用换热或稀释等方式调节至气体温度低于 40℃。

（4）当废气中含有吸附后难以脱附或造成吸附剂中毒的成分时，要采用洗涤或预吸附等方式预处理。

2. 再生方式的确定

吸附剂吸附饱和后要进行再生重复利用。吸附剂再生方式有升温脱附、降压脱附、置换脱附、吹扫脱附、化学转化再生法等。再生方式可根据有机气体的特点以及采用的吸附器类型确定。

当废气中的有机物具有回收价值时，可根据情况选用水蒸气再生，热气流（水蒸气或惰性气体）或降压再生工艺，脱附后产生的高浓度的气体可根据情况选择降温冷凝或液体吸收工艺进行有机物的回收。当废气中的有机物不宜回收时，宜采用热气流再生工艺，脱附产生的高浓度有机气体采用催化燃烧或者高温焚烧工艺进行处理。

3. 吸附工艺流程

根据吸附剂再生方式和解吸气体后处理方式的不同，可选用的典型治理工艺有

（1）水蒸气和热气流（空气或惰性气体）再生-冷凝回收工艺（如图 5.7（a））；

（2）热气流（空气）再生-催化燃烧或高温焚烧工艺（如图 5.7（b））；

（3）降压解吸再生-冷凝回收工艺（如图 5.7（c））。

工艺流程示意图如下：

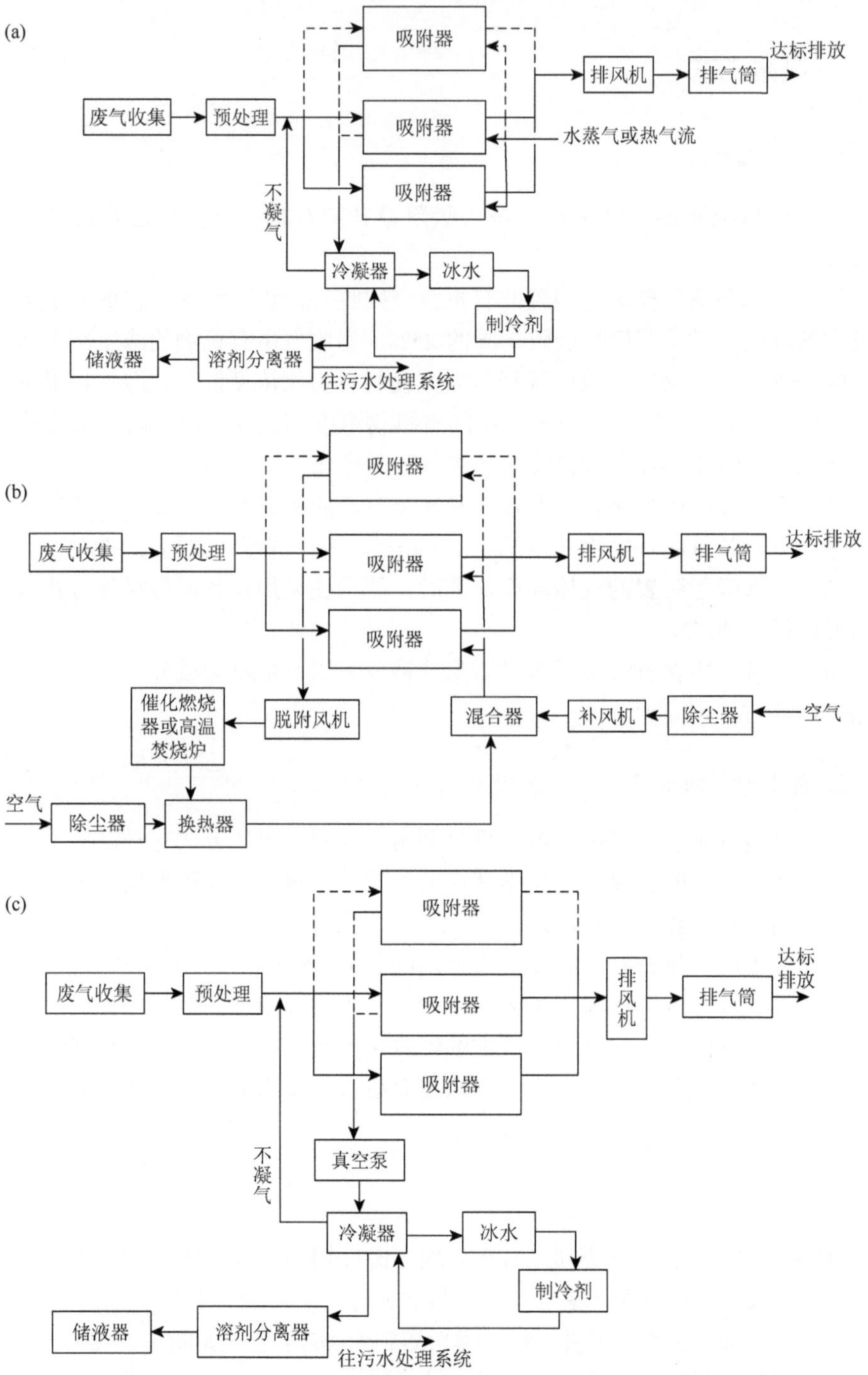

图 5.7　有机气体吸附处理工艺流程图

5.2　VOCs 吸/脱附系统设计案例

5.2.1　设计任务书

VOCs 吸附系统案例的原始资料参考 2.4.1 中设计任务书的内容，根据 2.4.1 中的原始资料进行设计。

5.2.2　VOCs 吸附系统设计计算

1. 吸附剂参数

选用柱状活性炭参数如表 5.1 所示。

表 5.1　柱状活性炭参数表

参数	数值	参数	数值
规格/mm	4	碘值/(mg/g)	≥800
比表面积/(m^2/g)	1344	四氯化碳吸附率/%	≥60
堆积密度/(kg/m^3)	500	比热容/($kJ\cdot kg^{-1}\cdot K^{-1}$)	0.95
孔隙率/%	60	吸附温度/℃	<40
水分/%	≤5	脱附温度/℃	<140

2. 吸附剂截面尺寸

活性炭固定床废气最大风量为 25 000 m^3/h，并且设计风量宜按照废气最大排放量的 120%进行设计，吸附层设计风速取 0.5 m/s，将数据代入式（5-1）得吸附层的初步设计横截面积为

$$A_0 = \frac{120\% \times 25000}{3600 \times 0.5} = 16.6\ \mathrm{m}^2$$

因为吸附层横截面积太大，如果用单一活性炭床进行吸附会导致设备过大，对设备加工、活性炭装填和设备检修等都不方便，并且还会存在严重的气流分布不均匀的现象，所以本设计采用两级活性炭吸附处理。

单级活性炭固定床结构如图 5.8 所示，内置两层活性炭吸附区域，每层活性炭吸附区域的横截面积约为 4.15 m^2，活性炭床层宽度取 2.6 m，高度取 1.6 m，于是实际每层活性炭吸附区域截面积为

$$A = 2.6 \times 1.6 = 4.16\ \mathrm{m}^2$$

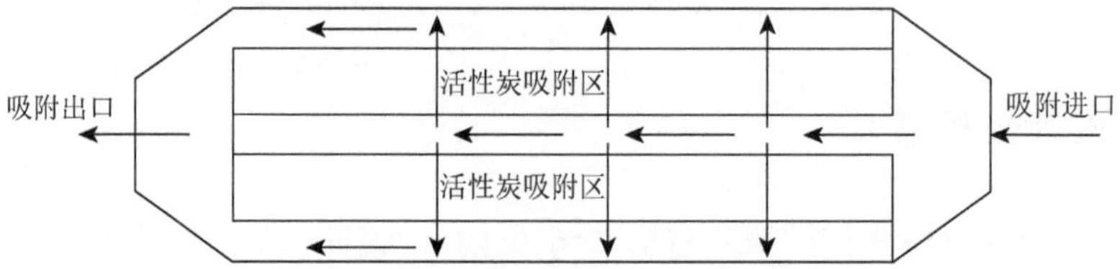

图 5.8　活性炭固定床结构图

3. 吸附层高度与吸附周期

柱状活性炭对各苯系物的单独吸附效率基本在 92%及以上，于是此处保守取吸附效率 $E_a = 92\%$。根据华南理工大学实验测得该柱状活性炭对苯系物的动态吸附量数据，当入口甲苯浓度为 565 mg/m^3 时，吸附率（质量分数）为 10%。此吸附率即为动活性，综合参考上述实验数据保守取动活性 $X_d = 10\%$。

易算出单一活性炭吸附区域的载气流率为

$$G_s = \frac{1.21 \times 120\% \times 12500}{3600 \times 4.16 \times 2} = 0.6\ \mathrm{kg \cdot m^{-2} \cdot s^{-1}}$$

废气中的吸附质浓度应为

$$Y_0 = \frac{109.7 \times 10^{-6}}{1.21} = 9.07 \times 10^{-5}$$

柱状活性炭的堆积密度 $\rho_s = 500\ \mathrm{kg/m^3}$，在此假设实际穿透时间（连续）为 $t_a = 380\ \mathrm{h} = 1\,368\,000\ \mathrm{s}$，那么据式（5-3）吸附层长度为

$$H_a = 92\% \times \frac{0.6 \times 9.07 \times 10^{-5} \times 1368000}{10\% \times 500} = 1.37\ \mathrm{m}$$

圆整为 $H_a = 1.4\ \mathrm{m}$，下面通过接触时间对此高度进行校核，计算得吸附剂与废气的接触时间为

$$t_R = \frac{1.4}{0.5} = 2.8\ \mathrm{s}$$

满足《工业建筑供暖通风与空气调节设计规范》（GB 50019-2015）7.3.5 吸附剂和气体的接触时间宜为 0.5～2.0 s 的要求，故吸附层高度是合理的，于是假设的穿透时间也是合理的。

此外，根据穿透时间和每日吸附工作时间可确定吸附周期

$$T_a = \frac{38}{5.7} = 6\ \mathrm{d}$$

即喷漆工作每 6 d 需进行 1 次活性炭脱附再生，符合企业的生产工作效率，再次验证穿透时间是合理的。

4. 吸附剂用量

根据式（5-5）进行计算，活性炭固定床的吸附剂用量为

$$M = 4.16 \times 4 \times 1.40 \times 500 = 11648 \text{ kg}$$

5. 吸附器阻力损失

采用颗粒活性炭作为吸附剂，将数据代入式（5-6）计算得到吸附器的阻力损失为

$$\Delta P_{\mathrm{a}} = 150 \times \frac{(1-0.6)^2}{0.6^3} \times \frac{1.8 \times 10^{-5} \times 0.5}{0.004^2} + 1.75 \times \frac{1-0.6}{0.6^3} \times \frac{1.21 \times 0.5^2}{0.004} \times 1.37 \times 2 = 2384 \text{ Pa}$$

满足《吸附法工业有机废气治理工程技术规范》（HJ 2026-2013）中规定的吸附单元的阻力损失宜低于 2.5 kPa 的要求。

5.2.3　VOCs 脱附系统设计计算

1. 脱附温度

图 5.9 是用 1200 m^3/h 的热氮气脱附得到的脱附物浓度与脱附温度关系曲线。由图可知，温度在 70℃以下时脱附物浓度很低且上升缓慢，从 70℃开始浓度上升速度提高。显然，130～140℃温度过高不适宜，75～80℃温度过低，脱附浓度、速率较小不适宜，而在 100～115℃区间，脱附物浓度在 5000～7000 mg/m^3 范围内，该温度范围使得脱附速率和脱附物浓度均在较合适的水平，所以决定将脱附温度定于 $T_1 = 110$℃（383 K）左右。

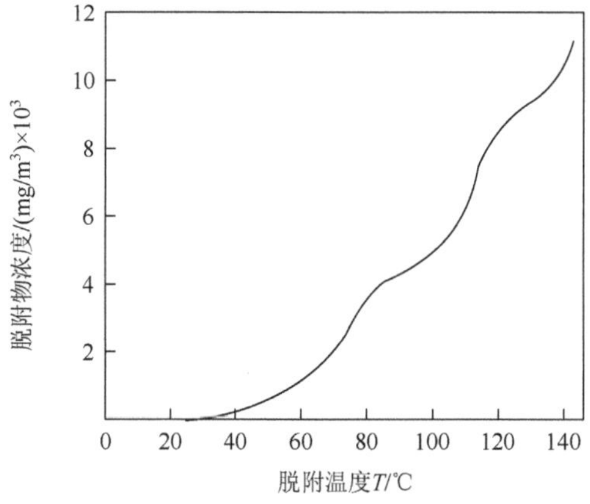

图 5.9　脱附物浓度与脱附温度关系[5]

2. 脱附时间与冷却时间

图 5.10 是在一个完整脱附过程，将升温时间与炭层中部温度作曲线得到的脱附升温曲线，其脱附温度为 110℃、风量为 1200 m^3/h。从图 5.10 可知脱附操作从开始升温到平衡所需时间约 3 h。当达到平衡脱附阶段时（即曲线斜率趋近于零时），约需 3.5 h。之后为吸附剂的冷却阶段，冷却需 2.5 h。

参考此设置，于是固定床脱附-冷却的一个完整流程的周期为

$$T_d = 3 + 3.5 + 2.5 = 9\ \text{h}$$

由第 2 章原始资料可知日工作时间为 6 h，于是工作间隔为 18 h，显然 T_d＜18 h，可在两日工作间隔内完成，故离线脱附设置合理。

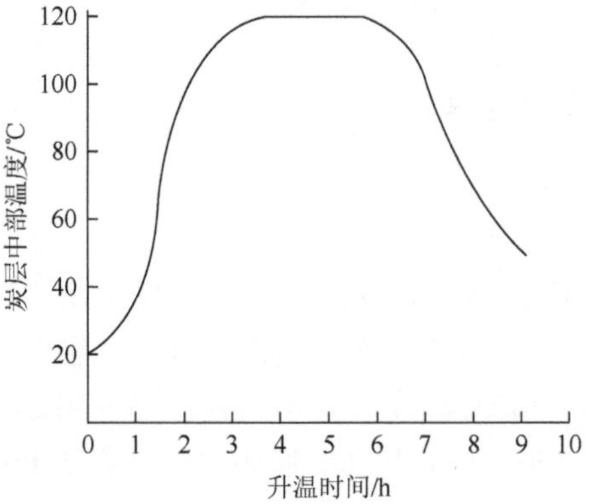

图 5.10　脱附升温曲线图

3. 脱附风量

参考华南理工大学实验测试数据柱状活性炭脱附效率可达 95%，于是取脱附效率 $E_d = 95\%$。综合考虑安全性，催化剂的使用寿命等因素，入口浓度宜控制在 6000～8000 mg/m^3，同时参考图 5.9，脱附温度 110℃时，脱附物浓度在 6000～7000 mg/m^3 范围，于是取平衡脱附浓度 $c_d = 6500\ mg/m^3$，与 2.4.2　1.中所计算的爆炸下限相比较得：$c_d = 6500\ mg/m^3 < 25\% c_{LEL} = 11\,072\ mg/m^3$，满足安全要求。时间应满足 $3.5\ h < t_d < 6.5\ h$，取为 $t_d = 4.5\ h$。由 5.2.2 4.吸附剂用量计算活性炭固定床的吸附剂用量为 11 648 kg，那么代入式（5-10）可得

$$Q_d = \frac{11648 \times 6\% \times 95\% \times 10^6}{6500 \times 4.5} = 22699\ m^3/h$$

圆整为 $Q_d = 23\,000\ m^3/h$。

4. 脱附阻力

根据脱附流量可算出固定床内脱附风速为

$$u_d = \frac{23000}{3600 \times 4.16 \times 2} = 0.77 \text{ m/s}$$

气体密度随温度变化而变化，此时气体温度为 $T_1 = 110℃$（383 K），气体摩尔质量接近空气 $M_g = 29$ g/mol，所以此时气体密度为

$$\rho_1 = \frac{101.325 \times 29}{8.314 \times 383} = 0.92 \text{ kg/m}^3$$

根据式（5-6）计算得脱附床层阻力为

$$\Delta P_d = 1924 \text{ Pa}$$

5. 脱附加热功率

电加热管需在启动时将氮气从 25℃加热至 110℃，并在可以维持平衡前向气体提供热量。其功率按下式计算

$$N = \frac{c_{p2} M_1 (T_2 - T_1) K_d}{3600}$$

安全系数 K_d 取 1.2。110℃下氮气的比热容[6]为：1.04 kJ/(kg·K)，25℃下氮气密度为：$\rho = 1.12$ kg/m^3，则氮气的质量流量为：$M_1 = 23\,000 \div 1.12 = 20\,535.7$ kg/h，脱附加热功率为

$$N = \frac{1.04 \times 20535.7 \times (408 - 298) \times 1.2}{3600} = 783.1 \text{ kW}$$

由于需要氮气流量比较大，需要空分制氮机产生氮气。其中深冷空分适合大规模生产，所以选择深冷空分设备进行制氮。我们需要 22 000 kg/h 的氮气使用量，氮气纯度为 99.5%，出口压力为 7 bar，综合选择法国液化空气集团 ALN-18 000 型号的深冷空分机，其产能为 22 500 kg/h，功率为 7000 kW。

5.2.4 图纸

图 5.11 为活性炭固定床设备三视图，包含了关键部件的尺寸且与上述计算结果一一对应。

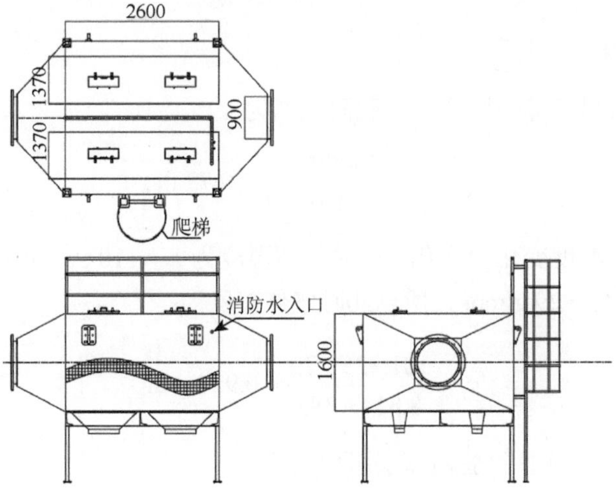

图 5.11　活性炭固定床设备三视图

参 考 文 献

[1] Ergun S. Fluid flow through packed columns[J]. Chemical Engineering Progress，1952，48：89-94.

[2] 尹维东，乔惠贤，陈魁学，等. 蜂窝状活性炭在大风量有机废气治理技术中的应用[J]. 环境科学研究，2000，13（5）：27-30.

[3] 叶振华. 化工吸附分离过程[M]. 北京：中国石化出版社，1992.

[4] 林勇军. 新型吸附床强化传热传质的研究[D]. 广州：广东工业大学，2019.

[5] 周兴求. 环保设备设计手册：大气污染控制设备[M]. 北京：化学工业出版社，2004.

[6] 刘光启，等. 化学化工物性数据手册：无机卷[M]. 北京：化学工业出版社，2002.

第6章 VOCs冷凝系统设计

冷凝是利用物质在不同温度下具有不同饱和蒸气压这一性质，通过降低温度或增加压强，使气态物质冷凝成液态的过程。在大气污染控制过程中，当混合气体的温度降低到污染物露点温度以下时，该污染物就会开始冷凝，从而与气相主体分离[1]。在工业生产中，冷凝能回收废气里有价值的物质，比如包装印刷、制药等行业废气里的有机成分，经冷凝回收后可降低原料成本，减少资源浪费。同时，冷凝常作为预处理环节，处理高浓度 VOCs 时，可预先冷凝降低废气浓度，从而减少后续活性炭吸附、催化氧化等设备的负荷与成本。此外，冷凝还可去除高沸点污染物与水分，让后续处理更具针对性，提升整个处理系统的效率与可靠性。

6.1 冷 凝 装 置

冷凝装置按冷却介质与废气是否直接接触，可分为表面式冷凝器和混合式冷凝器。表面式冷凝器中，废气与冷却介质在不同通道内，通过管壁实现热量交换，能保证冷凝液的高纯度。而混合式冷凝器中，废气与冷却介质直接接触进行热量传递，虽传热效率高，但冷凝液会与冷却介质混合。此外，还有一些特殊类型的冷凝器，它们因独特的结构和性能，适用于特定的工况条件[2-6]。VOCs 常用冷凝设备见表 6.1。

表 6.1 常用冷凝设备

冷凝设备类型	工作原理	适用场景	特点
管壳式冷凝器	基于热传导和对流传热，废气在管程、冷却介质在壳程，通过管壁换热使气态污染物冷凝	化工废气处理（流量＞5000 m^3/h，压强 0.1～10 MPa，回收高纯度有机溶剂蒸气）	结构紧凑，节省占地；传热效率较高；适应性强；冷凝液收集方便，纯度高
套管式冷凝器	利用逆流或并流换热，废气在内管、冷却介质在环形空间，通过管壁传热使气态污染物冷凝	处理量小、废气温度高（流量 50～1000 m^3/h，进气温度＞150℃）的场合	传热面积大，可提高冷凝效率；对高温废气降温效果好；结构相对简单，制造成本低
喷淋式冷凝器	基于直接接触传热，废气从底部进入，冷却介质喷淋而下，气液接触换热，冷凝液落入集液槽	对冷凝液纯度要求不高、含杂质且处理量大（流量＞10 000 m^3/h，杂质容忍度 10%以内）的废气处理	结构简单，成本低；传热效率高；清洗方便，不易堵塞；对废气成分适应性强

续表

冷凝设备类型	工作原理	适用场景	特点
填料式冷凝器	利用填料增大气液接触面积，强化传热传质，废气通过填料层与冷却介质液膜换热使气态污染物冷凝	处理含多种气态污染物且冷凝要求高（流量 1000～5000 m^3/h，综合冷凝回收率≥80%）的废气，如食品加工行业	传质传热效果好；结构紧凑；操作弹性大；压强降较小
空气冷却式冷凝器	基于空气与废气的温差换热，通过翅片管增大接触面积使气态污染物冷凝	水资源短缺地区（流量 100～3000 m^3/h，冷却后废气温度≥环境温度＋20℃）	无需用水，避免水相关问题；在缺水或对水质要求高的场合有优势，但需较大空气流量和风速
螺旋板式冷凝器	利用螺旋通道，使废气和冷却介质逆流或错流换热，气态污染物冷凝	制药和精细化工行业（流量 50～800 m^3/h，小流量废气高价值成分冷凝回收率≥90%）	传热效果好；结构紧凑；对小流量废气处理适应性好

6.1.1 表面式冷凝器

表面式冷凝器由外壳和管束构成，废气与冷却介质分别在不同通道，借管壁实现热量交换。工作时，高温废气的热量传递给冷却介质，体系温度降至露点温度后，气态污染物在管壁冷凝，与废气分离。表面式冷凝器传热效率高、适应性强，能产出高纯度冷凝液，广泛应用于化工、制药、炼油等行业回收各类有机蒸气。表面式冷凝器包括管壳式、套管式等。

1. 管壳式冷凝器

管壳式冷凝器结构图 6.1 所示，主要由外壳、管束以及管板构成。管束由众多平行排列的管子组成，安装于外壳内部。管板位于管束两端，其作用是固定管子，使废气在管程流动，冷却介质（如水、空气等）在壳程围绕管束流动。通过管壁，废气与冷却介质实现热量交换。其工作基于热传导和对流传热原理，当高温废气在管程内流动时，由于管壁两侧存在温度差，热量以对流传热的方式从废气传递至管壁内侧，再通过热传导从管壁内侧传至管壁外侧，最后由冷却介质以对流的方式带走热量。随着热量的不断传递，废气温度降低，当降至露点温度以下时，其中的气态污染物便会在管壁上冷凝成液态。

管壳式冷凝器广泛适用于化工、制药、炼油等行业。在化工废气处理中，当废气流量大于 5000 m^3/h，压强范围在 0.1～10 MPa，且需要回收高纯度有机溶剂蒸气（如苯、甲苯、二甲苯等）时，管壳式冷凝器是较为理想的选择。其能够承受较大的处理负荷，保证稳定的冷凝效果与冷凝液质量。

管壳式冷凝器有以下优点：结构紧凑，能在有限的空间内布置较大的传热面积，从而有效节省占地面积；传热效率较高，通过合理设计管束的排列方式（如正三角形排列可增加单位体积内的传热面积）以及管内、外流体的流速，能够显著提高传热系数；具备强大的适应性，能够处理较大气量和较宽压强范围的废气。冷凝液收集方便，且由于废气与冷却介质不直接接触，保证了冷凝液的高纯度。

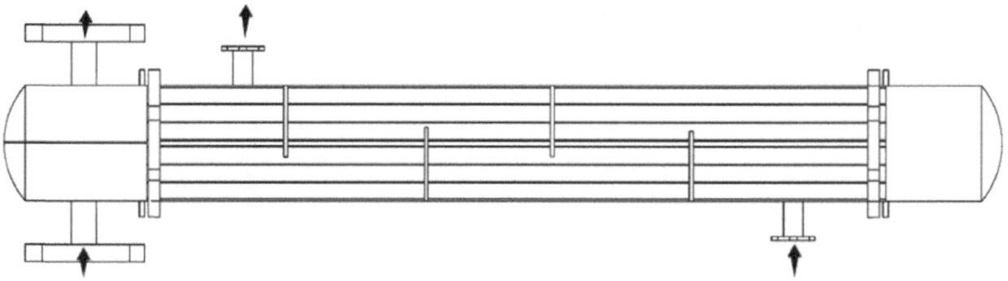

图 6.1　管壳式冷凝器

2. 套管式冷凝器

套管式冷凝器由不同直径的两根管子同心套在一起组成，其结构见图 6.2。废气在内管流动，冷却介质在内外管之间的环形空间流动，废气和冷却介质以逆流或并流的方式流动，通过管壁进行热量传递。当废气中的热量不断传递给冷却介质后，废气温度降低，气态污染物达到露点温度进而冷凝。逆流换热时，平均温差较大，传热效果更好；并流换热则相对简单，适用于一些特殊工况。

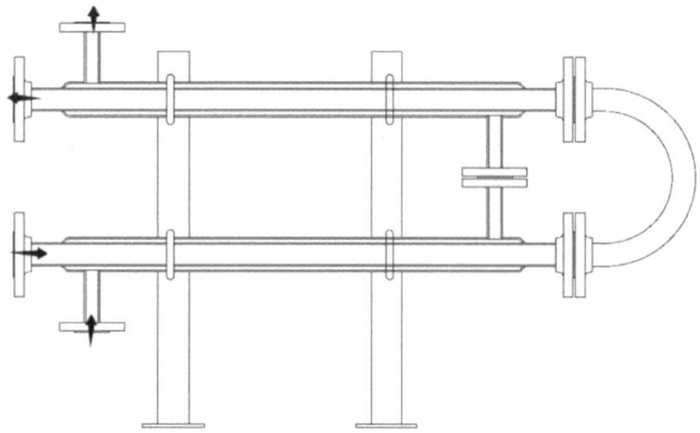

图 6.2　套管式冷凝器

套管式冷凝器适用范围为处理量较小、废气温度较高的场合。例如，当废气流量在 50～1000 m^3/h，且进气温度高于 150℃时，套管式冷凝器可发挥良好的作用。在炼油厂对高温炼油废气的初步冷却环节，若废气流量在此范围，可采用该设备进行高效的初步降温冷凝。

套管式冷凝器具有以下优点：传热面积大，可以通过增加套管的长度和数量，方便地扩大传热面积，从而提高冷凝效率；对高温废气的降温冷凝效果显著，通过合理调整废气和冷却介质的流速，能够有效提高传热系数；结构相对简单，制造和安装成本较低。

6.1.2　混合式冷凝器

混合式冷凝器由外壳、喷淋装置（针对喷淋式冷凝器）或填料（针对填料式冷凝器）等构成，废气与冷却介质在设备内部直接接触实现热量交换。工作时，高温废气与喷淋而下的冷却介质（喷淋式）或与填料表面的冷却介质液膜（填料式）充分混合接触，由于存在温度差，热量迅速从废气传递给冷却介质，当废气温度降至露点温度后，气态污染物冷凝，与废气分离。混合式冷凝器中，气液直接接触极大地强化了传热过程，传热效率极高。但冷凝液会与冷却介质混合，后续需要额外的分离处理步骤。该类型冷凝器对废气成分的适应性较强，尤其是对于含有固体颗粒或黏性物质的废气，不易发生堵塞情况。适用于对冷凝液纯度要求不高，且处理量较大的工业场景，例如大型火力发电厂、水泥厂等在处理废气中的水蒸气和部分酸性气体时经常选用。常见的混合式冷凝器分为喷淋式冷凝器和填料式冷凝器[7]。

1. 喷淋式冷凝器

喷淋式冷凝器主要由外壳、喷淋装置和集液槽组成。废气从冷凝器底部进入并向上流动，冷却介质（通常为水）通过喷淋装置均匀地喷洒在废气中，喷淋而下的冷却介质与上升的废气充分混合，由于两者存在温度差，热量迅速从高温的废气传递给低温的冷却介质。在这个过程中，废气中的气态污染物迅速降温，达到露点温度后冷凝成液态。

喷淋式冷凝器适用于对冷凝液纯度要求不高、废气中含有杂质且处理量较大的场合。如在大型火力发电厂、水泥厂等工业废气处理中，当废气流量大于10 000 m^3/h，且对冷凝液中杂质含量容忍度在 10%以内时，喷淋式冷凝器可有效去除废气中的水蒸气和部分酸性气体，高效且经济地实现初步冷凝。

喷淋式冷凝器优点如下：结构简单，没有复杂的管束结构，大大降低了制造和安装成本；传热效率高，气液直接接触使得传热系数大，能够快速实现废气冷凝；清洗方便，不存在管束堵塞问题，只需定期清理集液槽和检查喷淋装置；对废气成分适应性强，对于含有固体颗粒或黏性物质的废气，不易发生堵塞。

2. 填料式冷凝器

填料式冷凝器内部填充有各种形状的填料，如拉西环、鲍尔环、矩鞍环等，用于强化冷凝过程中的传热和传质。该冷凝器工作原理是：废气从底部进入，自下而上通过填料层，冷却介质从顶部喷淋而下，在填料表面形成液膜，气液在填料表面充分接触进行热量交换，使废气中的气态污染物冷凝。填料式冷凝器用于处理含有多种气态污染物且对冷凝效果要求较高的废气。如在食品加工行业，当废气流量在 1000～5000 m^3/h，且对多种气态污染物（如香料、有机溶剂等）的综合冷凝回收率要求达到 80%以上时，填料式冷凝器能凭借其高效的传质传热性能，可满足对废气深度冷凝处理的需求。

填料式冷凝器设备优点如下：传质传热效果好，填料极大地增加了气液接触面积，显著强化了传热和传质过程，从而提高冷凝效率；结构紧凑，在较小的设备体积内可以实现较大的气液接触面积，有效减少占地面积；操作弹性大，对废气流量和浓度的波动具有较好的适应性，能够在一定范围内保持稳定的冷凝效果；压强降较小，相比部分其他类型冷凝器，气液流动过程中压强降小，有助于降低运行成本。

6.1.3　其他类型冷凝器

除了上述常见类型，还有一些具有特殊结构和性能的冷凝器，适用于特定工况。

1. 空气冷却式冷凝器

空气冷却式冷凝器以空气作为冷却介质，通过翅片管等结构增大废气与空气的接触面积，有效增加传热面积，强化空气与废气间的热交换。其工作原理基于空气与废气之间的温差进行热交换。当废气通过翅片管时，热量从废气传递给周围的空气，使废气温度降低，气态污染物冷凝。由于空气的热容量较小，通常需要较大的空气流量和较高的风速来保证冷却效果。

空气冷却式冷凝器适用于在水资源短缺地区，废气流量在 100～3000 m^3/h，且对冷却后废气温度要求不低于环境温度 20℃的工况下。例如在一些干旱地区的小型工业生产中，当废气流量及温度条件符合上述范围时，可利用该设备进行冷凝处理。

其优点有：无需使用水作为冷却介质，有效避免了因水引起的结垢、腐蚀等问题；在水资源匮乏地区或对水质要求高的场合具有明显优势。

2. 螺旋板式冷凝器

螺旋板式冷凝器由两张平行的金属板卷制而成，形成两个螺旋通道，分别供废气和冷却介质流动。在螺旋通道内，废气和冷却介质始终保持较大的接触面积和相对稳定的流速逆流或错流流动，热量从高温的废气传递给冷却介质，随着热量的不断传递，废气温度降低，气态污染物冷凝。常用于制药和精细化工行业。

当废气流量在 50～800 m^3/h，且对小流量废气中高价值成分（如有机试剂蒸气）的冷凝回收率要求达到 90%以上时，螺旋板式冷凝器凭借其紧凑的结构和高效的传热性能，能满足对小流量废气的高效冷凝回收需求。

该冷凝器优点如下：传热效果好，螺旋结构使气液在通道内充分接触，极大地提高了传热效率；结构紧凑，占地面积小，尤其适合空间有限的安装场所；对于小流量废气处理具有良好的适应性，能够使废气充分与冷却介质接触，实现高效冷凝。

综上所述，不同类型的冷凝设备各有优劣，在大气污染控制工程中各有其适用范围。在实际应用时，需要综合考虑废气性质、废气处理量、冷凝要求以及经济成本等多方面因素，合理选择冷凝设备，以实现高效、经济、可靠地进行废气冷凝处理。

6.1.4 冷凝器计算

1. 换热器效率

换热器效率定义为实际传热量（$Q_{实际}$）与理论最大传热量（$Q_{理论}$）的比值，通常用百分比表示：

$$\varepsilon = \frac{Q_{实际}}{Q_{理论}} \times 100\% \tag{6-1}$$

式中：ε——换热效率，%；

$Q_{实际}$——换热器实际传递的热量，J；

$Q_{理论}$——在没有热量损失的理想情况下，换热器能够传递的热量，J。

2. 理论换热量

理论换热量是指在理想情况下，换热器能够传递的热量。这个计算基于换热器两侧的流体入口和出口温度，以及流体的热容量。其大小采用式（6-2）计算：

$$Q_{理论} = m \times c_p \times (T_1 - T_2) \tag{6-2}$$

式中：m—流体的质量流量，kg/h；

c_p—流体的比热容，J/(kg·℃)；

T_1—热流体的入口温度，℃；

T_2—冷流体的出口温度，℃。

3. 实际换热量

实际换热量受到多种因素的影响，如污垢系数、换热器面积、传热系数等。其大小采用式（6-3）计算：

$$Q_{实际} = K \times A \times \Delta T_m \tag{6-3}$$

式中：K——总传热系数，W/(m^2·K)；

A——换热面积，m^2；

ΔT_m——平均温差，℃。

4. 对数平均温差

对于逆流换热器，热流体和冷流体的流动方向相反，计算式（6-4）为

$$\Delta T_{lmtd} = \frac{(T_{h1} - T_{c2}) - (T_{h2} - T_{c1})}{\ln\left(\dfrac{T_{h1} - T_{c2}}{T_{h2} - T_{c1}}\right)} \tag{6-4}$$

式中：T_{h1}—热流体进口温度，℃；

T_{c2}—冷流体出口温度，℃；

T_{h2}—热流体出口温度，℃；

T_{c1}—冷流体进口温度，℃。

对于并流换热器，热流体和冷流体的流动方向相同，计算式（6-5）为

$$\Delta T_{lmtd} = \frac{(T_{h1} - T_{c1}) - (T_{h2} - T_{c2})}{\ln\left(\dfrac{T_{h1} - T_{c1}}{T_{h2} - T_{c2}}\right)} \tag{6-5}$$

式中各参数含义同上。

5. 传热系数计算

对于选定的换热器，以管外表面为基准，其总传热系数可由式（6-6）计算。

$$K_0 = \frac{1}{\dfrac{1}{h_i} \times \dfrac{d_0}{d_i} + R_{si} \times \dfrac{d_0}{d_i} + R_{so} + \dfrac{1}{h_0}} \tag{6-6}$$

式中：K_0——换热器总传热系数，W/(m^2·K)；

h_i——管内流体对流传热系数，W/(m^2·K)；

h_0——管外流体对流传热系数，W/(m^2·K)；

d_0——换热器管子外径，m；

d_i——换热器管子内径，m；

R_{si}——管内污垢热阻，m^2/(K·W)；

R_{so}——管外污垢热阻，m^2/(K·W)。

6.2 制冷剂的分类和选用

6.2.1 制冷剂的选用

制冷剂的选用有以下几条要求。

（1）对人类生态环境无破坏作用。制冷剂的使用应对环境无害，不破坏大气层，不产生温室效应。

（2）临界温度要高，一般高于 100℃，便于在常温下或普通低温下能够液化。同时，制冷剂的临界温度要显著高于工作环境温度，制冷循环越接近逆卡诺循环，节流损失越小，有助于提高循环经济性。

（3）适宜的饱和蒸气压，一般在常温下（25℃）为 0.5～2.5 MPa。在工作范围内，制冷剂应具有适当的饱和蒸气压，蒸气压不宜低于大气压，以免空气渗入系统内；冷凝压强也不宜过高，过高会引起压缩机的耗功增加，且冷凝压强过高对制冷设备的强度要求更高，成本会增大。

（4）等熵指数小，一般小于 1.2。等熵指数越小，排气温度越大，压缩过程中耗功越少，有利于安全性和设备的使用寿命的延长[8-9]。

（5）凝固温度低，一般低于−50℃。避免在蒸发温度下出现凝固。

（6）汽化热要大，一般大于 200 kJ/kg。在相同的制冷量要求下，汽化热大的制冷剂用量更少。

（7）具有良好的热物理性能。制冷剂导热系数和传热系数要高，这样可提高热交换效率，减少蒸发器、冷凝器等换热设备的传热面积。制冷剂应具有较低的密度和黏度，这样能有效降低流动阻力，减少能耗。

（8）具有良好的化学稳定性。高温下不分解。

（9）单位容积制冷量根据压缩机尺寸不同区别对待。对于大型中型制冷压缩机，单位容积制冷量应尽可能大；对于小型压缩机而言，由于其结构紧凑、空间有限，较小的单位容积制冷量在实际制造过程中更具可行性。一方面，较小的单位容积制冷量意味着在较小的空间内，制冷剂完成制冷循环时所承担的制冷负荷相对较低，这有助于降低对压缩机内部零部件的强度和性能要求，从而简化制造工艺。另一方面，较小的单位容积制冷量可以使压缩机在运行过程中，各部件的工作压强和温度分布更为均匀，减少因局部过热或过压导致的故障风险，进而提高压缩机的稳定性和可靠性，也更符合小型压缩机在制造和使用过程中的实际需求。

（10）对于金属材料无腐蚀和侵蚀作用。

（11）与润滑油良好互溶。制冷剂与润滑油的溶解可分为有限溶解和无限溶解。

在有限溶解下，制冷设备中制冷剂与润滑油分层存在，后续分离方便，但在蒸发器和冷凝器等设备中的热交换面上会形成油膜导致传热效率降低。无限溶解条件下不会形成油膜，部件润滑效果好，但会出现蒸发温度有所提高，制冷剂沸腾时泡沫会增多等问题。综合而言，宜选对油有限溶解的制冷剂。

（12）具有良好的电绝缘性。在封闭式压缩机中，制冷剂与电动机的线圈直接接触，因此要求制冷剂具有良好的绝缘性能。

（13）具有一定的吸水性。

制冷剂除了满足上述要求外，还要考虑其安全性。安全性包括毒性、可燃性和爆炸性等。制冷剂在工作范围内应具有不燃烧、不爆炸、无毒或低毒、易检漏的特点。根据国家标准《制冷剂编号方法和安全性分类》（GB/T 7778-2017）将制冷剂的毒性分为 A 类（低慢性毒性）、B 类（高慢性毒性），将可燃性分为第 1 类（无火焰传播）、第 2 L 类（弱可燃）、第 2 类（可燃）、第 3 类（可燃易爆）。根据 GB/T 7778-2017，制冷剂安全性细分为 8 类，分别为：A1、A2 L、A2、A3、B1、B2 L、B2、B3，其中，A1 最安全，B3 最危险。表 6.2 为制冷剂的安全性分类。

表 6.2　制冷剂的安全性分类

	低慢毒性	高慢毒性
无火焰传播	A1	B1
弱可燃	A2 L	B2 L
可燃	A2	B2
可燃易爆	A3	B3

针对于非共沸混合物制冷剂，它的组分浓度在温度滑移时会发生变化，其毒性和可燃性也会发生变化，故用两个安全性分组类型表示，第一个类型时在规定组分浓度下的安全分类，第二个类型时在最大温度滑移的组分浓度下的安全分类，两种类型用斜杠（/）分开。

制冷剂的环境特性可根据破坏臭氧（O_3）潜值 ODP（ozone depletion potential）、全球变暖潜值 GWP（global warming potential）、大气寿命（atmospheric life）等数据进行评估，以判断制冷剂使用后对于环境的综合影响。

（1）ODP：它的大小表示该制冷剂对于大气臭氧层的破坏大小。其数值是以 R11 的值作为基准值 1.0。

（2）GWP：全球变暖潜值（GWP）可作为衡量制冷剂对全球气候变暖影响程度的指标。GWP 被定义为在特定的固定时间范围内（通常为 100 年），1 kg 某种物质排放所引起的全球变暖效应与 1 kg 二氧化碳（CO_2）排放所引起的全球变暖效应的比值。这一比值反映了该物质在相同质量下，相较于二氧化碳在大气中对全球气候变暖的相对贡献程度，GWP 值越大，表明该物质对全球气候变暖的影响就越大。

（3）大气寿命：制冷剂排放到大气后，其分解一半所需要的时间（年）为制冷剂在大气中的存留时间。存留时间越久，制冷剂寿命越长，说明其潜在破坏作用大。

6.2.2 制冷剂的分类

制冷剂根据组成可分为单一（纯质）制冷剂和混合制冷剂；根据制冷剂的分子结构可分为无机化合物制冷剂和有机化合物制冷剂两大类；根据制冷剂的常规冷凝压强和标准沸点，可分为高温（低压）制冷剂、中温（中压）制冷剂、低温（高压）制冷剂。一般高温是指标准沸点为 0～10℃（压强≤0.3 MPa）；中温为 0～–20℃（压强为 0.3～2.0 MPa）；低温为–20～–60℃（压强≥2.0 MPa）。

制冷剂的简写编号为 R（英文 refrigerant 的首字母）+ 一组数字/字母。数字/字母根据制冷剂的种类及分子组成按一定规则进行编写。主要遵循国家标准《制冷剂编号方法和安全性分类》（GB/T 7778-2017）。针对无机化合物制冷剂，其编号为 R7 + 分子量的整数部分，如氨（R717）、水（R718）等。针对饱和烃的卤化物制冷剂，其分子式为 $C_mH_nF_xCl_yBr_z$，其编号为 R（m–1）（n + 1）x（a，b，…）Bz，当 m–1 = 0 时忽略 0，（a，b，…）中表示同分异构体，当 Br 数为 0 时 B 可省略，如二氟一氯甲烷（$CHClF_2$）为 R22，二氟二氯甲烷（CCl_2F_2）为 R12。针对碳氢化合物制冷剂，其中烷烃类与饱和烃的卤化物制冷剂编号方法相同，丁烷例外，为 R600，烯烃类的编号则是在饱和烃的卤化物制冷剂编号方法前加上 R1，即 R1 + （m–1）（n + 1）x（a，b，…）Brz，如乙烯为 R1150，丙烯为 R1270。针对共沸制冷剂，其编号为 R5XX，其中 XX 为实用的先后次序编号，以 R500 为例，R500 为 R152a 与 R12 两种制冷剂混合而成，因此 R500 = R152a/R12（26.2/73.8），括号内为两种组分的质量百分比。针对非共沸制冷剂，其规定 R 后第一个数字为 4，随后二位数字按实用的先后次序编号，如 R400，R401，R407A，R407B，R407C 等。非共沸制冷剂（如 R407 系列）的字母后缀（A、B、C）用于区分不同组分比例的混合物，且均以大写形式出现。

常见制冷剂有以下几种，其冷凝范围和特点汇总于表 6.3。

1. 氨（R717）

氨是使用最广泛的一种中压中温制冷剂。其 ODP 和 GWP 均为 0。氨的凝固温度为–77.7℃，标准蒸发温度为–33.3℃，在常温下冷凝压强一般为 1.1～1.3 MPa。

氨对于钢铁不起腐蚀作用，而在有水的条件下会对铜及铜合金（磷青铜除外）

起腐蚀作用。因此，在氨制冷装置中，原则上禁止使用铜及铜合金材料。仅在少量特殊部件上，允许采用高锡磷青铜。这是因为氨在有水存在的情况下，会对铜及铜合金（除高锡磷青铜外）产生腐蚀作用。为确保氨制冷装置的安全稳定运行，还明确规定氨中的含水量不得超过 0.2%。由于氨的吸水性强，水不会从氨液中析出而冻结，因此在氨制冷系统中不会发生“冰塞”现象。

氨是典型的难溶于润滑油的制冷剂，在氨制冷系统的管道和换热器的传热面上会存在油膜，从而影响传热。由于氨液密度比润滑油小，储液器和蒸发器的下部会沉积油，应当定期放油。

液氨透明无色，氨蒸气无色有异味，具有较大的毒性，对人体有害。当氨在空气中的体积分数达到 0.5%～0.6%时，人在其中停留半小时就会中毒；当体积分数达到 11%～14%时，可以燃烧产生黄色火焰；当体积分数达到 15%～16%时，会引起爆炸。因此，氨制冷机房必须注意通风排气，设置气体浓度报警装置，以避免发生事故。

2. 二氧化碳（R744）

二氧化碳（CO_2）作为一种新型制冷剂，具有显著的环保优势和高效性能，是应对气候变化和减少温室气体排放的理想选择。其臭氧层破坏潜值（ODP）为 0，全球变暖潜值（GWP）仅为 1.0，远低于传统制冷剂如氢氟烃（HFCs）和含氢氯氟烃（HCFCs），在日益严格的环保要求下，其环保特性尤为突出，能够有效降低对大气环境的影响，契合可持续发展的理念。

CO_2 化学性质稳定，在制冷系统运行中不易与其他物质发生化学反应，从而确保系统的稳定性和可靠性。此外，CO_2 无毒、不可燃且不爆炸，即使发生泄漏，也不会对人和环境造成危害，极大地降低了使用过程中的安全风险。

在制冷性能方面，CO_2 具有较高的汽化热，这意味着在相同制冷量需求下，单位质量的 CO_2 能够吸收更多热量，从而实现更高的制冷效率。同时，CO_2 的流动阻力小，传热性能好，有利于制冷剂在系统中的循环流动，能够快速实现热量传递，进一步提高制冷和制热效率，降低系统能耗。

然而，CO_2 的临界温度较低（31.06℃），而临界压强较高（7.38 MPa）。在热泵系统中，CO_2 通常处于跨临界状态，其工作压强显著高于传统的亚临界两相制冷循环。这要求制冷系统中的管路、压缩机、冷凝器等关键部件必须具备高承压能力和高可靠性。因此，在设计和制造过程中，需要选用高强度材料，并进行严格的安全性分析和测试，以确保系统在高压环境下的稳定性和安全性。

3. 水（R718）

水是一种理想的制冷剂，具有高汽化热（2490 kJ/kg）、成本低、无毒无味以及不可燃、不爆炸等优点。在标准大气压（101.375 kPa）下，其沸点为 100℃，凝固点为 0℃。而在 872 Pa 的低压环境下，水的沸点可降至 5℃。然而，水的低沸点和凝固点限制了其在极端温度条件下的应用。

4. R22

R22（$CHClF_2$）是一种无色、近无味的气体，常温下不燃烧、无腐蚀性且毒性极低。它是一种 HCFCs 型制冷剂，加压后可液化为无色透明液体。然而，由于其分子中含有氯，对臭氧层有一定破坏作用。根据《蒙特利尔议定书》，R22 将在 2030 年全面禁用，欧美已率先淘汰，我国也在逐步减少生产和使用。

R22 能部分溶解于矿物油，溶解度随温度升高而增加，但不同种类矿物油的溶解度有差异。当温度低于临界温度时，R22 与矿物油会分层，R22 位于下层。此外，R22 在有水环境下对金属有腐蚀性，且在低温条件下易出现“冰塞”现象。

5. R32

R32 是一种具有发展潜力的新型制冷剂，对 R22 具有替代作用。它是一种单一成分的 HFC 制冷剂，安全等级为 A2 L。R32 的 ODP = 0，GWP = 675，相较于 R22 的 GWP（1760）小。单位制冷量高，R32 的制冷性能与 R410a 接近，并随着冷凝温度的升高，性能和能效比会更加优于 R410A，但在低温条件下，R410A 表现更加优秀。在相同制冷量条件下，R32 的填充量要少于 R410a（约减少 30%），但排气温度高于 R410a。R32 在一定条件下可燃，因此在使用时需注意防火，确保安全措施，解决好排气温度和弱可燃性问题。

6. R404A

R404A 制冷剂是一种不含氯的非共沸混合物制冷剂，属于近共沸混合物。他的组成及对应的质量分数为 R125/R143a/R134a（44/52/4），为全 HFC 混合物，它的 ODP = 0，GWP = 3850，属于温室气体。中温范围内，R404A 的能耗比 R22 增加 8%～20%，在低温范围内二者相当，R404A 与 R22 的热力学性质相近。在同温度工况下 R404A 的压缩机的容积效率比 R22 高。由于 R404A 受到再冷温度的影响较大，因此可设置再冷机消除影响。

7. R410A

R410A 的组成及质量分数为 R32/B125（50/50），属于 HFCs 混合物。R410A 的安全等级为 A1/A1，ODP = 0，GWP = 1730，对于全球变暖具有促进作用。较 R22 而言，R410A 的导热系数更高，黏度更低，流动性更好，是 R22 的替代品。由于 R410A 的压强比 R22 高得多，因此在设备及系统的耐压强度上需提升。

8. 碳氢化合物

碳氢化合物中主要的是 R290（丙烷）和 R600a（异丁烷），两者的 ODP 均为 0，GWP 均为 3，价格低廉且易获取。该类物质在欧洲及一些发展中国家常作为冰箱的制冷剂。碳氢制冷剂具有不损害臭氧层，凝固点低，蒸发潜热更大，高效节能等优点，但缺点是可燃性问题。因此，在使用时必须注意其充注量需要控制在相关法规所规定的使用范围以内，加强检漏等措施建设。

表 6.3 制冷剂的冷凝范围和特点

冷凝设备制冷剂	适用冷凝范围	特点
R717（氨）	中压制冷系统（1.1～1.3 MPa）	ODP = 0，GWP = 0，热力学性能优良，对铜及铜合金有腐蚀性，毒性大
R744（二氧化碳）	高压制冷系统（7.38 MPa）	ODP = 0，GWP = 1，化学性质稳定，无毒，压强高，低温流动性能好
R718（水）	低压制冷系统（872 Pa）	汽化热大，成本低，无毒无味，不燃烧不爆炸
R22	家用和商用制冷设备(低于 1.0 MPa)	ODP＞0，GWP = 1760，无色无味，不燃烧，毒性极微，对金属有腐蚀性
R32	新型制冷剂（低于 1.0 MPa）	ODP = 0，GWP = 675，单位制冷量高，排气温度高，可燃
R404A	中低温制冷系统（低于 1.0 MPa）	ODP = 0，GWP = 3850，热力学性质与 R22 相近，压缩机容积效率高
R410A	高压制冷系统（高于 1.0 MPa）	ODP = 0，GWP = 1730，导热系数高，黏度低，流动性好，压强高
R290（丙烷）	低压制冷剂（低于 1.0 MPa）	ODP = 0，GWP = 3，价格低廉，高效节能，可燃
R600a（异丁烷）	低压制冷剂（低于 1.0 MPa）	ODP = 0，GWP = 3，价格低廉，高效节能，可燃

6.3 制冷压缩机的选用

在大气污染控制工程中，冷凝过程常需选用制冷压缩机。作为制冷系统的核心设备，制冷压缩机的性能直接影响冷凝效果和系统运行成本。因此，合理选择制冷压缩机对优化冷凝工艺和保障系统稳定运行极为关键。

制冷压缩机的分类方式多样，主要分为容积型和速度型两大类。容积型制冷压缩机通过改变工作腔容积来实现制冷剂蒸气的吸入、压缩和排出，依靠缩小体积提高压强，常见形式包括往复式（活塞式）、螺杆式、涡旋式和滚动转子式等。表 6.4 总结了常见容积型制冷压缩机的优缺点。速度型制冷压缩机则通过增加气体动能，再将动能转化为压强来实现压缩[10]。

表 6.4　常见容积型制冷压缩机的优缺点汇总表

压缩机类型	工作原理	优点	缺点	适用场景
往复式	活塞在气缸内往复运动改变容积	适应压强和制冷量范围广，热效率高，材料要求低，技术成熟，系统简单	转速受限，机器笨重，结构复杂，易损件多，振动大，输气不连续	中小制冷量需求，工况波动较大，对成本敏感的场合
螺杆式	螺旋形转子啮合旋转压缩气体	转速高，体积小，动力平衡好，结构紧凑，运行周期长，对进液不敏感，输气量稳定，效率高	需消声措施，转子加工精度高，终了压强受限，需辅助设备	中大制冷量需求，对设备紧凑性和稳定性要求高，工况范围较宽的场合
滚动转子式	偏心转子旋转，滑片配合工作	零部件和易损件少，结构简单，体积小，振动小，成本低，可靠性高	系统清洁度和加工精度要求高，滑片易泄漏、磨损	小型制冷设备，对体积和重量要求严格，成本控制要求高的场合
涡旋式	两个涡旋盘相对运动压缩气体	效率高，振动小，噪声低，结构简单，可靠性高	加工和装配精度要求高，目前以小容量为主	对噪声和振动要求严格，追求高效率，小容量制冷需求的场合

按密封方式的不同可分为开启式、半封闭式和全封闭式。

开启式制冷压缩机通过外部原动机驱动伸出机壳的轴或部件运行，其优点是便于拆卸和维修。由于原动机不接触制冷剂和润滑油，无需具备耐制冷剂和耐油性，因此适用于氨制冷系统。然而，这种压缩机密封性较差，容易导致制冷剂泄漏，必须配备轴封装置。

半封闭制冷压缩机是可在现场拆开维修内部机件的无轴封的制冷压缩机。半封闭制冷压缩机的电动机和压缩机在机体内连成一体，共用一根主轴。半封闭活塞式制冷压缩机用途广泛，单机制冷量从 3～100 kW，同时可以多机头并联使用，因此可提供制冷量范围从 3～1000 kW，既可用于制冷工况，又可以用于空调工况。

全封闭式制冷压缩机是压缩机和电动机装在一个外壳内的制冷压缩机。它的优点在于制冷压缩机和电动机均装在外壳里，共用一根主轴，取消了轴封装置，且缩小了压缩机的尺寸和体积；制冷剂因为外壳的存在不会向外泄漏。缺点是不易打开、修理，因此整个制冷系统的安装要求高。

制冷压缩机按使用的制冷剂种类分类可分为有机制冷剂压缩机和无机制冷剂压缩机两大类。不同制冷剂对压缩机材料和结构的要求不同。

制冷压缩机在选用时应考虑以下几个因素：①所选机器的制冷量应满足设计冷负荷需求，且按照对应标准在规定工况下的实测值进行校核；②单级压缩机的运行压力比（冷凝压力/蒸发压力）应严格控制在制造商规定的允许范围内，常规工况下不宜超过 8∶1，当系统压差超过此限值时，应采用多级压缩或经济器循环方案；③优先选用同型号系列产品，确保运动部件互换性；④注意在压缩机的使用条件内；⑤注意压强比等。

压强比即压缩机排气压强与吸气压强之比。不同类型的制冷压缩机有不同的压强比范围。往复式制冷压缩机的压强比一般在 3～8 之间；螺杆式制冷压缩机压强比通常在 5～10；滚动转子式制冷压缩机压强比范围相对较窄，在 2～6；涡旋式制冷压缩机压强比一般在 3～7。在选用时，需确保实际工况下的压强比在所选压缩机的设计压强比范围内。例如，若某工况下计算得出压强比为 6，那么往复式、螺杆式、涡旋式制冷压缩机在合适的型号下都可能适用，但滚动转子式制冷压缩机可能就无法满足要求。

6.4 设计案例*

6.4.1 设计任务书

1. 设计原始资料

废气来源于某吸附剂试制过程中废溶剂回收，其主要成分为 5%水蒸气 + 四氢呋喃（THF）95%，体积流量为 200 m^3/h。废气初始温度为 80℃。

2. 设计目的

本项目待回收废溶剂的主要成分为 THF，THF 具有较大的回收价值。废气中 THF 的初始浓度较高，组分单一，废气排放特征为中高浓度、小风量。可采用冷凝加不凝气吸附，使其达标排放，本章仅介绍 THF 冷凝回收的设计。

6.4.2 冷凝系统设计

本设计选择三级制冷换热设备，原因如下：

（1）极低温度制冷能力：三级制冷换热器能够实现非常低的冷凝温度，适合用于需要极低温度的应用场景，如液化气体和低温化学反应。这是由于三级制冷系统通过多个级别的制冷循环逐步降温，能够满足复杂的制冷需求。

（2）高效能效比：尽管三级制冷系统的初始投资较高，但在高效运行和能效方面表现优异。通过分级制冷和多级压缩，三级系统通常能够提供比传统单级系统更高的能效比（COP），从而减少能耗和运行成本。

（3）灵活的温度控制：三级制冷系统提供了更加灵活的温度控制选项。可以根据不同的制冷需求调节每一级的运行状态，实现精确的温度调控，满足不同工艺和应用的要求。

---

* 本设计案例出自文献[11]。

（4）减少热负荷：通过将制冷过程分为多个阶段，三级制冷换热器可以更有效地降低每个阶段的热负荷。这种分级的冷却方式减少了单个级别的负荷，从而提高了整个系统的运行稳定性和寿命。

（5）提高系统稳定性：三级制冷系统可以减少单级系统的过度负荷，有助于提升整个制冷系统的可靠性和稳定性。各级制冷设备的负荷分担使得每个级别的运行压强和温度更加均衡。

（6）优化能源使用：在此应用场景中，三级制冷系统能够更好地利用余热或废热，通过精确控制各级制冷的工作状态，提升能源使用效率，减少能源浪费。

三级冷凝系统具体设计如下。

（1）一级冷凝系统，先采用 30℃循环冷却水（5℃换热温差），使 THF 气体从 80℃冷却至 40℃以下，此时未有液体析出。

（2）二级冷凝系统，用制冷剂液体蒸发吸热产生的低温，使 THF 气体降温至 20℃，在小部分 THF 气体继续冷凝的同时，并使气体所含的大部分水蒸气凝结析出。与此同时，也使得蒸发后的制冷剂气体得到充分的过热，保证了制冷压缩机吸气过热度及运行稳定，提高制冷系统运行工况稳定性，所用的 R404A 的流量为 586 kg/h。

（3）三级冷凝系统，采用冷凝剂流量为 199 kg/h，用制冷剂液体蒸发吸热产生的–30℃左右的超低温，使 THF 气体降温至–20℃，大部分 THF 得以冷凝回收。

在一级冷凝系统中，THF 气体从 80℃冷却至 40℃以下气体分压未能到达 THF 气体在该温度的饱和蒸气压，故在一级冷凝系统可视为无相变传热，可借由整体冷凝系统热负荷计算二、三级有相变冷凝系统的热负荷，进而求得一级冷凝系统的热负荷。考虑到换热过程中存在热损失，因此传热量应在热负荷的基础上再考虑 5%的热损失。冷凝系统各级冷凝参数设计如表 6.5 所示。

表 6.5　冷凝系统各级冷凝参数设计

冷凝系统	换热量/kW	THF 温度变化
三级冷凝	20.8	20～–30℃
二级冷凝	5.2	40～20℃
一级冷凝	63.8	80～40℃
合计	136.6	80～–30℃

1. 一级冷凝

一级冷凝中废气的比热容取为 1.71 kJ/(kg·K)，废气黏度为 0.0082 mPa·s，导热系数为 0.0152 W/(m·K)，废气密度为 2.9 kg/m^3；水的定性温度为 37.5℃，密度为 993.2 kg/m^3，比热容为 4.178 kJ/(kg·K)。选用的冷凝剂为水。选用冷却水塔（SR-12）及循环水泵（GD40-20）换热。

1）传热量及对数平均温度差计算

在一级冷凝系统中，THF 废气从 $T_1 = 80℃$ 降温到 $T_2 = 40℃$，则一级冷凝系统中传热量以及循环水温度计算利用热量衡算代入各项数据可计算得：$q_{m2} = 10.9\ \mathrm{m^3/h}$。

利用鲍曼提出的算图法对错流和折流的平均温度差进行计算：

首先按式（6-4）计算逆流对数平均温度差。THF 气体的温度为 80～40℃；循环冷却水的温度为 35～40℃，则两端温度差为 $\Delta t_1 = 40℃$，$\Delta t_2 = 5℃$，故一级冷凝系统换热对数平均温度差为 $\Delta t'_m = \dfrac{40-5}{\ln\dfrac{40}{5}} = 16.8℃$；再考虑流动形式的温度差校正系数 $\varepsilon_{\Delta t}$。若存在折流，则按逆流计算得到的平均温度差 Δt_m，应乘以校正系数。

鲍曼算图法如图 6.3 所示

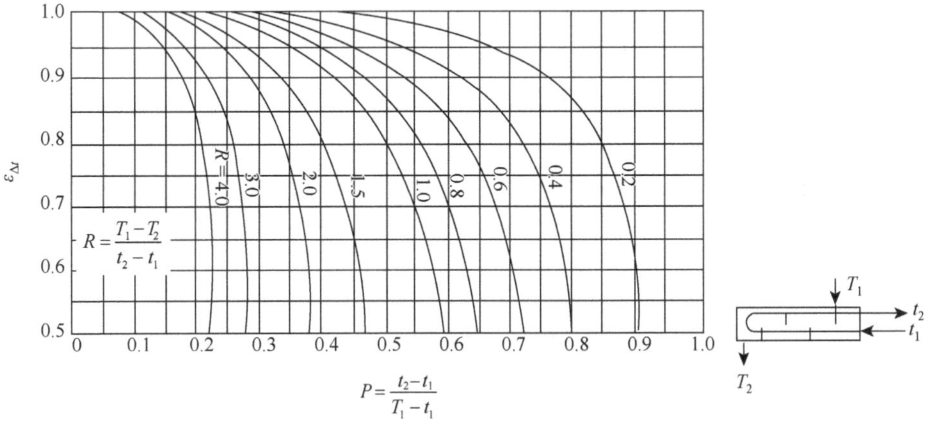

图 6.3　鲍曼算图法

单壳程、两管程或两管程以上Δt_m的修正系数 $\varepsilon_{\Delta t}$

先求出参数 P、R：

$$P = \frac{t_2 - t_1}{T_1 - t_1} = \frac{40-35}{80-35} = 0.1 \tag{6-7}$$

$$R = \frac{T_1 - T_2}{t_2 - t_1} = \frac{80-40}{40-35} = 8 \tag{6-8}$$

根据鲍曼算图法查阅 P 和 R 参量函数关系变化趋势，$\varepsilon_{\Delta t}$ 大于 0.8，可在确定换热器型号后，对传热面积的有效利用做进一步评价。(实际生产中，温度差校正系数 $\varepsilon_{\Delta t}$ 若小于 0.8，则意味换热器的传热面积不能有效利用，需要重新设计)

根据传热速率方程 $Q_1 = KA\Delta t_m$ 可知，确定换热面积 A 首先需求出总传热系数 K。K 值与对流传热系数、污垢热阻等有关，但在换热器的直径、流速等参数均未确定时，对流传热系数也无法计算，故先进行试算，后面再进行核算。

由 K 的经验参考值可知，暂取 K 值为 690 W/(m^2·K)，故换热面积 A 为

$$A = \frac{Q_1}{K\Delta t_m} = \frac{63.8 \times 1000}{690 \times 23.3} = 4\ \text{m}^2 \tag{6-9}$$

考虑安全性，增加安全系数 20%～30%，最终设计面积取 $A_{设计} = 4 \times 1.2 = 4.8\ \text{m}^2$。选用外径 $d_0 = 19\ \text{mm}$，内径 $d_i = 16\ \text{mm}$ 的管子，单管长取 3 m，则

$$管数\ N = \frac{A_{设计}}{\pi d_0 L} = \frac{4.8}{\pi \times 0.019 \times 3} \approx 27根 \tag{6-10}$$

取管程为 2，壳程为 1。若取管数为 28 根，考虑到安全余量与传热效率以及管子布局等因素，取 32 根更为稳妥。

2）换热设备的核算及校正

在传热面积计算单元中假定 K 值为 690 W/(m^2·K)，这一假定可能存在取值误差，因此接下来使用 Bell 法对 K 值和传热面积进行核算。

（1）管内流动的对流传热系数 h_i。

管内循环冷却水的流速为

$$u_i = \frac{10.9/3600}{16 \times \frac{\pi}{4} \times 0.016^2} = 0.94\ \text{m/s} \tag{6-11}$$

$$R_{ei} = \frac{d_i \rho u_i}{\mu} = \frac{0.016 \times 995.7 \times 0.94}{8 \times 10^{-4}} = 18719.16 \tag{6-12}$$

$$P_{ri} = \frac{C_P \mu}{\lambda} = \frac{4.18 \times 10^3 \times 8 \times 10^{-4}}{0.628} = 5.32 \tag{6-13}$$

管内循环冷却水的对流传热系数 h_i 可用西德尔（Sieder）和塔特（Tate）关联式计算：

$$h_i = 0.023 \times \frac{\lambda}{d_i} R_{ei}{}^{0.8} P_{ri}{}^{0.4} \tag{6-14}$$

其中：P_{ri}——管内流体普朗特数。

求得

$$h_i = 0.023 \times 18719.16^{0.8} \times 5.32^{0.4} \times \frac{0.628}{0.016} = 4610.64\ \text{W/(m}^2 \cdot \text{K)} \tag{6-15}$$

（2）壳程 THF 废气的对流传热系数 h_0。

由于废气存在部分析出，则传热系数需综合考虑气相显热传递和冷凝潜热传递。

选定的换热器管子为三角形排列，隔板两侧采用正方形排列。采用双管程设计，以传热管与管板连接采用焊接方式，取管间距 $t = 1.25\,d_0$，则

$$t = 1.25d_0 = 1.25 \times 19 \approx 25\ \text{mm} \tag{6-16}$$

$$D = 1.05t\sqrt{N} = 1.05 \times 0.025 \times \sqrt{32} = 0.25\ \text{m} \tag{6-17}$$

采用弓形折流板，取弓形折流板圆缺高度为壳体直径的 25%，则切去的圆缺高度为

$$h = 0.25 \times 0.25 = 0.0625\ \text{m} \tag{6-18}$$

当量直径为

$$d_\text{e} = \frac{4\left[\left(\dfrac{\sqrt{3}t^2}{2} - \dfrac{\pi d_0^2}{4}\right)\right]}{\pi d_0} = 0.017\ \text{m} \tag{6-19}$$

取折流板间距为 $B = 0.2\ \text{m}$，壳程流通面积为

$$S = BD\left(1 - \frac{d_0}{t}\right) = 0.25 \times 0.2 \times \left(1 - \frac{0.019}{0.025}\right) = 0.024\ \text{m}^2 \tag{6-20}$$

则壳程流速为 $u_0 = \dfrac{200/3600}{0.024} = 2.3\ \text{m/s}$

$$R_\text{e0} = \frac{d_\text{e}\rho u_0}{\mu} = \frac{0.02 \times 2.83 \times 2.3}{0.0082 \times 10^{-3}} = 14900 \tag{6-21}$$

$$P_\text{r0} = \frac{C_\text{P}\mu}{\lambda} = \frac{1710 \times 0.0082 \times 10^{-3}}{0.0155} = 0.90 \tag{6-22}$$

故壳程 THF 废气的气相传热系数 h_G 可由 Dittus-Boelter 公式求得

$$h_\text{G} = 0.023\frac{\lambda}{d_\text{e}}P_\text{r0}^{\frac{1}{3}}\left(\frac{\mu}{\mu_\text{w}}\right)^{0.14} \tag{6-23}$$

$$h_\text{G} = 27 \times \frac{0.0155}{0.0019} \times 14900^{0.8} \times 0.9^{0.4} = 43.5\ \text{W}/(\text{m}^2 \cdot \text{K}) \tag{6-24}$$

冷凝传热系数 h_c 取 13 000，由于不清楚气液占比，同时考虑液膜分布不均、气体扰动等因素，工程经验取 h_0 取 800。

（3）污垢热阻。

在计算总传热系数时，一般污垢热阻不可忽略，但由于其热导率难以测定，一般选用经验值。取管内外污垢热阻平均值 $R_{si} = R_{s0} = 0.26\,(\text{m}^2 \cdot \text{K})/\text{kW}$。

（4）总传热系数及换热面积（以管外表面为基准）。

将上述数据代入式（6-6）计算得出，总传热系数 K_0 为 666.7 $W/(m^2 \cdot K)$，经核算，换热器的传热面积 A_0 需大于 4.13 m^2，我们选取的换热器传热面积为 4.8 m^2 且有裕量，完全满足设计要求。

3）压力降计算

（1）管程压力降。

换热器管程压力将可按照一般流体流动阻力计算公式计算，其计算公式为

$$\Delta P_t = 1.4(\Delta P_i + \Delta P_r)N_S N_P \tag{6-25}$$

式中：ΔP_t ——管程压降；N/m^2；

ΔP_i ——直管中的压力降；N/m^2；

ΔP_r ——弯管中的压力降；N/m^2；

N_S ——管程数；

N_P ——壳程数；

1.4——结垢校正系数，无因次。

$$\Delta P_i = \frac{64}{R_{ei}} \cdot \frac{l}{d} \cdot \frac{u^2 \rho}{2} = \frac{64 \times 3 \times 0.94^2 \times 995.7}{18719.16 \times 0.016 \times 2} = 281.8 \text{ N/m}^2 \tag{6-26}$$

$$\Delta P_r = \frac{3u^2 \rho}{2} = \frac{3 \times 0.94^2 \times 995.7}{2} = 1319.7 \text{ N/m}^2 \tag{6-27}$$

故求得管程压力降为

$$\Delta P_t = 1.4 \times (281.8 + 1319.7) \times 2 = 4484.2 \text{ N/m}^2 \tag{6-28}$$

管程流动阻力在允许范围之内，符合要求。

（2）壳程压力降。

换热器壳程压力降可由埃索法计算

$$\Delta P_s = \lambda_s \frac{D(N_B + 1)}{d_e} \frac{u^2 \rho}{2} \tag{6-29}$$

$$\lambda_s = 1.72 \times R_{e0}^{-0.9} \tag{6-30}$$

式中：ΔP_s ——壳程压降，N/m^2；

N_B ——折流挡板数。

计算可得，流经管程和壳程流体的压力降均超过选型换热器公称压力的 50%，选用的换热器符合工艺要求。

综上所述，一级冷凝换热器设计参数如表 6.6 所示。

表 6.6　一级冷凝换热器设计参数

	热侧	冷侧	单位
介质名称	5%水蒸气 + THF 95%	水	
入口温度	80	35	℃
出口温度	40	40	℃
流量	200（420 kg/h）	10.9	m^3/h
换热面积	6.87		m^2
传热系数	636.94		$W/(m^2·℃)$
管程	2		
壳程	1		

2. 二级冷凝

蒸发器有相变换热，与无相变换热器不同，换热器无相变换热为冷、热流体的直接换热，而蒸发器的换热过程可简化为液态冷凝剂先吸热蒸发发生相变，成为冷凝剂气体；冷凝剂气体与热流体继续换热。故二级冷凝热流体的热负荷数值上为冷凝剂气化吸收热量与冷凝剂气体升温所吸收的热量之和。因此，制冷剂的出口温度 $t_2 = \dfrac{Q_1 - Q_{气化}}{3600 q_{m_2} C_{P_2}} + t_1 = 10℃$。

二、三级冷凝选用的制冷剂为 R404A，选择 R404A 制冷剂的原因如下。

（1）良好的热力学性能：R404A 的热力学性能使其在制冷过程中的效率较高，能有效提升系统的能效比。

（2）相对稳定：R404A 的化学稳定性较高，在正常使用条件下不易发生分解，减少了系统维护的复杂性。

（3）无毒无臭：R404A 在泄漏时不会对人体产生直接危害，不过应注意避免高浓度气体积聚在封闭环境中。

二、三级冷凝系统选用的压缩机为 Copeland 半封闭冷冻压缩机（6STW-320E）。

选择 Copeland 半封闭冷冻压缩机（6STW-320E）的原因如下：在本设计的二、三级冷凝中，需要实现 THF 气体的大跨度降温，R404A 的温度降到–30℃以下，温度跨度大，因此需要使用专门的低温冷冻系统，Copeland 半封闭冷冻压缩机（6STW-320E）专用于低温冷冻系统，最低冷凝温度为–55℃。符合工艺要求。二级冷凝换热器设计参数如表 6.7 所示。

表 6.7　二级冷凝换热器设计参数

	热侧	冷侧	单位
介质名称	5%水蒸气 + THF 95%	R404A	
入口温度	40	–30	℃
出口温度	20	10	℃
流量	200（420 kg/h）	586 kg/h	m^3/h
换热面积	2.2		m^2
传热系数	29.3		$W/(m^2·℃)$
管程	2		
壳程	1		

3. 三级冷凝

三级冷凝换热器的设计与二级冷凝换热器的设计一致，均属于有相变传热，且二级冷凝中水蒸气转化为液态，不同的是处理废气的成分只有 THF 气体，计算过程不再赘述，三级冷凝换热器设计参数如表 6.8 所示。

表 6.8　三级冷凝换热器设计参数

	热侧	冷侧	单位
介质名称	THF	R404A	
入口温度	20	–35	℃
出口温度	–30	–30	℃
流量	200（420 kg/h）	199 kg/h	m^3/h
换热面积	7.6		m^2
传热系数	72.8		$W/(m^2·℃)$
管程	2		
壳程	1		

图 6.4 为本设计的整体工艺流程图。

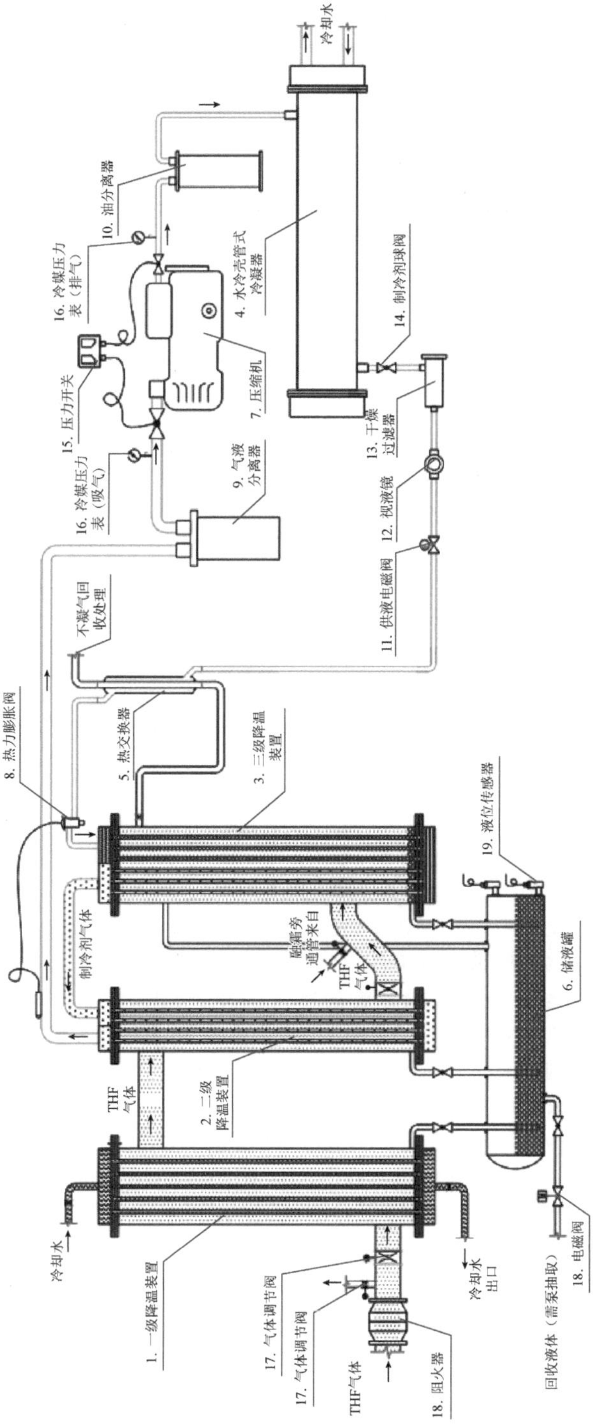

图 6.4　冷凝系统废气流程图

图 6.5 是冷凝系统中所采用的换热器设备示意图。

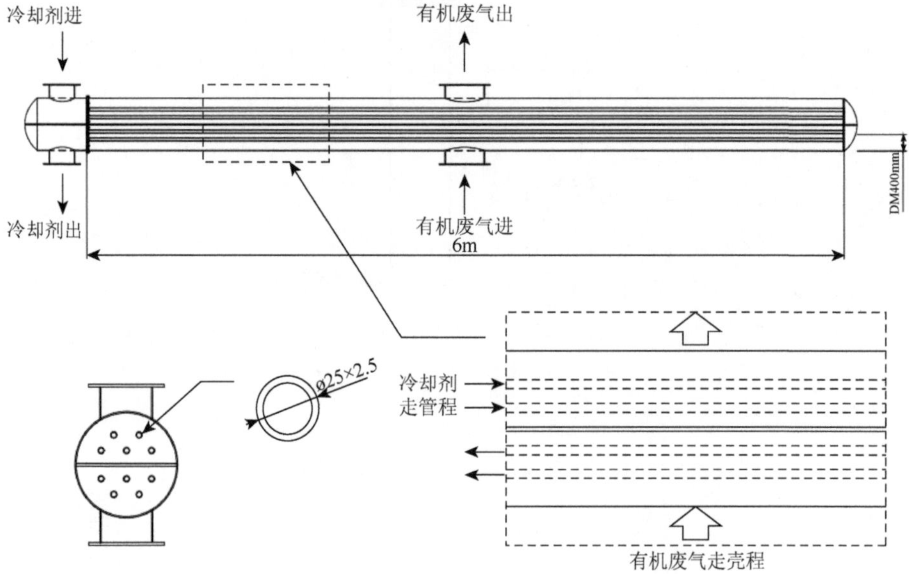

图 6.5 冷凝系统换热器设备示意图

参 考 文 献

[1] 郝吉明，马广大，王书肖. 大气污染控制工程[M]. 4 版. 北京：高等教育出版社，2021.

[2] 蒋展鹏. 环境工程学[M]. 2 版. 北京：高等教育出版社，2005.

[3] 沈恒根，苏仕军，钟秦. 大气污染控制原理与技术[M]. 北京：清华大学出版社，2009.

[4] 王纯，张殿印. 废气处理工程技术手册[M]. 北京：化学工业出版社，2013.

[5] 蒋文举，宁平. 大气污染控制工程[M]. 2 版. 成都：四川大学出版社，2005：171-174.

[6] 王武超，赵竞全. 冷凝器动态性能仿真研究[J]. 工程热物理学报，2005（4）：631-634.

[7] 张慧. 大气污染控制工程设计教程[M]. 北京：气象出版社，2014.

[8] 珀塞尔 R Y，萨里夫 G S. 有害大气污染物控制技术手册[M]. 滕慧法，译. 北京：中国环境科学出版社，1997.

[9] 方赵嵩. 制冷技术[M]. 北京：机械工业出版社，2022.

[10] 吴业正，李红旗，张华. 制冷压缩机[M]. 3 版. 北京：机械工业出版社，2018.

[11] 武华宾. 基于 Fluent 的冷凝-吸附集成 VOCs 治理技术仿真模拟及设计[D]. 广州：华南理工大学，2020.

第 7 章　VOCs（催化）燃烧系统设计

工业有机废气指工业过程排出的含挥发性有机物（VOCs）的废气。目前燃烧法处理 VOCs 技术分为直接燃烧、催化燃烧和蓄热燃烧。VOCs 燃烧为完全氧化反应，即在适宜的温度下氧化为 CO_2 和 H_2O。当 VOCs 分子结构中含有杂原子，如 Cl、F、S 等，在燃烧过程中会生成 HCl、Cl_2、HF、SO_2 等有害气体，必须由后续处理装置进行净化。有机废气若含强黏性、腐蚀性等组分或浓度达到爆炸下限应进行预处理。燃烧技术可单独用于中高浓度 VOCs 处理，也可与吸附浓缩技术联用于低浓度 VOCs 净化。操作过程中能耗大小和热量回收程度影响 VOCs（催化）燃烧法的应用价值。

直接燃烧把有机废气当燃料使用，利用燃气或燃油等辅助燃料燃烧，将混合气体加热，使 VOCs 在高温作用下完全氧化。直接燃烧需 VOCs 浓度较高或燃烧反应放出的热量较高，才可维持气体连续燃烧。蓄热燃烧指 VOCs 通过蓄热体加热到接近氧化温度（760～900℃），进入燃烧室内氧化，氧化后的气体经过另一蓄热体，温度下降的同时实现热量回收，阀的切换实现冷热蓄热体的交替使用。催化燃烧是在催化剂作用下，降低氧化反应活化能，实现 VOCs 在较低温度下完全氧化。催化燃烧为无火焰燃烧（250～500℃），辅助燃料消耗少，氮氧化物生成率低，较低的反应温度也降低了废气停留时间。

VOCs 的燃烧净化，除了需要足够高的温度和空气用量外，废气和助燃空气必须很好地混合，并在燃烧室中有足够长的停留时间。常用三个“T”，即温度（temperature）、停留时间（time）和湍流（turbulence）作为有机废气达到理想燃烧净化的重要条件。原则上，燃烧室温度越高，停留时间越长，气流分布越均匀，有机废气中 VOCs 的转化率也随之增高。

为提高（催化）燃烧系统效率，利用数值模拟验证设备结构对气体流动特性的影响，探究蜂窝形催化剂的通道孔径、空隙率及温度等因素对燃烧效率的影响规律，为燃烧过程中复杂的传热、传质及流动问题，以及相关设备设施的结构设计与研发提供有价值的参考。

7.1 VOCs（催化）燃烧装置类型

7.1.1 直接燃烧装置

图 7.1 为无热量回收的直接燃烧装置（thermal oxidizer，TO），其主要目的是净化有机废气，而不是一般概念上以产生热能为目标的燃烧装置。助燃空气和辅助燃料按照略超过化学计量比的比例输入燃烧器进行燃烧。高温的燃烧烟气与废气的混合，使废气中 VOCs 达到必需的反应温度而实现完全氧化。如果有机废气中主要是碳氢化合物，则在大多数情况下燃烧温度约 800℃[1-2]。

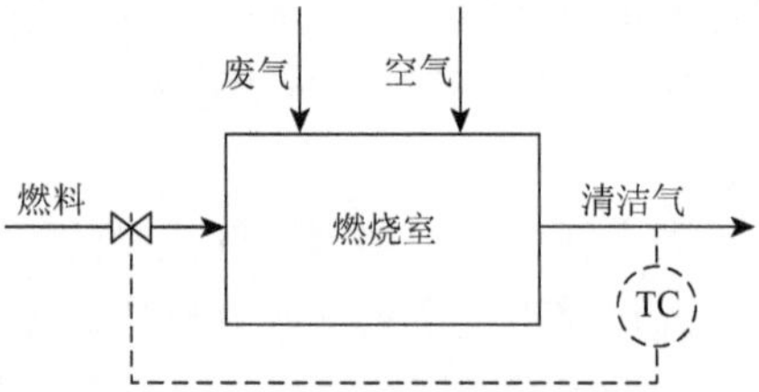

图 7.1 无热量回收的直接燃烧装置

为了降低辅助燃料的消耗，TO 可利用高温清洁气来预热废气。图 7.2 的燃烧室后设置两个预热器，分别用来预热废气和燃烧用的空气。当有机废气中含氧量与周围环境空气差不多时，燃烧器不用新鲜空气来燃烧，而直接用有机废气代之，即只设废气预热器（图 7.3），这样可以节省一台空气预热器。当排出的清洁气还有足够热量可利用时，可增加一台换热器来提供热水、加热导热油等[3]。

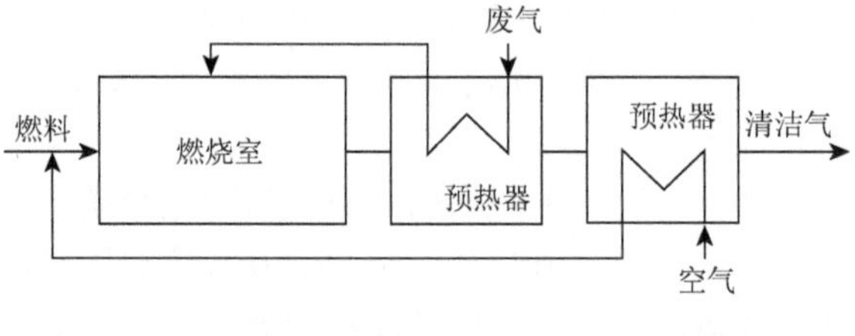

图 7.2 含空气和废气预热器的直接燃烧装置

7.1.2 催化燃烧装置和蓄热燃烧装置

有机废气催化燃烧装置（catalytic oxidizer，CO）主要由换热器、加热器、催化反应器等组成（图 7.4）。进入催化燃烧装置的气体首先要经过预处理，除去粉

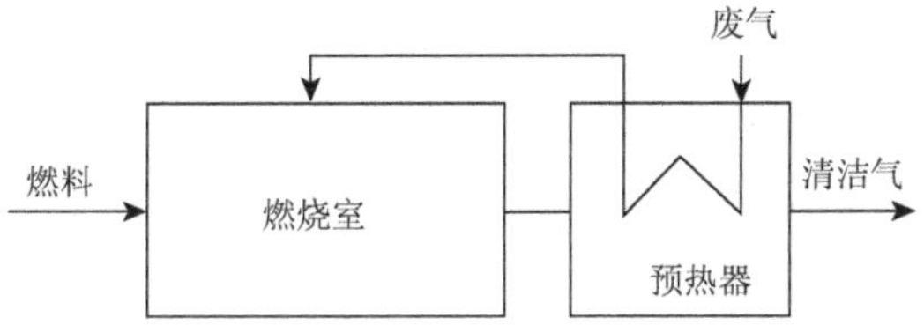

图 7.3　只含废气预热器的直接燃烧装置

尘、液滴及有害组分，避免催化床层的堵塞和催化剂的中毒。有机废气必须达到催化剂的起燃温度，燃烧反应才能进行。加热器把经过换热的进口气体提升到特定催化燃烧温度。催化燃烧反应放出大量的反应热，燃烧尾气温度高，这部分热量通过换热器回收，用来预热进入设备的废气，减少辅助燃料消耗。当入口有机废气温度和浓度较高，能够维持热平衡，只需辅助加热供起燃，正常运行时不需要补充热量[4]。

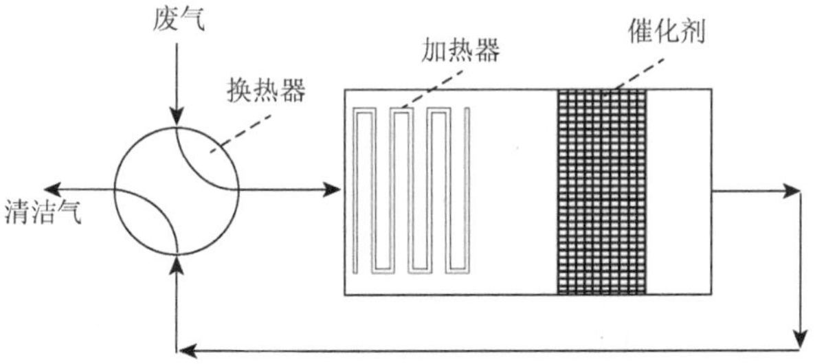

图 7.4　催化燃烧装置

蓄热热力燃烧装置（regenerative thermal oxidizer，RTO）和蓄热催化燃烧装置（regenerative catalytic oxidizer，RCO）是两类典型的蓄热燃烧系统，装置中填充有蓄热体，相当于蓄热式换热器。当冷的废气通过蓄热体时，蓄热体将储存的热量释放，使废气加热到所需的预热温度而蓄热体本身被冷却（冷周期）；预热后的气体进入燃烧室，经反应后热的清洁气通过冷的蓄热体时，蓄热体吸收清洁气体的热量，使气体冷却而蓄热体本身被加热（热周期）[5]。

经过数十年的发展，RTO 在有机废气净化的各个领域内已获得广泛应用，它具有如下优点。

（1）适应废气中 VOCs 组成和浓度的变化波动；

（2）对废气中夹带少量灰尘、固体颗粒不敏感；

（3）在所有热力燃烧净化法中的热效率最高（＞95%）；

（4）净化率较高（三室＞99%，两室 95%～98%）；

（5）维护工作量少、操作安全可靠，装置使用寿命长。

同时，RTO 的主要缺点包括：

（1）使用大量陶瓷蓄热体，装置容积和重量大；

（2）重新启动花费较长的升温时间，要求尽可能连续运行；

（3）一次性投资费用相对较高；

（4）不能彻底净化处理含硫、含氮、含卤素的 VOCs，且容易腐蚀设备；

（5）燃烧温度高，爆炸风险大、二次污染物 NO_x 浓度高。

蓄热催化氧化装置（RCO）是将催化氧化与蓄热技术有机耦合的一种废气处理设备，可有效降低热量损失及能源消耗，同时大大降低净化后气体排出温度，较传统催化燃烧装置（CO）节能特点更加显著。目前 RCO 治理设施存在的普遍问题包括[6]：

（1）催化反应器启动不够快，导致反应前期废气容易超标排放；

（2）换热面积远达不到设计要求，加热能耗特别高；

（3）催化剂模块的堆放方式不合理，出现短路和沟流现象。

1. 两室蓄热（催化）燃烧装置

两室蓄热（催化）燃烧装置由蓄热室、燃烧室、切换阀、燃烧器、管道系统等组成，主要特征为两台装填蓄热体的蓄热室组成。启动前，先用新鲜空气代替有机废气，燃烧器将蓄热室加热到一定温度。正常操作时，蓄热室 A 在前一个周期中存储了热量，有机废气首先从底部进入蓄热室 A，废气通过蓄热体床层预热到接近燃烧室温度或完全催化氧化温度，同时蓄热体被逐渐冷却。在图 7.5（a）的 RTO 中，预热后的废气进入顶部燃烧室，在燃烧室中 VOCs 被氧化；而在图 7.5（b）的 RCO 中，废气中 VOCs 主要在两个催化床层中发生燃烧，顶部燃烧室起到预热废气和气流通道的作用。高温清洁气进入蓄热室 B，此时清洁气将热量传给蓄热体，蓄热床层逐渐被加热，而清洁气则被冷却后排出。当蓄热室 A

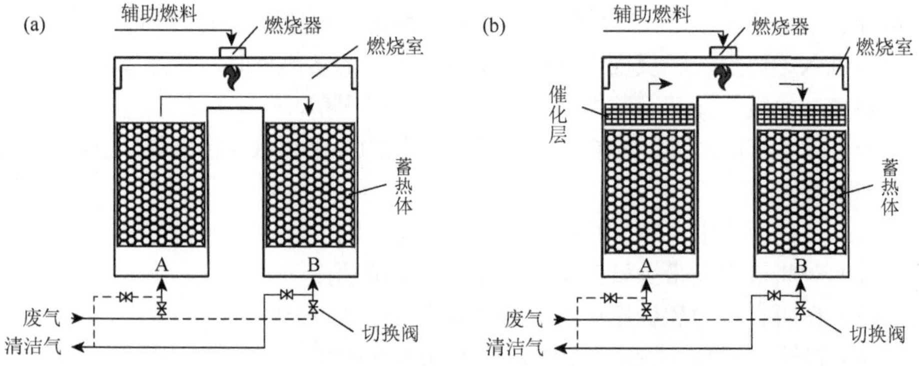

图 7.5　两室 RTO（a）和两室 RCO（b）结构简图

冷却到尚可允许的温度水平时，切换气流的流向，VOCs 废气进入已被加热过的蓄热室 B，反应后的清洁气则将热量传给已经冷却的蓄热室 A[7]。

2. 三室蓄热（催化）燃烧装置

两室蓄热（催化）燃烧装置存在一个缺点，当切换气体流动方向时，本来进入废气的蓄热室立即变为排出清洁气的蓄热室，这样在切换阀和反应空间之间的气体空间（即死区）存在未经氧化反应的原料废气，它与清洁气一起排出，可能出现排放的清洁气浓度瞬时不合格。

三室蓄热（催化）燃烧装置是在两室装置的基础上增加一台蓄热室，用于冲洗残留未氧化的 VOCs 废气进入处于排出阶段的蓄热室，如图 7.6 所示。具体操作流程（表 7.1），当第一台蓄热室处于被冷却而废气被预热的阶段时（冷周期），第二台蓄热室正处于被清洁气加热的过程(热周期),而第三台蓄热室则在冲洗(清洗周期)。因此，当一个循环后，废气始终进入到在上一循环时清洁后的蓄热室，而原来进入废气的蓄热室则用清洁气（或空气）冲洗，并将残留的未反应废气送回到反应室进行氧化，然后与清洁气一起从冲洗过的蓄热室排出[1]。

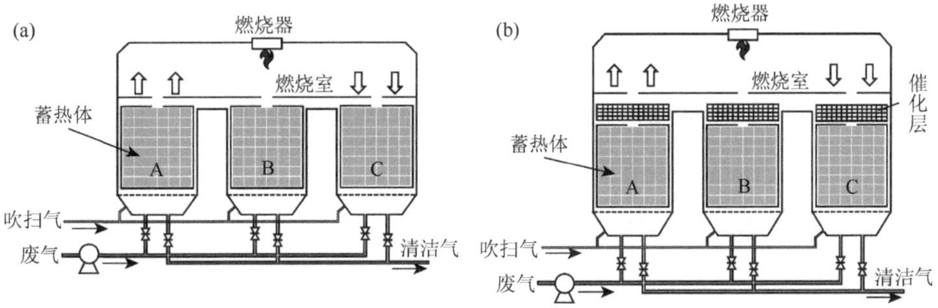

图 7.6　三室 RTO（a）和三室 RCO（b）结构简图

表 7.1　三室蓄热（催化）燃烧装置操作流程

	室 A	室 B	室 C
循环 1	进入	排出	冲洗
循环 2	冲洗	进入	排出
循环 3	排出	冲洗	进入

3. 五室蓄热（催化）燃烧装置

当有机废气流量很大时（>60 000 Nm^3/h），三室蓄热（催化）燃烧装置应过渡到五室蓄热（催化）燃烧装置，即两个两室并联，加上一个室用于冲洗。为了使燃烧室的温度达到均匀，在顶部相连的燃烧室中，可设置两个以上的燃烧器。

如图 7.7 所示，有机废气经蓄热室 A 和 B 成为高温净化气体，然后离开燃烧室或催化床层，进入蓄热室 C 和 D（上两个循环蓄热体已被冷却吹扫），释放热量，温度降低后排放，而蓄热室 C 和 D 的蓄热体吸热，储存大量的热量（用于下个循环加热使用）。蓄热室 E 在这个循环中执行吹扫功能。完成后，蓄热室的进气与出气阀门进行一次切换进行第二个循环（表 7.2）。

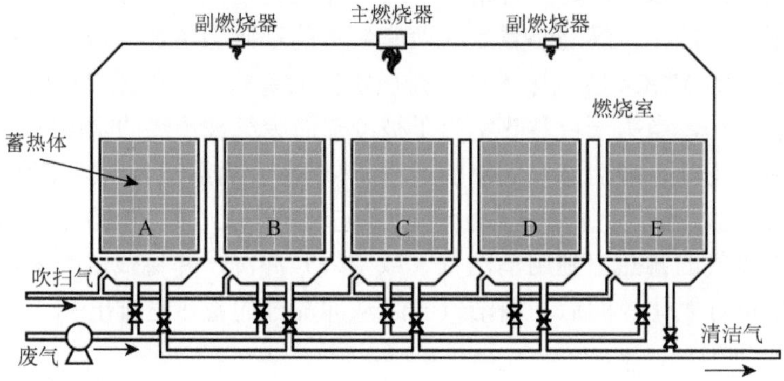

图 7.7 五室 RTO 结构简图

表 7.2 五室蓄热（催化）燃烧装置操作顺序

	室 A	室 B	室 C	室 D	室 E
循环 1	进入	进入	排出	排出	吹扫
循环 2	吹扫	进入	进入	排出	排出
循环 3	排出	吹扫	进入	进入	排出
循环 4	排出	排出	吹扫	进入	进入
循环 5	进入	排出	排出	吹扫	进入

4. 旋转式蓄热（催化）燃烧装置

除立式结构外，旋转式蓄热（催化）燃烧装置目前也被广泛应用。旋转式装置主要由吹扫室、旋转阀、蓄热室、燃烧室、导流室等部分组成。导流室和蓄热室由隔板将其划分为蓄热区、放热区、吹扫区和隔离区。吹扫区使用空气吹扫以清除残留 VOCs，隔离区进行封闭处理，防止气体倒灌和溢出。如图 7.8 所示，当 2～6 区蓄热体处于蓄热期时，8～12 区蓄热体处于放热期，1 区和 7 区蓄热体分别进行吹扫和隔离。旋转阀对气流进行切换后，7～11 区放热，1～5 区蓄热，6 区和 12 区分别进行吹扫和隔离[2]。

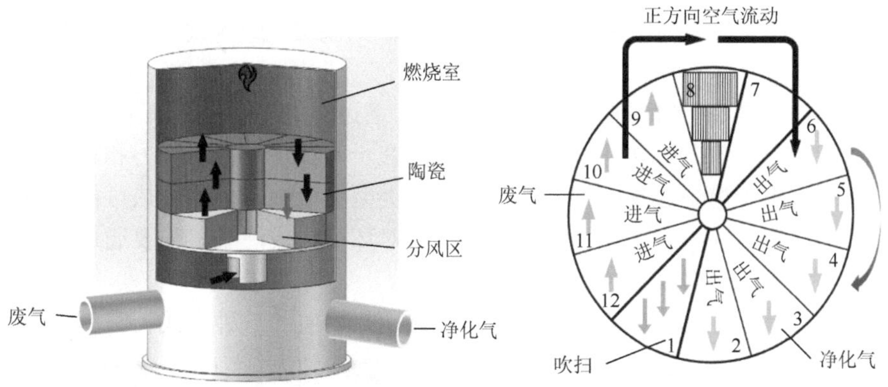

图 7.8　旋转式 RTO 装置结构简图

7.2　VOCs（催化）燃烧装置的组成

7.2.1　进气系统

进气系统主要包括进气管道和阻火器。进气管道将待处理的废气引入设备内部，该管道应具有良好的耐热性和耐化学性，以抵抗高温氧化和化学介质的侵蚀。对于含尘 VOCs 废气处理，管道还要耐磨损腐蚀，常用的材料包括不锈钢、特种合金、陶瓷材料等。阻火器由多层金属网或波纹板组成，如图 7.9 所示，通过将火焰细分为小段，增大火焰与通道壁的接触面积，强化传热效果，使火焰温度降至着火点以下，从而有效阻止火焰的蔓延。阻火器可分为阻爆燃型和阻爆轰型。阻爆燃型主要用于阻止亚音速火焰蔓延，而阻爆轰型则用于阻止音速和超音速火焰蔓延[8]。

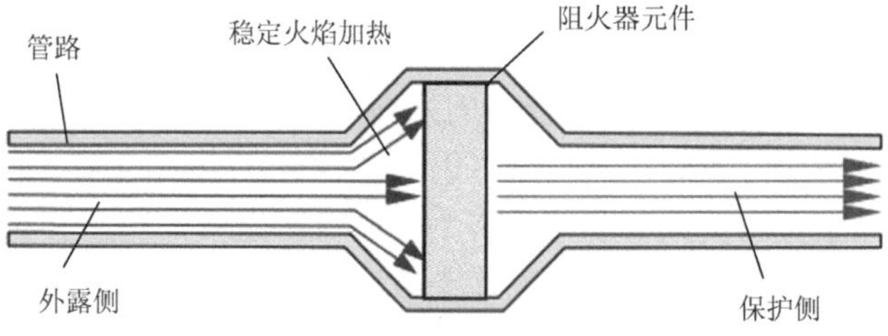

图 7.9　阻火器保护原理图

7.2.2　加热器

当废气通过换热器后，仍未达到催化剂的起燃温度，需要加热器对废气进一步加热。根据使用能源的不同，加热器主要分为火焰加热和电加热两种形式。

火焰加热是基于燃料与氧气的化学反应，通过燃烧产生高温火焰来传递热能，实现对 VOCs 废气的加热。火焰加热的优点在于其快速的升温能力和相对简单的操作流程。由于燃烧过程的不完全性和燃料类型的限制，火焰加热可能出现加热不均匀的现象，同时燃烧产生的废气和烟尘对环境造成污染，需要通过额外的排放处理设备来减少对环境的影响。

电加热是通过将电能直接转换成热能来加热物质的一种方式。它具有多种优势，包括高温能力、精确的温度控制和分布、无需通风结构等。主要缺点是运行成本较高，电力成本往往高于天然气，因此电炉的长期运行成本较高。

7.2.3 换热器

换热器与加热器共同构成废气的预热系统。按冷热物流间的接触方式，常用换热器可分为蓄热式和间壁式，其中间壁式换热器介绍详见第 8 章。

蓄热式换热指高温流体流过具有高比热容的蓄热材料层，实现热量贮存，然后通过阀门切换，冷流体流过高温蓄热层，实现热量交换。蓄热体功能的实现必须满足以下几点性能要求[9]。

（1）耐高温环境：RTO 装置的实际工况所要求的温度是 800℃左右，要选择耐高温材料所制成的蓄热体。

（2）抗腐蚀性：废气中可能含有 SO_2 等酸性气体，这些气体对蓄热体有腐蚀作用，要求蓄热体具有抗腐蚀性。

（3）良好的抗热震性：蓄热体反复处于蓄热/放热两种状态，为避免变形，蓄热体应具备能承受不断蓄热/放热过程中的温差变化而引起的热应力，即要有良好的抗热震性。

（4）高的比热容和密度：蓄热能力的好坏可以用比热容和密度的乘积来表示，乘积越大说明蓄热能力越好，这样就可以节省材料。

陶瓷蓄热体主要由莫来石和堇青石两种原材料组成，莫来石在热传导率、耐受温度、热容量等性能上优于堇青石，而致密堇青石在吸水率、热膨胀、耐酸碱性能上优于莫来石。

陶瓷蓄热体分为陶瓷散堆和陶瓷规整填料两大类。散堆填料有各种各样的形状，诸如球状、管状、蜂窝状、鞍环状等。目前使用较多的规整填料是蜂窝状陶瓷蓄热体，按截面上孔形状的不同，又可分为圆形、六边形、四边形、三角形（图 7.10）。蜂窝陶瓷具有低热膨胀性、比表面积大、低压降等优点，在传热性能和流体力学性能方面均优于散堆填料，可大大降低压降，减少操作费用。

图 7.10　常见陶瓷蓄热体截面图

除单一孔道结构的传统蜂窝陶瓷蓄热体外，齿状、板片状以及分层式等新型蜂窝体结构也得到了开发与应用，特殊的几何形状允许气流在蓄热体内部横向流动，有效地降低设备运行后蓄热体堵塞引起的热回收衰减。

7.2.4　切换阀

切换阀的工作原理是通过旋转或切换来引导废气在蓄热室、燃烧室之间循环，实现废气的预热、氧化分解和热量回收。按换向阀门型式分为开合式（蝶阀、提升阀、推拉阀等）和旋转式（旋转阀等），如图 7.11 所示。切换阀结构包括阀杆、阀板和密封结构，阀杆和阀板是切换阀的主要动件。切换阀的工作特点包括：

（1）频繁动作：换向阀每 60～180 s 开闭一次，动作频繁，需要耐磨损和耐高温的材料；

（2）密封性要求高：由于废气在高压下流动，密封性至关重要，任何泄漏都会影响净化效果和排放指标，换向阀泄漏率应不大于 1%；

（3）材料要求：阀杆和阀板需采用耐磨、耐高温的材料，以应对高温和腐蚀性废气的考验。

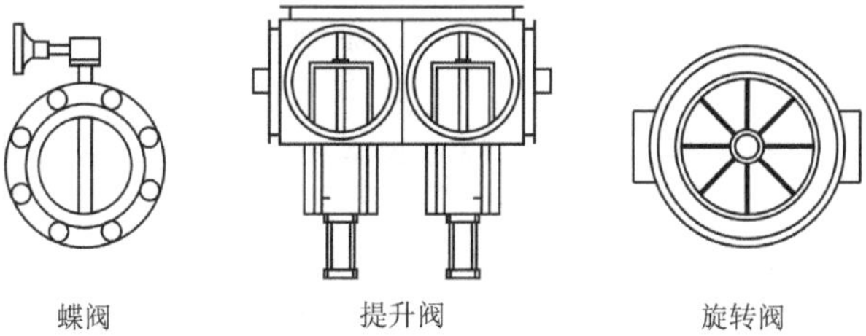

图 7.11　常见阀门示意图

7.2.5　催化反应器

目前大多数催化反应器选用固定床反应器，预热到一定温度的有机废气流过催化剂床层，确保反应物与催化剂有充分的接触时间，从而提高传质效率。气流在催化床层横截面上的均匀分布极为重要，可通过分层布置，安装混合器和导向板等来提高均匀程度。由于没有外部热交换，反应器内部的热量主要来自 VOCs 氧化反应，这有助于保持反应的自热平衡[10]。

7.2.6 催化剂

贵金属 Pt、Pd 等催化活性好，寿命长，使用稳定，尽管价格昂贵，仍是目前 VOCs 催化燃烧中应用最广泛的催化剂。非贵金属 CeO_2、MnO_2、CuO 等活性一般，但原材料来源广，生产和使用成本低[11-12]。为减少气流阻力损失，确保气流分布均匀，VOCs 废气治理常用成型催化剂，即将活性组分通过涂覆、浸渍、沉积等方式附着在蜂窝陶瓷和金属板网等成型载体[13]。成型催化剂示例见图 7.12。

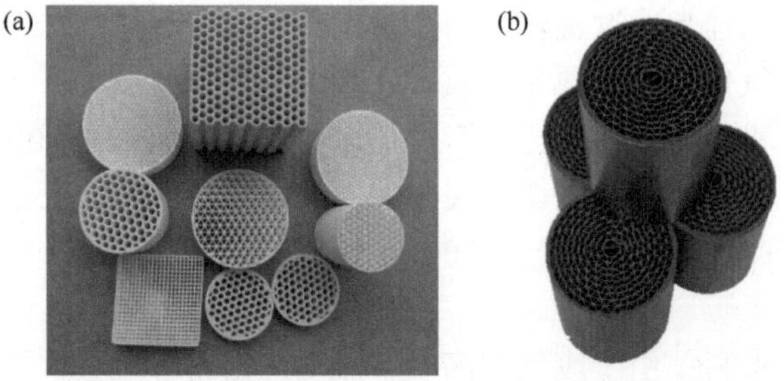

图 7.12 蜂窝陶瓷成型催化剂（a）和金属载体成型催化剂（b）

蜂窝陶瓷孔的目数可以是 200、300、400 和 600 目，截面形状有方形、圆形、跑道形等。蜂窝陶瓷具有低热膨胀性、氧化铝载体黏附性好、重量轻、蓄热性好等特点，但催化剂反应启动时间长[14]。参数示例见表 7.3。

表 7.3 本书编著单位自主研发的蜂窝陶瓷型 VOCs 催化剂参数

型号	CM-98	NM-98
规格	100 mm×100 mm×50 mm	
适用浓度	1 000～5 000 mg/m^3	
适用 VOCs	苯系物和酯类，但不含磷、硫、铅、汞、砷、卤素等	
空速	10 000 Nm^3/(h·m^3)	
催化性能	T=290℃时， 乙酸乙酯转化率≥99% 甲苯转化率≥97% CO_2 选择性≥99%	T=260℃时， 乙酸乙酯转化率≥97% 甲苯转化率≥97% CO_2 选择性≥99%

金属载体主要采用铁铬铝不锈钢、钛或特定金属合金等材质作为基底材料，表面氧化铝涂层的稳定性不如蜂窝陶瓷。它的热响应速度快，使得催化剂能够在短时间内达到最佳工作状态，这对于提高生产效率和节约能源具有重要意义。

蜂窝陶瓷结构的热导率较低，通常可认为是绝热的，在通道内径向热传递以对流传热的形式发生于气体和固体壁之间。相反地，金属蜂窝结构载体有较好的导热性质，其轴向和径向热传导都相当好。

7.3　重要设计参数

7.3.1　最高允许浓度

进入燃烧装置的 VOCs 浓度应不大于最易爆组分或混合气体爆炸下限的 25%，其中可燃气体特性见表 7.4，即有机废气中混合 VOCs 的浓度 $C<\min(C_e, C_m)\times 25\%$，$C_e$为最易爆组分爆炸下限（%），$C_m$为混合气体爆炸下限（%），$C_m$按式（7-1）计算[5-6, 15]。

$$C_m = \frac{C_1 + C_2 + \cdots + C_n}{\dfrac{\varphi_1}{C_1} + \dfrac{\varphi_2}{C_2} + \cdots + \dfrac{\varphi_n}{C_n}} \tag{7-1}$$

式中：C_1，C_2，…，C_n——混合有机废气中各组分的爆炸下限；

φ_1，φ_2，…，φ_n——混合有机废气中各组分的体积分数；

n——混合有机废气中所含有机化合物的种类数。

爆炸下限 C_e和 C_m应根据 RTO 氧化反应温度按以下式（7-2）进行修正。

$$\mathrm{LEL}_T = \mathrm{LEL}_{25℃}\left[1 - 0.000784(T - 25)\right] \tag{7-2}$$

式中：$\mathrm{LEL}_{25℃}$——25℃时的爆炸下限；

T——反应温度，℃。

表 7.4　可燃气体特性

物质名称	引燃温度/℃	爆炸下限/%（体积分数）	爆炸上限/%（体积分数）
一氧化碳	609	12.5	74
甲烷	540	5.0	15
乙炔	305	2.5	100
液化石油气	—	1.0	1.5
氨气	561	16.0	25
硫化氢	260	4.3	46

续表

物质名称	引燃温度/℃	爆炸下限/%（体积分数）	爆炸上限/%（体积分数）
乙烯	425	2.7	36
丙烯	460	2.0	11
丁烯	385	1.6	10

7.3.2 热量平衡

如果可燃组分的浓度高于燃烧上限，依靠废气中 VOCs 在氧化过程中所释放的热量即可平衡散失热以及提供废气温度升高所需的热量，废气可以直接混入空气后实现自持燃烧。实际工业有机废气治理中，VOCs 浓度一般不足以自持燃烧，需额外输入能量维持燃烧反应进行。为使废气温度提高到 VOCs 完全氧化温度，可以加入一定数量的辅助燃料如天然气等。空气量不足会导致不完全燃烧，使得在清洁气中还含有残留的未燃烧组分；空气量过高，则会降低燃烧温度，同样可导致不完全燃烧，甚至低于着火温度而造成熄火[1]。绝热燃烧室如图 7.13 所示。

图 7.13　绝热燃烧室

进入燃烧室的有机废气、燃料气、空气的焓分别为 H_{AB}、H_B、H_L，离开燃烧室的清洁气的焓为 H_R。已知平均比热容 C_P、容积流量 V 和燃料气体的热值（H_B 的部分）时，通过对燃烧室在绝热条件下的焓衡算，可求得理论燃烧温度 t_R：

$$t_R = \frac{H_{AB} + H_L + H_B}{VC_P} \tag{7-3}$$

根据热量平衡计算有机废气氧化时，气流温度的升高量（ΔT）[16]：

$$-\Delta h_{C_w} = \sum_{i=1}^{n} \left(-\Delta h_{C_i}\right) x_i \tag{7-4}$$

式中：$-\Delta h_{C_w}$ ——单位流量有机废气中所有 VOCs 氧化时所释放的热量，J/(m^3·h)；

$-\Delta h_{C_i}$ ——单位流量第 i 种 VOC 氧化时所释放的热量，J/(m^3·h)；

x_i——第 i 种 VOC 在有机废气中的体积分数；

n——有机废气中 VOC 的种数。

$$-\Delta h_{C_w} = QC_P\Delta T \tag{7-5}$$

式中：Q——气体流量，m^3/h；

C_P——气流的平均比热容，$J/(m^3 \cdot ℃)$；

ΔT——气流温度的升高量，℃。

在实际中还必须考虑热损失和计算有效的烟气生成量或净化量，以便更正确地计算出所需的燃烧室容积或气体在燃烧室中的停留时间。从运行成本角度出发，在确保 VOCs 完全转化为无害的物质的前提下，应将燃烧温度尽可能控制得较低，如 RTO 运行温度宜为 760～900℃。典型 VOC 完全氧化热力学数据如表 7.5 所示[17]。

表 7.5　典型 VOC 完全氧化热力学数据

VOC	ΔH/(kJ/mol)	ΔS/[J/(mol·K)]	ΔG/(kJ/mol)	ΔT 1 g/m³ 浓度完全氧化时绝热升温/℃	爆炸最低极限浓度/(g/m³)
苯	−3169.5	245.4	−3242.7	31.5	48.8
甲苯	−3722.1	184.6	−3827.1	32.0	49.3
二甲苯	−4735.2	253.3	−4450.7	31.7	51.6
乙苯	−4387.1	139.8	−4428.8	31.8	47.3
苯乙烯	−4262.4	1199.4	−4620.0	31.6	51.1
乙烯	−1323.1	−29.5	−1314.4	35.7	34.3
丙烯	−1926.5	89.0	−1953.0	35.2	37.5
丁烯	−2540.8	150.6	−2585.7	34.8	40.0
甲醛	−519.5	−21.5	−513.1	13.3	93.8
乙醛	−1100.0	175.1	−1152.2	19.2	78.6
丙醛	−1717.4	82.3	−1742.1	22.8	59.6
乙酸乙酯	−2096.6	222.0	−2162.8	18.4	78.6

7.3.3　气流停留时间和燃烧室容积

为保证有机废气达到高的净化率，要求气体在燃烧室内保持一个最低的停留时间，通常在 0.5～2.0 s 之间。延长停留时间能够提高净化率，但要增大燃烧室容积，投资成本增加[18]。

燃烧室尺寸的确定主要与气体通过燃烧室的有效体积流量、燃烧室温度、所需的停留时间三个因素有关。

$$V_{BK}=\frac{\tau V_{R,N}T_R}{T_N} \tag{7-6}$$

式中：τ——气流在燃烧室内的停留时间，s；

V_{BK}——燃烧室体积，m^3；

$V_{R,N}$——燃烧气（或清洁气）在标准状态下的体积流量，Nm^3/s；

T_N——标准状态下温度，K；

T_R——燃烧室温度，K。

7.3.4　设计风量

治理工程的处理能力应根据废气的处理量确定，设计风量应按照最大废气处理量的120%进行设计。

7.3.5　净化效率

依据进出口的污染物浓度和气体流量，计算净化效率（η）。出口污染物排放应达到国家或地方有关排放标准的要求，净化效率一般不小于95%[15]。

$$\eta=\frac{C_0Q_0-C_1Q_1}{C_0Q_0}\times 100\% \tag{7-7}$$

式中：C_0——进口的污染物浓度，mg/m^3；

Q_0——进口的气体流量，m^3/h；

C_1——出口的污染物浓度，mg/m^3；

Q_1——进口的气体流量，m^3/h。

7.3.6　热回收效率

依据进出口的废气温度及废气燃烧室温度，计算热回收效率（HR）。RTO热回收效率应不小于90%，RCO热回收效率一般不低于85%[5-6]。

$$\mathrm{HR}=\frac{T_e-T_o}{T_e-T_i}\times 100\% \tag{7-8}$$

式中：T_e——废气燃烧室平均温度，℃；

T_o——废气出口平均温度，℃；

T_i——废气入口平均温度，℃。

7.3.7　阻力损失

阻力损失是指流体在流经管道、蜂窝体等部件的过程中，摩擦和流体动力学阻力导致的压力降低（流体经过管件阀门的阻力损失计算见本书第 2 章，蜂窝体的阻力损失见本书第 5 章）。值得注意的是，热力燃烧系统中气流温度高，计算时需要考虑流体温度的校正。

随着计算流体动力学（computational fluid dynamics，以下称 CFD）的发展，通过建立网格模型来模拟蜂窝体孔道内气体的流动状态，分析蓄热体孔型、高度对流动阻力的影响规律，通过无量纲分析，得出不同孔型蓄热体的沿程阻力系数 λ 与雷诺数 Re 之间的关系式[19-20]。

7.3.8　催化反应空速

催化氧化反应空速一般在 5000～20 000 $Nm^3/(h \cdot m^3)$之间。该参数反映了气体通过催化剂床层的速度，空速越大，气体在催化剂上的停留时间越短，反应深度降低，但处理能力增大；空速越小，停留时间越长，反应深度增高，但处理能力减小。如果废气中所含 VOCs 是多组分混合物，则空速应该按最难氧化的组分来选取，通常由试验确定。反应空速（体积空速）的公式为

$$\mathrm{GHSV} = \frac{F}{V} \tag{7-9}$$

式中：F——原料气体体积流量，Nm^3/h；
　　V——催化剂体积，m^3。

7.4　VOCs（催化）燃烧组合工艺

7.4.1　预处理 + 活性炭吸附浓缩 + 催化燃烧

废气进入预处理装置预处理后，将含量较低的有机废气注入活性炭中，进行吸附和浓缩，达到饱和状态后通过对活性炭进行加热来脱附有机废气，活性炭因此实现再生。脱附出来的废气进入催化氧化床进行燃烧，产生的热气体可进入活性炭装置中进行回收循环使用，再次回用于脱附环节和燃烧氧化过程。

案例：广东东莞某餐具烤盘加工厂的喷漆和烤漆废气处理。

企业主要从事餐具、烤盘的加工生产。生产工艺流程包括：铁板材→冲压→压花→前处理→喷漆→烤漆→成品包装。涉 VOCs 工序主要为喷漆和烤漆，其中

喷漆包括部分静电喷漆和手工喷漆。使用的涉 VOCs 原辅料主要为油性油漆、水性油漆和天那水。

采用“水喷淋＋干式过滤/除尘＋活性炭吸附浓缩＋催化燃烧技术”处理有机废气，其中活性炭吸附共有 9 室吸附脱附床。设计处理总风量约为 100 000 m^3/h，浓缩进入燃烧塔处理风量约为 3000 m^3/h，浓缩比达到 97%，浓缩效率高。现场核查发现，该处理系统脱附温度控制在 90～100℃之间，并对废气中的颗粒物、水分等成分进行了水喷淋和干式过滤预处理，确保对处理系统的影响降到最低，还设置了超温高温报警装置，确保处理系统稳定运行。公司排放的有机废气中基本不含醇类、酸碱、卤素、氯、硅、氮、易自聚物质（苯乙烯、油烟、焦油等），不会产生安全隐患，或额外二次污染[21]。

7.4.2 减风增浓＋蓄热氧化燃烧

在中高浓度、中风量印刷、涂布等行业烘箱排放的有机废气治理中，常采用减风增浓技术来优化烘箱气流，在不影响产品工艺和质量的情况下，减少烘箱废气排放，从而实现增加废气浓度和减少烘箱加热能耗的一种方法。随着排风量的减少，RTO 设备的投入大幅度降低，且在相同风速的情况下，可以减少风路管网的设计尺寸。

案例：河南许昌某卷烟外包装印刷废气处理。

企业年产约 40 万箱卷烟外包装印刷制品，VOCs 排放主要来自凹印机烘箱、胶印机、丝印机、单凹机和凹印机 UV 印刷单元，以及调墨间和化工库等场所[22]。

针对有组织排放废气，通过优化十色凹印机组烘箱系统的空气循环量，减少烘箱废气排放，增加废气浓度。在保持对废气浓度持续监测的情况下，将高浓度废气输入 RTO 进行处置。针对无组织排放废气，对十色凹印机组实施地排风改造，地排风废气输入 RTO 进行处置；对胶印、丝印、单凹和调墨间、化工库与危化库等低浓度 VOCs 废气输入 UV 光氧＋活性炭系统进行处置，处置后达标气体直接排出。过程中定期对活性炭系统进行脱附，脱附后废气输入 RTO 进行处理。污染防治效果和达标情况：VOCs 去除率≥99%，热回收率＞95%，非甲烷总烃＜20 mg/m^3。

7.5 工程设计案例

7.5.1 工程概况

根据现场勘查及行业所提供资料，在 4S 店的喷漆过程中，会产生含有苯、甲苯、二甲苯等各种有机废气，如果这些废气无法达标排放将严重影响周围环境以及员工身体健康。目前大多数 4S 店的废气治理采用活性炭吸附。华南理工大学挥发性有机物污染控制技术与装备国家工程实验室拟设计一款可移动活性炭脱附再生系统，用于高温脱附再生 4S 店吸附饱和的活性炭，使活性炭能有效循环利用，节约企业运行成本。此工艺是一种绿色、经济、环保、可循环利用的废活性炭处理处置工艺，将给用户带来可观的经济和社会效益，为节能减排做出贡献。

7.5.2　设计内容

本设计的主要内容包括固定床颗粒活性炭吸附装置、活性炭再生装置和 RCO 净化装置。具体包括：装置尺寸与结构、材料用量、管道、操作要求、装置布置等。

7.5.3　设计参数

1）标准再生车参数

针对目前 4S 店的活性炭使用情况，拟设计单次再生量为 1 t 的标准移动再生系统。

2）废气排放种类

废气类型主要为喷漆及烘干产生的废气，废气主要成分为苯系物、脂类、酮类等 VOCs 物质。处理风量 $Q = 15\,000\ \mathrm{m^3/h}$。

3）生产时间

每天工作 8 h。

7.5.4　废气治理方案

1. 工艺介绍

脱附系统主要由氮气发生器、加热器、阻火器和风机组成，整个系统由电控部分实现自动化控制如图 7.14 所示。热氮气脱附设备装入脱附床中，利用常温氮气吹扫系统，待系统中氧含量低于 6%后，利用电加热器加热氮气到设定温度脱附。脱附出的废气一部分由主风机送入加热器加热，再进脱附床循环脱附，另一部分由补风机补入空气稀释后，进入已热空气加热的蓄热式催化燃烧床，当催化燃烧反应床加热到一定温度时，脱附床局部达到设定温度，从脱附床解析出来的高浓度废气就可以在催化反应床中进行氧化反应，最后只排出 CO_2 和 H_2O，真正实现了全过程无污染化操作。

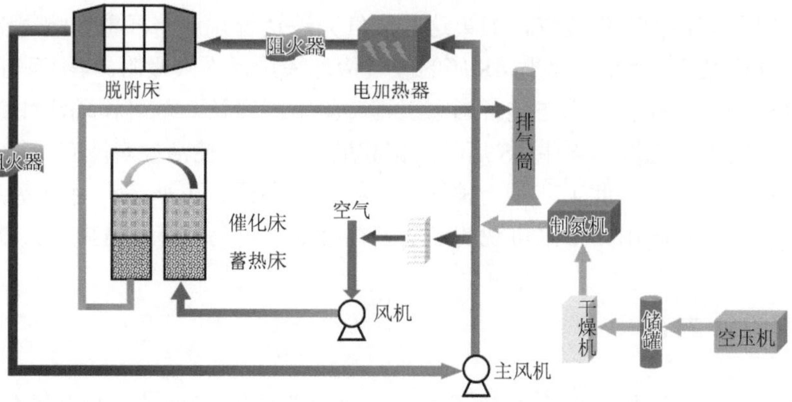

图 7.14 热氮气循环脱附再生系统示意图

2. 蓄热式催化燃烧设备设计

1）RCO 进风量确定

当脱附系统内 VOCs 浓度超过 5%时，连接 RCO 和脱附系统的管道的阀门将开启，RCO 系统的引风机将 VOCs 和空气吸入混合后，送入 RCO 燃烧器内进行燃烧。选取稀释倍数为 10 倍，为使得制氮系统的供气量能补充脱附内循环系统的出气量，设定内循环系统的出气量为 60 m³/h，则风机总风量 $Q_{循环}$ 为

$$Q_{循环} = 60 \times 10 = 600 \text{ m}^3/\text{h}$$

2）催化剂的选择、用量与催化床层设计

选用 Pt、Pd 贵金属陶瓷蜂窝催化剂，尺寸为 100×100×50 mm，甲苯起燃温度为 230℃，销毁效率为 98%时所需温度为 290℃，设计燃烧室温度为 330℃。根据《催化燃烧法工业有机废气治理工程技术规范》（HJ 2027-2013）的有关要求，催化燃烧装置的空速应大于 10 000 h^{-1} 并且小于 40 000 h^{-1}，有机废气与催化剂的接触时间应该在 0.13～0.15 s，故取设计空速 GHSV = 10 000 h^{-1}。

接触时间 τ

$\tau = \dfrac{1}{\text{GHSV}} = \dfrac{3600}{24000} = 0.15 \text{ s}$，接触时间满足要求。

所需要催化剂体积 V_R：

$$V_R = \frac{Q}{\text{GHSV}} = \frac{1000}{24000} = 0.04 \text{ m}^3$$

故设计催化剂的体积为 0.04 m³。

据有关资料，蓄热室空塔气速一般按照 0.9～2.0 Nm/s 进行设计，本设计取空塔气速为 2 m/s。

则催化床截面积 S：

$$S = \frac{Q}{2 \times 3600} = \frac{1000}{7200} = 0.14\ \text{m}^3$$

为能使催化剂恰好完全堆积，故取截面积 $S = 0.15\ \text{m}^2$，此时 $v = 1.85\ \text{m/s}$ 满足设计要求。

本工程用的催化剂的孔隙率 $\varepsilon = 0.5$。

催化剂的高度 H 为

$$H = \frac{V_R}{(1-\varepsilon)S} = \frac{0.04}{(1-0.5) \times 0.14} = 0.57\ \text{m}$$

满足催化剂装填时自由落下的高度应小于 0.6 m 的要求。

考虑到催化剂规格，对催化床床层尺寸进行修正，修正后尺寸为 400×350×600（H）mm，催化剂分别放置于两个催化室中，每个催化室的催化剂床层尺寸为 400×350×300（H）mm。

3）蓄热材料的选择、用量与蓄热床层设计

RCO 设备能量回用率的关键是蓄热床的性能。一般而言，蓄热床层设计过大，将会导致 RCO 设备总体积过大，投资成本高；而蓄热床层设计偏小，则会使得阀门切换时间过短，导致 VOCs 摧毁效率降低。蓄热床层中使用的蓄热体需要具备热容量大，耐腐蚀和机械强度高的优点。本设计使用某公司生产的蜂窝陶瓷蓄热体，材料晶相为致密堇青石相，具体参数见表 7.6。

表 7.6　蜂窝陶瓷蓄热体主要参数

模块尺寸/mm	体积密度/(g/cm^3)	吸水率（HG/T 3210）	最高工作温度/℃
100×100×100	2.1～2.5	≤1%	1320
比热容/(J·kg^{-1}·K^{-1})	抗压强度(A 轴)/MPa	抗压强度(B 轴)/MPa	模块重量/kg
900～1100	≥32	≥8	2.1～2.5

RCO 设备正常使用时，蓄热体由于受到废气温度的影响而升温，蓄热体床层上下两端气体温度不同，故按照标况进行设计。蓄热床层位于催化床层下方，为使气体流动更通畅，阻力更小，应使两床层截面积尽可能相同。

切换阀是 RCO 的关键设备之一，对系统的处理效果效率和稳定性有着重大影响，本工程中采用整体式气动提升切换阀，该阀通过气缸运动带动盘片的提升与下降，以 PLC 系统输出信号至电磁阀，控制压缩空气气路的通断，进而实现定时换向。

设计 RCO 炉保温炉衬厚 325 mm，使用陶瓷纤维作为保温材料。保温层由两部分构成，从 RCO 炉到外箱依次为陶瓷纤维模块和陶瓷纤维毯。其中陶瓷纤维模块厚度 300 mm，外层覆盖厚度 25 mm 陶瓷纤维毯。陶瓷纤维保温材料主要参数如表 7.7 所示。陶瓷纤维毯固定在外壁上，陶瓷纤维模块堆积摆放。每列陶瓷纤维模块填塞陶瓷纤维毯，以填充纤维不膨胀面收缩所产生的空隙。炉顶保温层需要做切块处理，与下层保温模块做到错缝搭接。保温层安装完毕后，需要在外表面喷涂高温固化剂，以形成保护层，做到耐冲刷耐腐蚀。

表 7.7 陶瓷纤维保温材料主要参数

体积密度/(kg/m^3)	加热线变化（1000℃×24 h）	导热系数/[W/(m·K)]	极限工作温度/℃
200±10	≤-3%	0.095～0.120	1260

4）催化燃烧补风机选择

风机风量：$L_f = 1.1L = 1.1 \times 600 = 660\ m^3/h$

故选用市场上可变频防爆风机，功率约为 1.1 kW。

7.5.5 废气治理系统实物

图 7.15 为设计方案最终的治理系统实物，即 VOCs 移动式分时高效现场再生系统。该系统主要由活性炭脱附床、蓄热式催化燃烧系统、辅助加热系统、制氮系统、保温管道系统、阀门控制系统、循环系统风机、脱附风机、补冷风机、烟囱及控制系统组成。首先将吸附饱和的活性炭装入固定活性炭箱系统（或将外部活性炭箱接入外接活性炭箱系统）中，然后开启制氮系统，利用常温氮气吹扫排空气，待循环管道中氧含量低于设定值后，将循环脱附系统按照设定温度进行升温。在循环脱附系统脱附出的 VOCs 进入 RCO 后催化氧化，最后从 RCO 排放口中排出，实现活性炭脱附再生且达标排放的目的。

图 7.15　华南理工大学自主研发的 VOCs 移动式分时高效现场再生系统

参 考 文 献

[1] 陆震维. 有机废气的净化技术[M]. 北京：化学工业出版社，2011.

[2] 周兴求. 环保设备设计手册：大气污染控制设备[M]. 北京：化学工业出版社，2004.

[3] 环境保护部. 催化燃烧法工业有机废气治理工程技术规范 HJ 2027-2013[S]. 北京：中国环境出版社，2013.

[4] 王纯，张殿印. 废气处理工程技术手册[M]. 北京：化学工业出版社，2013.

[5] 中国机械工业联合会. 工业有机废气蓄热热力燃烧装置 JB/T 13734-2019[S]. 北京：机械工业出版社，2019.

[6] 中国机械工业联合会. 工业有机废气蓄热催化燃烧装置 JB/T 13733-2019[S]. 北京：机械工业出版社，2019.

[7] Tomatis M，Moreira M T，Xu H，et al. Removal of VOCs from waste gases using various thermal oxidizers：A comparative study based on life cycle assessment and cost analysis in China[J]. Journal of Cleaner Production，2019，233：808-818.

[8] 生态环境部生态环境执法局，生态环境部环境工程评估中心. 重点行业企业挥发性有机物现场检查要点及法律标准适用指南[M]. 北京：中国环境出版集团，2021.

[9] Okada A. Automotive and industrial applications of structural ceramics in Japan[J]. Journal of the European Ceramic Society，2008，28（5）：1097-1104.

[10] 潘琼. 大气污染控制工程案例教程[M]. 北京：化学工业出版社，2014.

[11] He C，Cheng J，Zhang X，et al. Recent advances in the catalytic oxidation of volatile organic compounds：A review based on pollutant sorts and sources[J]. Chemical Reviews，2019，119（7）：4471-4568.

[12] Liu P，Liao Y，Li J，et al. Insight into the effect of manganese substitution on mesoporous hollow spinel cobalt oxides for catalytic oxidation of toluene[J]. Journal of Colloid and Interface Science，2021，594：713-726.

[13] Fu K，Su Y，Zheng Y，et al. Novel monolithic catalysts for VOCs removal：A review on preparation，carrier and energy supply[J]. Chemosphere，2022，308：136256-136267.

[14] Schneider H，Schreuer J，Hildmann B. Structure and properties of mullite—a review[J]. Journal of the European Ceramic Society，2008，28（2）：329-344.

[15] 中国机械工业联合会. 喷涂有机废气处理装置 JB/T 14496-2023[S]. 北京：机械工业出版社，2023.

[16] United States Environmental Protection Agency. Air pollution control cost manual（seventh edition），chapter 2-incinerators and oxidizers[M/OL].（2017-11）[2025-01-24]. https://www.epa.gov/economic-and-cost-analysis-air-pollution-regulations/chapter-2-incinerators-and-oxidizers.

[17] 郝郑平，何炽，邓积光，等. 挥发性有机污染物催化反应过程与控制技术[M]. 北京：科学出版社，2022.
[18] 罗国民. 蓄热式高温空气燃烧技术[M]. 北京：冶金工业出版社，2011.
[19] 王波，刘梦辉，商庆垄，等. 蜂窝陶瓷蓄热体阻力特性的数值模拟[J]. 热能动力工程，2020，35（7）：152-158.
[20] Liu J，Peng Z. Experimental and numerical investigations into temperature distributions and VOC conversion rate of RTO[J]. IOP Conference Series：Earth and Environmental Science，2021，943（1）：012014-012025.
[21] 广东省生态环境厅. 广东省涉 VOCs 典型行业综合治理实例汇编（第一批）[EB/OL].（2022-05-11）[2025-01-24]. http://gdee.gd.gov.cn/shbtwj/content/post3935660.html.
[22] 佚名. 全自动减风增浓系统及蓄热式热氧化（RTO）设备[J]. 中国环保产业，2022（11）：90.

第 8 章　脱硫系统设计

8.1　脱硫工艺及设备

工业生产排放的二氧化硫（SO_2）、硫化氢（H_2S）等含硫组分会导致酸雨、$PM_{2.5}$等大气污染问题，或产生恶臭异味，危害人体健康，因此必须对含硫烟气或废气进行脱硫处理。目前工业上普遍采用的脱硫方法可以分为干法脱硫和湿法脱硫。

干法脱硫技术通过采用固体氧化剂或吸收剂去除废气中的含硫组分，包括克劳斯法、碳酸氢钠干法、活性炭吸附法等。干法脱硫的最大优点是治理中无废水、废酸排出，可有效减少了二次污染的问题，其缺点是脱硫效率较低，设备庞大，操作要求高。湿法脱硫技术可分为液体吸收法和吸收氧化法。液体吸收法利用碱性溶液进行化学吸收或利用其他溶液进行物理吸收，如氨法、钠碱法、石灰-石膏法等；吸收氧化法则采用氧化剂或催化剂进行脱硫，如氧化铁悬浮液吸收法、对苯二酚吸收法。湿法脱硫的优势在于所用设备较简单，操作容易，脱硫效率较高；但脱硫后烟气温度较低，不利于烟囱排烟扩散，且需考虑废水处理问题。

干法脱硫和湿法脱硫各有其优缺点和适用情况，需结合设计项目的生产工艺、厂区概况、废气性质等具体情况进行分析，以选择最优设计工艺。

工业生产中常用各类脱硫方法的优缺点如表 8.1 所示[1-3]。

表 8.1　各类脱硫方法优缺点

名称	优点	缺点
克劳斯法	适应范围广；回收硫的纯度高；工艺成熟	对气体组成和比例要求较高；无法完全消除硫排放；需注意设备腐蚀问题
石灰/石灰石直接喷射法	工艺设备简单，投资省；原料成本低；无污水问题	脱硫率相对较低；反应产物易磨损和堵塞设备
活性炭吸附/催化法	操作简单；工艺成熟；催化剂种类多	需考虑再生问题
金属氧化物吸收法（干法）	可处理含 H_2S 浓度较低的气体，去除率可达 99%；无污水问题	不适合大规模烟气脱硫应用；设备占地大
碳酸氢钠干法	系统操作维护简单；无脱硫废水排放；对系统负荷变化的适应性强	脱硫过程中产生固体副产物，需要增设除尘系统
氨法	反应速率快；脱硫效率高；可得到硫酸铵副产品	氨易挥发导致吸收剂消耗量大

续表

名称	优点	缺点
钠碱法	吸收剂便于运输，吸收能力大；不易造成吸收系统结垢	与氨碱及钙碱相比，碱源相对比较紧张，特别是氢氧化钠（NaOH）来源较困难
石灰-石膏法	工艺成熟；吸收剂价廉易得；可得副产物石膏	易在设备内造成结垢和堵塞；设备占地面积大
钠碱双碱法	与钙碱相比，所用吸收剂不易造成结垢；副产的石膏纯度较高	需严格控制运行参数，特别是 pH 的控制；钠碱费用较高
金属氧化物吸收法（湿法）	相较于干法，吸收率较高；吸收液较易再生	设备占地面积较大
乙醇胺法	吸收效率高；反应速度快	需考虑废水问题；吸收液耗量大，经济效益较低
碱性盐溶液吸收法	设备简单；投资运行成本较低；吸收液易再生	脱硫效率一般
有机溶剂物理吸收法	流程简单；能选择性吸收 H_2S	对吸收剂有一定要求
环丁砜溶液吸收法	吸收能力强；净化效率高；吸收液易再生	环丁砜溶液会吸收重烃和芳烃
氧化铁悬浮液吸收法	反应速率快；脱硫效率高；生成的硫易分离	循环液对设备具有腐蚀性
对苯二酚吸收法	脱硫效率高，可达 99%	需严格控制进气中二氧化碳（CO_2）和氧气（O_2）的浓度

鉴于篇幅限制，本章仅对部分常用脱硫工艺及设备进行介绍。

8.1.1　石灰-石膏法

石灰-石膏法是采用石灰石或石灰的浆液吸收烟气中的 SO_2。该方法主要分为吸收和氧化两个步骤，首先在吸收过程中生成亚硫酸钙（$CaSO_3$），然后将 $CaSO_3$ 氧化成石膏（$CaSO_4 \cdot 2H_2O$）。

$$CaCO_3 + SO_2 + \frac{1}{2}H_2O \longrightarrow CaSO_3 \cdot \frac{1}{2}H_2O + CO_2 \uparrow \tag{8-1}$$

$$2CaSO_3 \cdot \frac{1}{2}H_2O + O_2 + 3H_2O \longrightarrow 2CaSO_4 \cdot 2H_2O \tag{8-2}$$

在火力发电厂、炼铁厂及生产过程中使用工业锅炉的工厂可通过石灰-石膏法脱硫装置将 SO_2 排放浓度降低至达标排放水平，典型的石灰-石膏法烟气脱硫工艺流程如图 8.1。

配好的石灰浆液由泵输送至吸收塔顶部，与从塔底送入的含 SO_2 烟气逆向流动，经洗涤净化后的烟气从塔顶排出。石灰浆液在吸收 SO_2 后，成为含 $CaSO_3$ 和亚硫酸氢钙（$Ca(HSO_3)_2$）的混合液，将此混合液在母液槽中用硫酸调整 pH 至 4

左右后，用泵送入氧化塔，并向塔内送入压缩空气进行氧化。生成的硫酸钙（$CaSO_4$）经稠厚器沉积，上清液返回吸收系统循环使用，石膏浆经离心机分离得成品石膏[3]。

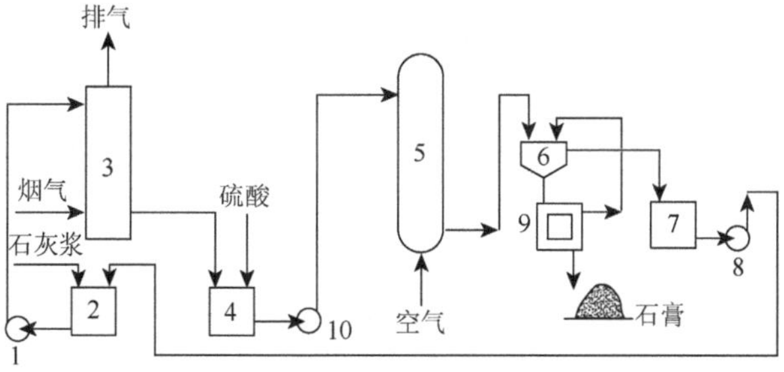

图 8.1　典型的石灰-石膏法烟气脱硫工艺流程图

1、8、10-泵；2-循环槽；3-吸收塔；4-母液槽；5-氧化塔；6-稠厚器；7-中间槽；9-离心机

该工艺由于采用石灰石或石灰浆液作为吸收剂，易在吸收塔内造成结垢和堵塞，因此一般选用气液间相对气速高、塔持液量大、内部构件少、压力降小的吸收塔，如喷淋塔、文丘里洗涤塔等。

1. 喷淋塔

喷淋塔（图 8.2）是湿法脱硫工艺的主流塔型，通常采用逆流方式布置：烟气从喷淋区下部进入吸收塔，与上部均匀喷出的吸收浆液逆流接触，吸收反应在液滴表面进行。烟气流速一般为 3 m/s 左右，液气比与脱硫效率有较大关系，多在 8～25 L/m^3 之间[4]。

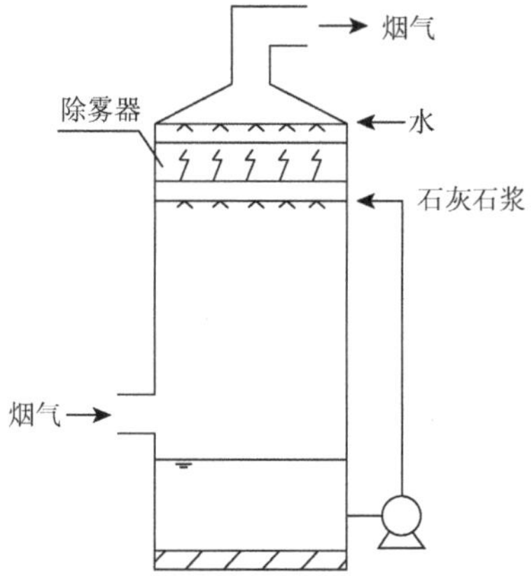

图 8.2　喷淋塔示意图

喷淋塔有气液逆流、并流、错流以及组合流等多种形式。常用的逆流运行有利于烟气与吸收液充分接触，但阻力损失比并流运行大。喷淋塔结构简单，运行可靠，维修和更换喷嘴方便。在设计过程中，烟气流速提高会减小吸收塔直径，对于燃煤发电大机组，其在维持高速操作的情况下，可采用大直径单塔，以节约投资和占地面积。采用大直径喷淋塔结构的关键是保证烟气分布均匀，因此必须采取相应的有效措施使烟气均匀分布，从而维持高脱硫效率。

喷淋塔的设计包括塔径、塔高、液体喷淋量等参数的计算。

1）塔径计算

$$D=\sqrt{\frac{4Q}{3600\pi v}} \tag{8-3}$$

式中：D——喷淋塔塔径，m；

Q——气体体积流量，m^3/h；

v——气体流速，m/s。

2）塔高计算

$$H=h_1+h_2+h_3+h_4 \tag{8-4}$$

$$h_1=vt \tag{8-5}$$

$$V_c=\frac{L}{60}t_c \tag{8-6}$$

$$h_3=\frac{4V_c}{\pi D^2} \tag{8-7}$$

式中：H——喷淋塔总高度，m；

h_1——吸收区高度，m；

h_2——除雾区高度，m；

h_3——浆液池高度，m；

h_4——烟气进口至浆液池顶部高度，m；

t——气体停留时间，s；

v——气体流速，m/s；

V_c——浆液池设计储液量，m^3；

L——液体喷淋量，m^3/min；

t_c——浆液停留时间，s。

3）液体喷淋量计算

$$L=\frac{\alpha Q}{60000} \tag{8-8}$$

式中：L——液体喷淋量，m^3/min；

α——液气比，L/m^3；

Q——气体体积流量，m^3/h。

2. 文丘里洗涤塔

文丘里洗涤塔（图 8.3）是一种高效湿式脱硫器，由一个文丘里管和一个喷雾洗涤塔组成。其以文丘里效应为基础，通过特殊的结构设计，实现气液两相的高效接触，从而有效进行烟气脱硫。

文丘里洗涤塔的核心部分是文丘里管，它能够将气体加速至高速，同时使液体雾化，形成细小的液滴；这些液滴与气体中的含硫污染物充分接触，实现烟气脱硫。文丘里管的吸收功能取决于其喉部的气速。烟气进入文丘里管后先在收缩段加速，其速度达到所要功能的速度值后，进入喉管。在喉部喷入脱硫吸收液，借助喉部高速气流使吸收液与烟气进行充分混合、激烈碰撞和传质、传热、吸收。经过喉部后，烟气逐渐减速，由于粒子大小惯性不同，相互进行碰撞凝聚成较大颗粒以进行捕集和吸收处理，最后进入洗涤塔。洗涤塔功能与前述的喷淋塔相同，通过喷出的吸收液对含硫污染物进一步吸收，以提高脱硫效率。文丘里管后面也可以接其他脱硫吸收塔，从而获得较高的吸收率[5, 6]。

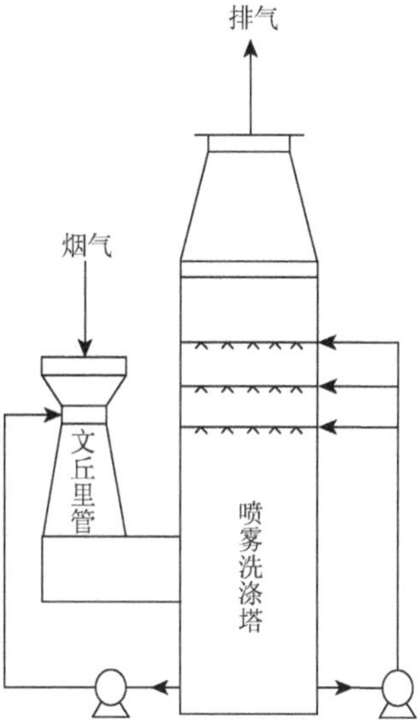

图 8.3　文丘里洗涤塔示意图

文丘里管（图 8.4）的设计涉及收缩管长度、喉管长度、扩散管长度等参数的计算[7]。

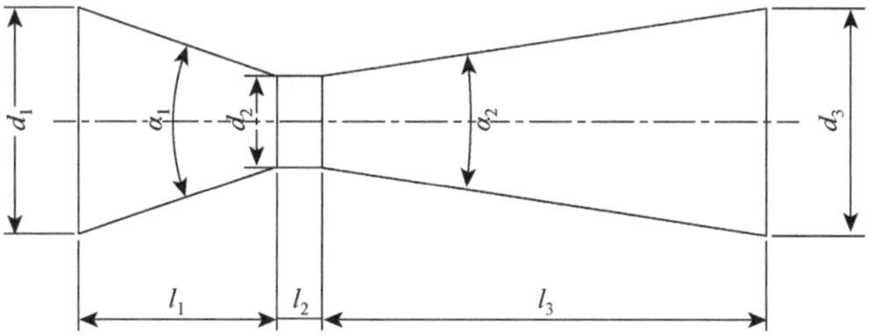

图 8.4　标准文丘里管示意图

1）收缩管长度计算

$$d_1 = \sqrt{\frac{4Q}{3600\pi v}} \tag{8-9}$$

$$d_2 = \sqrt{\frac{4Q}{3600\pi v_2}} \tag{8-10}$$

$$l_1 = \frac{0.5(d_1 - d_2)}{\tan\frac{\alpha_1}{2}} \tag{8-11}$$

式中：d_1——收缩管直径，m；

Q——气体体积流量，m^3/h；

v——气体流速，m/s；

d_2——喉管直径，m；

v_2——喉管气速，m/s；

l_1——收缩管长度，m；

α_1——收缩角。

2）喉管长度计算

$$l_2 = (0.15\sim3.00)d_2 \tag{8-12}$$

式中：l_2——喉管长度，m。

3）扩散管长度计算

$$l_3 = \frac{0.5(d_3 - d_2)}{\tan\frac{\alpha_2}{2}} \tag{8-13}$$

式中：l_3——扩散管长度，m；

d_3——扩散管直径，一般等于收缩管直径，m；

α_2——扩散角。

8.1.2　钠碱法

钠碱法是采用碳酸钠（Na_2CO_3）或 NaOH 等碱性物质吸收烟气中 SO_2 的方法。其与使用钙碱的方法相比，钠碱的溶解度较高，因而吸收系统不存在结垢、堵塞等问题。Na_2CO_3 或 NaOH 作为吸收剂，在与 SO_2 气体的接触过程中，生成亚硫酸钠（Na_2SO_3）；Na_2SO_3 具有吸收 SO_2 的能力，能继续从气体中吸收 SO_2，生成亚硫酸氢钠（$NaHSO_3$）[3]。

$$2NaOH+SO_2 \longrightarrow Na_2SO_3+H_2O \tag{8-14}$$

$$Na_2CO_3+SO_2 \longrightarrow Na_2SO_3+CO_2 \tag{8-15}$$

$$Na_2SO_3+SO_2+H_2O \longrightarrow 2NaHSO_3 \tag{8-16}$$

根据吸收液再生方法的不同，钠碱法可以分为 Na_2SO_3 法、Na_2SO_3 循环法和钠盐-酸分解法。该工艺常用于小型造纸厂、印染厂、精细化工行业、垃圾焚烧发电厂等废气成分复杂的场景。以 Na_2SO_3 法为例，其工艺流程如图 8.5 所示。

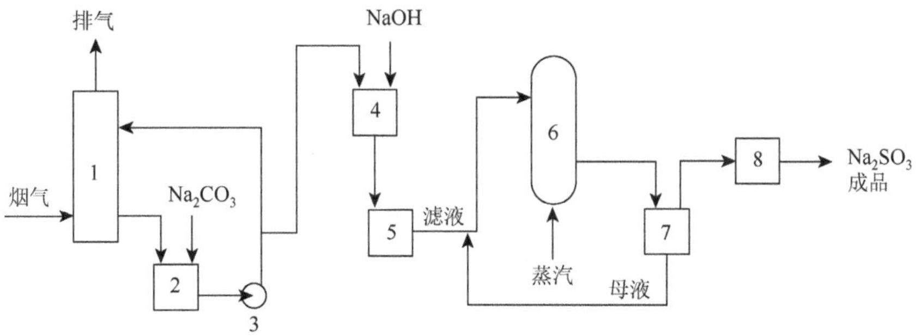

图 8.5　Na_2SO_3 法脱硫工艺流程图

1-吸收塔；2-循环槽；3-泵；4-中和槽；5-过滤机；6-浓缩锅；7-离心机；8-干燥器

亚硫酸钠法的工艺过程主要分为吸收、中和、浓缩结晶及干燥四个步骤。首先配置 Na_2CO_3 溶液送入吸收塔中，与 SO_2 气体逆流接触，循环吸收，至吸收液 pH 达 5.6～6.0 时，将所得的 $NaHSO_3$ 溶液送去中和，净化后的气体排出。$NaHSO_3$ 溶液用 NaOH 进行中和，随后过滤得到 Na_2SO_3 清液。Na_2SO_3 清液在浓缩锅加热浓缩，生成的母液回到浓缩锅循环使用，得到的结晶经过干燥后得到无水亚硫酸钠成品。

钠碱法脱硫工艺常采用的吸收设备为泡沫塔、湍球塔等。

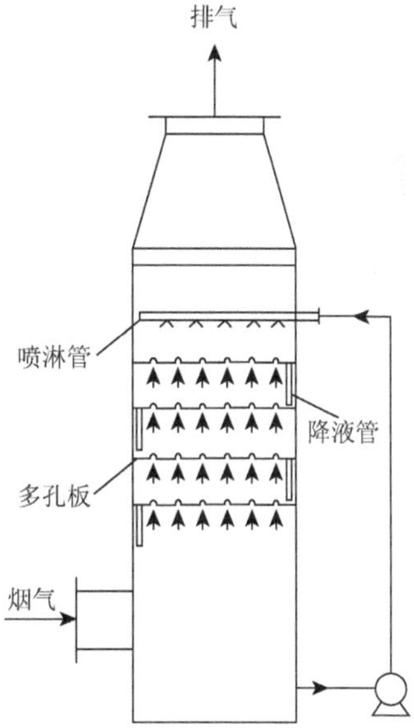

图 8.6　泡沫塔示意图

1. 泡沫塔

泡沫塔（图 8.6）是无溢流的高开孔率筛板塔，主要用于氧化镁法[①]、钠碱法、钠碱双碱法等脱硫工艺。其优点是单位气相传质推动力所获得的 SO_2 吸收质量较大，即气相传质单元数大。

泡沫塔的工作原理为：气体从塔底进入塔内，吸收剂溶液从塔的上部进入。在塔内，气体以鼓泡的形式穿过液体层，由于气体的搅动作用，形成大量泡沫。

① 一种金属氧化物吸收法（干法）

泡沫的形成大大增加了气液接触的表面积，使得烟气中的 SO_2 能够更充分与吸收剂接触。在这个过程中，气液之间进行传质和传热过程。随后，塔内液体受重力作用由上层多孔板的降液管流到下层多孔板。

泡沫塔的空塔流速高，一般为 3 m/s，阻力损失适中，一般约为 1200 Pa。泡沫塔不适合在烟气含尘浓度较高时使用，使用前必须经过高效除尘才能脱硫，也不适用于湿式石灰法、湿式石灰石法脱硫，因为容易引起塔板结垢堵塞[6]。

泡沫塔的设计涉及塔径、降液管面积等参数的计算。

1）塔径计算

泡沫塔塔径计算公式同式（8-3）。

2）降液管面积计算

$$\mu_{cL} = 0.00276\sigma^{\frac{3}{4}}\left(\frac{\gamma_L^2}{\gamma_L - \gamma_g}\right)^{\frac{1}{4}} \tag{8-17}$$

式中：μ_{cL}——液体的临界黏度，Pa·s；

σ——液体表面张力，N/m；

γ_L——液相密度，kg/m³；

γ_g——气相密度，kg/m³。

当液体黏度小于临界黏度时，降液管内气体允许速度按式（8-18）计算：

$$u_{Lmax} = 2530.5F_{SF}\left[\frac{\sigma(\gamma_L - \gamma_g)}{\gamma_L^2}\right]^{\frac{1}{4}} \tag{8-18}$$

当液体黏度大于临界黏度时，降液管内气体允许速度按式（8-19）计算：

$$u_{Lmax} = 195.9F_{SF}\left[\frac{\sigma(\gamma_L - \gamma_g)}{\mu_L\gamma_L^2}\right]^{\frac{1}{5}} \tag{8-19}$$

式中：u_{Lmax}——降液管内气体允许速度，m/s；

F_{SF}——系数；

μ_L——液体黏度，cP。

$$A_f = \frac{L_s}{u_{L\max}} \tag{8-20}$$

式中：A_f——降液管截面积，m²；

L_s——液体负荷，m³/s。

2. 湍球塔

湍球塔是基于流化床概念的气液传质设备，通过使填料处于流化状态，从而强化传质过程。湍球塔（图 8.7）由栅板、球形填料、雾沫分离器等部分构成。

湍球塔的支承板上放置一定数量的轻质小球，操作时，液体自塔顶向下喷淋，在小球上形成液膜表面，气体自塔底向上流动，当气相速度大于床层系统的临界速度时，使小球湍动旋转及相互接撞，并不断更新液膜表面，从而构成气、液、固三相流态化系统，使传质传热过程大大增强。

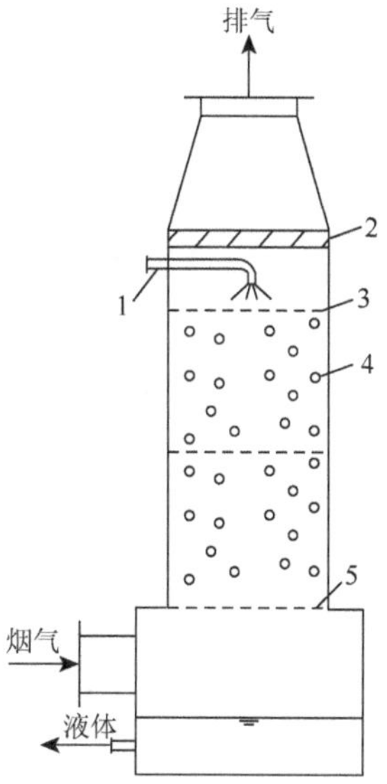

图 8.7　湍球塔示意图

1-液体喷嘴；2-雾沫分离器；3-上栅板；4-球形填料；5-下栅板

湍球塔的特点是：气速高、处理能力大，气液分布比较均匀，不易被固体及黏性物料堵塞。其缺点是：由于填料小球的湍动，在每段之内有一定程度的返混，所以只适合于传质单元数（段数）不太多的过程；段数过多时压降增大；由于球一般用塑料制造，所以不能承受较高的操作温度，且在使用一段时间后可能由于塑料老化造成球的变形或破裂[8]。

湍球塔的设计涉及塔径、床层膨胀高度等参数的计算。

1）塔径计算

湍球塔塔径计算公式同式（8-3）。

2）床层膨胀高度

$$\frac{Z_C}{Z_0} = Kv^{1.147}L^{0.7} \tag{8-21}$$

式中：Z_C——床层的膨胀高度，m；

Z_0——静止床层高度，m；

K——系数，$K = 0.045 \sim 0.08$；

L——液体喷淋密度，$m^3/(m^2 \cdot h)$。

8.1.3　克劳斯法

克劳斯法主要用于石油炼制、天然气净化、煤化工生产等行业的烟气脱硫，可处理含高浓度 H_2S 的酸性气体，是回收硫磺的重要方法。目前克劳斯法有多种改良方法，如超克劳斯工艺、低温克劳斯工艺等，但其基本原理相似，基本化学反应如下：

$$H_2S + \frac{1}{2}O_2 \longrightarrow H_2O + S \tag{8-22}$$

$$H_2S + \frac{3}{2}O_2 \longrightarrow H_2O + SO_2 \tag{8-23}$$

$$2H_2S + SO_2 \longrightarrow 2H_2O + 2S \tag{8-24}$$

其中反应式（8-22）和反应式（8-23）发生于加热阶段（反应炉），反应式（8-24）发生于催化阶段（催化转化器）。当使用催化剂时，反应可在较低的温度（200～400℃）下发生，否则需要1000℃以上的高温。

克劳斯法脱硫要求 H_2S 的初始浓度＞15%，以提供足够的热量用于维持反应所需的温度。其工艺流程如图 8.8 所示：气体在燃烧炉中燃烧，产生含有 H_2S 和 SO_2 的混合气体，随后进入废热炉进行热量回收、冷却，再进入转化器。在转化器中，混合气体在合适的温度下与催化剂进行反应，生成气态硫磺，接着进入冷凝器，将气态硫磺冷却为液态硫磺进行回收。在该工艺流程中应控制 H_2S 和 SO_2 的比例为 2∶1，该方法净化效率可达 97%左右[3]。

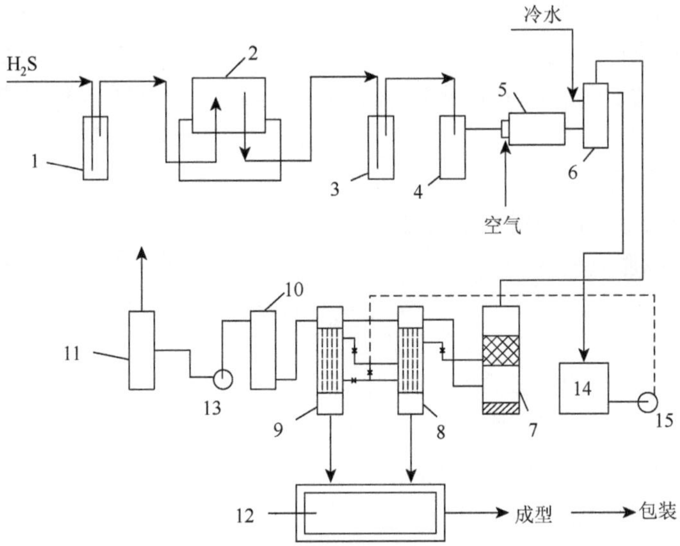

图 8.8　克劳斯法脱硫工艺流程图

1-进气水封；2-气柜；3-出气水封；4-水分离器；5-燃烧炉；6-废热炉；7-转化器；8-第一冷凝器；9-第二冷凝器；10-泡罩金属网捕集器；11-水洗塔；12-液硫贮槽；13-引风机；14-热水槽；15-热水泵

超克劳斯工艺是在传统克劳斯工艺基础上，添加一个选择性催化氧化反应段（超级克劳斯转化器），或最后一级转化反应器改用选择性氧化催化剂来处理传统克劳斯硫回收尾气。在通入过量空气的情况下，来自最后一级克劳斯段的过程气中剩余的 H_2S 被选择性氧化为元素硫，从而将硫磺回收率提高到 99%以上。超克劳斯法脱硫工艺的流程如图 8.9 所示[9]。

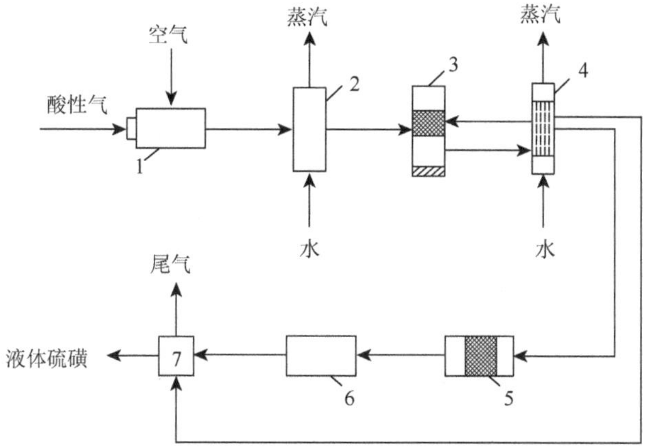

图 8.9　超克劳斯法脱硫工艺流程图

1-燃烧炉；2-废热锅炉；3-转化器；4-冷凝器；5-超级克劳斯转化器；6-深冷器；7-硫磺罐

克劳斯法转化器是克劳斯法脱硫工艺中的关键设备，其外壳通常采用碳钢或不锈钢材质，以确保设备的强度和耐腐蚀性。内部装有催化剂床层，催化剂放置在特制的支撑结构上。常见的支撑结构有格栅、瓷球层等，其目的是使气体均匀地通过催化剂床层，保证反应充分进行。

克劳斯法转换器的设计计算涉及硫的产量、空气需求量、燃烧炉热量、催化剂用量等，且根据反应装置设计的不同计算方法有区别，读者可查阅相关设计资料[10]。

8.1.4　碳酸氢钠干法

碳酸氢钠干法脱硫也称 SDS 干法脱硫，是一种高效的脱硫技术，适用于多种工业窑炉的尾气处理，如燃气锅炉、生物质锅炉、焚烧炉、炼油炉、焦化炉等。该技术通过将磨制成超细粉末的高效脱硫剂（$NaHCO_3$）喷入 SDS 反应器内，利用高温烟气作用将 $NaHCO_3$ 超细粉分解生成高活性 Na_2CO_3 和 CO_2；高活性 Na_2CO_3 与烟气中的 SO_2 充分接触并发生化学反应，生成 Na_2SO_3 等副产物，从而使烟气达到所需脱硫效果。

$$2NaHCO_3 \longrightarrow Na_2CO_3 + CO_2 + H_2O \tag{8-25}$$

$$Na_2CO_3 + SO_2 \longrightarrow Na_2SO_3 + CO_2 \tag{8-26}$$

其工艺流程如图 8.10 所示。

碳酸氢钠干法脱硫的主要设备为磨粉系统、SDS 反应器和袋式除尘器。磨粉系统包括原料储仓、给料机、磨粉机、喷射系统等，其保证制备出的 $NaHCO_3$ 超

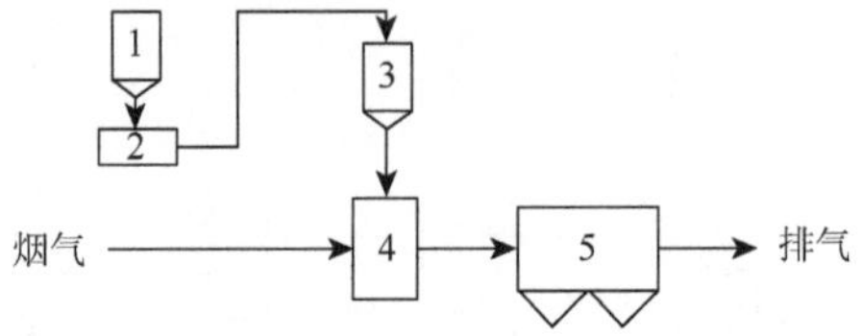

图 8.10　碳酸氢钠干法脱硫工艺流程图

1-碳酸氢钠粉仓；2-磨机；3-精细碳酸氢钠粉仓；4-SDS 反应器；5-袋式除尘器

细粉具有高活性；该系统是碳酸氢钠干法脱硫系统的关键设备，其选型直接关系到系统的脱硫效率、脱硫剂的消耗量及系统运行稳定性。SDS 反应器位于脱硫剂喷射点后，其内部设置掺混及增加烟气停留时间的结构，以提高脱硫效率以及脱硫剂的利用率；反应器可采用立式结构，亦可结合实际烟道设置为卧式结构。袋式除尘器可实现工艺中脱硫副产物的回收和烟气中颗粒物的除尘净化[11]。

碳酸氢钠干法脱硫系统的设计计算需考虑烟气流速、烟气温度、碳酸氢钠粒径、反应器内部结构等参数，涉及化学反应动力学、热力学以及流体力学等多方面内容，读者可根据实际情况查阅相关设计资料[8]。

8.1.5　活性炭吸附/催化法

传统活性炭吸附法主要基于活性炭独特的吸附特性，利用其巨大的比表面积和多孔结构，通过物理吸附和化学吸附去除烟气中的污染物，常用于低浓度、多组分废气处理，在一些对污染物成分要求严格控制的行业（如电子工业、食品加工等）中广泛应用。随着我国环保制度不断完善，对废气排放要求日益严格，活性炭吸附/催化法因其较高的脱硫效率得到广泛应用，也有多种高效且经济的脱硫催化剂可以选用。

活性炭吸附/催化法的优点是在催化剂表面上发生吸附的同时，还可以通过化学反应去除污染物，从而增大吸附容量，提高吸附速率。其主要反应方程式如表 8.2 所示[3, 4]。

表 8.2　活性炭吸附/催化法脱硫的主要反应

反应物	物理吸附过程	化学吸附过程
SO_2	$SO_2 \rightarrow SO_2^*$	$2SO_2^* + O_2^* \rightarrow 2SO_3^*$
	$O_2 \rightarrow O_2^*$	$SO_3^* + H_2O \rightarrow H_2SO_4^*$
	$H_2O \rightarrow H_2O^*$	$H_2SO_4^* + nH_2O \rightarrow H_2SO_4^* \cdot nH_2O$
H_2S	$H_2S \rightarrow H_2S^*$	$2H_2S^* + O_2^* \rightarrow 2S + 2H_2O$

注：以*表示处于吸附态分子。

以某电厂脱硫处理工艺为例，其采用渍碘 0.43%的活性炭处理电厂烟气，吸附 SO_2 的活性炭经洗涤再生，重复使用，副产物为稀硫酸。其工艺流程图如图 8.11 所示。

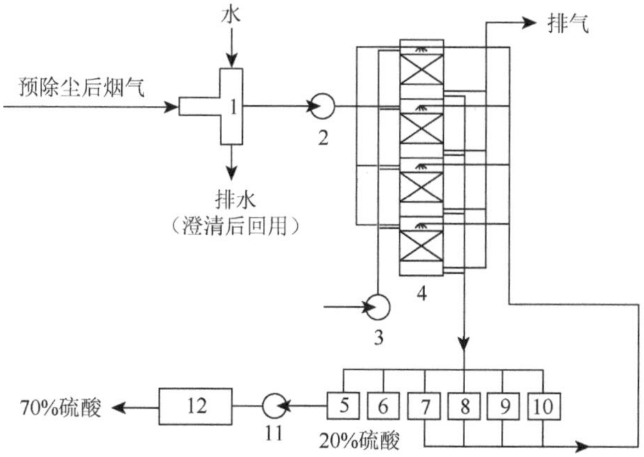

图 8.11　活性炭吸附/催化法脱硫工艺流程图

1-增湿降温组件；2、3-风机；4-活性炭脱硫塔；5、6-20%酸箱；7～10-稀酸箱；11-泵；12-浸没燃烧浓缩组件

该工艺流程设计 4 座活性炭脱硫塔，在脱硫与再生过程中交替运行，切换操作。含硫烟气首先由预处理系统进行除尘、调质，使烟气温度、尘含量、水分等指标满足后续脱硫工艺要求，之后自上而下流经脱硫塔。烟气经布气系统进入脱硫区，通过脱硫催化剂床层时，烟气中的 SO_2 被催化氧化与水反应生成硫酸，脱硫后的烟气达标排放。吸附一定时间后，脱硫催化剂的催化性能下降，需采用稀酸和水分级洗涤床层。第一、二级洗出的硫酸配成浓度约为 20%的硫酸，后几级洗出的酸则配成下次洗涤再生所用的稀硫酸。20%的稀酸用浸没燃烧的方式浓缩成 70%的硫酸产品[4]。

活性炭吸附/催化法的主要设备为脱硫器，根据脱硫剂在塔中的工作状态其可分为固定床式脱硫器、移动床式脱硫器、流化床式脱硫器。由于在第 5 章中已对吸附设备进行详细的介绍，因此本章不再赘述，仅对后续脱硫设计案例所涉及的固定床式脱硫器进行简单介绍。

固定床式脱硫器主要由塔体和内部的脱硫剂床层组成，脱硫剂床层中的催化剂可与废气中含硫组分（如 H_2S）发生化学反应，将硫固化并从废气中脱除，具有处理量大、投资费用低、占地面积小等优点。脱硫器塔体材质根据所处理废气的特性选择，可采用如不锈钢、玻璃钢等。内部的脱硫剂床层填充脱硫剂，如活性焦、分子筛等。固定床式脱硫器的设计涉及催化剂用量、塔径、催化剂层高度等方面的计算：

1）催化剂用量计算

$$q = cQ\eta \tag{8-27}$$

$$m = \frac{qt}{1000a} \tag{8-28}$$

式中：q——污染物质量流量，mg/h；

c——污染物浓度，mg/m^3；

Q——气体体积流量，m^3/h；

η——污染物去除率，%；

m——催化剂质量，kg；

t——运行时间，h；

a——催化剂容量，kg 污染物/kg 催化剂。

2）塔径计算

固定床式脱硫器塔径计算公式同式（8-3）。

3）催化剂层高度计算

$$V = \frac{m}{\rho} \tag{8-29}$$

$$H_a = \frac{V}{\frac{\pi}{4}D^2} \tag{8-30}$$

式中：V——催化剂体积，m^3；

ρ——催化剂密度，kg/m^3；

H_a——催化剂层高度，m；

D——塔径，m。

8.2　脱硫系统设计案例

8.2.1　设计任务书

1. 原始资料

某工程拟建于新疆维吾尔自治区伊宁市，项目总规模为年产天然气 100 亿 Nm^3，用地面积 900 公顷。本项目以煤为原料，经备煤、煤气化（碎煤加压气化）、变换、低温甲醇洗、硫回收及甲烷化等工艺生产天然气。其设计在 VOCs 废气处理过程中增设应急脱硫设施，脱除气体中的含硫组分（H_2S、SO_2 等）。其入口废气参数见表 8.3。

表 8.3　入口废气参数

项目名称	数值	单位
温度	45	℃
压力	5	kPa
黏度	0.018 2	Pa·s
质量流量	24 108	kg/h
摩尔流量	670	kmol/h
体积流量（标况）	12 877	Nm^3/h
体积流量（工况）	15 000	m^3/h
密度	1.45	kg/m^3
H_2S	0.232	kg/h
SO_2	0.377	kg/h
CO_2	13 176	kg/h

2. 设计目标

本项目因受后续工段的进气要求，所需达到的设备出口废气要求见表 8.4。

表 8.4　出口废气要求

名称	数值	单位
H_2S	≤2	mg/Nm^3
SO_2	≤2	mg/Nm^3

8.2.2　设计方案的比较和确定

结合本项目废气排放情况，对前面所述的脱硫工艺进行比选（表 8.5）。

表 8.5　脱硫工艺比选

脱硫方法	优缺点
石灰-石膏法	工艺成熟，但需要吸收塔、浆液制备系统、废水处理系统等一系列设备，本项目中 H_2S 和 SO_2 浓度较低，可选用其他成本更低的方法，采用石灰-石膏法将导致初期投资成本高、占地面积大
钠碱法	处理效果好，但本项目废气中含有大量的 CO_2，钠碱法通过 NaOH 等吸收剂吸收 H_2S 和 SO_2 的同时也会吸收 CO_2，导致耗碱量增加，运行成本增加

续表

脱硫方法	优缺点
克劳斯法	适用于处理高浓度的 H_2S 废气，但本项目中 H_2S 和 SO_2 浓度较低
碳酸氢钠干法	适用于温度较高的烟气，以便于将 $NaHCO_3$ 超细粉分解成高活性碳酸钠和二氧化碳，但本项目入口废气温度较低（45℃）
活性炭吸附/催化法	设备占地面积小，工艺简单，但需考虑脱硫剂再生问题

根据表 8.5，综合考虑处理规模、运行维护成本等因素，采用活性炭吸附/催化法脱除废气中的含硫组分。

本项目设计脱硫塔对气体进行脱硫处理，拟采用的脱硫剂为活性炭脱硫剂，该复合脱硫剂具有脱硫精度高、使用便捷、稳妥可靠、硫容量大等特点，可较好脱除废气中的 H_2S 和 SO_2。具体处理过程为：含有催化剂的填料被安装在脱硫塔的固定容器内，废气经控制以一定流速进入填料层，与催化剂发生物理、化学吸附作用，H_2S 被催化氧化成硫或硫化物后，余留在填料层中，净化后的气体从容器另一端排出。当催化剂填料的硫容量达到饱和后，可更换填料并进行再生处理。

8.2.3　处理单元的设计计算

本项目设计采用两个脱硫塔（一用一备），以下为单个脱硫塔的设计计算。

1. 脱硫塔内径计算

本项目设计风量 $Q = 15\,000\ \mathrm{m^3/h}$，根据工程经验取脱硫塔空塔气速 $v_{空0} = 0.7\ \mathrm{m/s}$，则塔内径 D 为

$$D = \sqrt{\frac{4Q}{v_{空0}\pi}} = \sqrt{\frac{4\times 15000/3600}{0.7\times 3.14}}\times 1000 = 2753.66\ \mathrm{mm}$$

因此取塔内径为 2800 mm。

实际空塔流速 $v_{空}$ 为

$$v_{空} = \frac{Q}{\frac{\pi}{4}D^2} = \frac{15000/3600}{\frac{3.14}{4}\times(2800/1000)^2} = 0.68\ \mathrm{m/s}$$

2. 脱硫剂综合容量计算

活性炭脱硫剂的堆密度取 $\rho = 0.5\ \mathrm{kg/L}$，理论摩尔质量 $M_D = 160\ \mathrm{g/mol}$。则每立方米脱硫剂的理论物质的量：

$$n_D = \frac{\rho V}{M_D} = \frac{0.5 \times 1000 \times 1000}{160} = 3125\ \text{mol}$$

脱硫剂的硫容量为 n（H_2S）：$n_D = 1$：1，则脱硫剂的硫化氢物质的量容量 $n_S = 3125\ \text{mol/m}^3$。

H_2S 的摩尔质量 $M_{S1} = 34$ g/mol，则脱硫剂的 H_2S 容量为

$$C_{H_2S} = n_S M_{S1} = 3125 \times \frac{34}{1000} = 106\ \text{kg/m}^3$$

SO_2 的摩尔质量 $M_{S2} = 64$ g/mol，则脱硫剂的 SO_2 容量为

$$C_{SO_2} = n_S M_{S2} = 3125 \times \frac{64}{1000} = 200\ \text{kg/m}^3$$

综合工程利用效率等因素，取脱硫剂综合容量 C_S 为 100 kg/m^3。

3. 污染物去除总量计算

$$q_{H_2S,out} = Q_{标} c_{H_2S,out} = 12877 \times \frac{2}{1000000} = 0.026\ \text{kg/h}$$

式中：$q_{H_2S,out}$——出口处 H_2S 的质量流量，kg/h；

$Q_{标}$——标况下气体体积流量，Nm^3/h；

$c_{H_2S,out}$——出口处 H_2S 的浓度，mg/Nm^3。

$$q_{SO_2,out} = Q_{标} c_{SO_2,out} = 12877 \times \frac{2}{1000000} = 0.026\ \text{kg/h}$$

式中：$q_{SO_2,out}$——出口处 SO_2 的质量流量，kg/h；

$Q_{标}$——标况下气体体积流量，Nm^3/h；

$c_{SO_2,out}$——出口处 SO_2 的浓度，mg/Nm^3。

则处理后污染物浓度要求达到表 8.6 的要求。

表 8.6　出口污染物浓度要求

名称	进气质量流量/(kg/h)	出气质量流量/(kg/h)	去除率/%
H_2S	0.232	0.026	88.79
SO_2	0.377	0.026	93.10

为了保证出口污染物浓度达到所设定的要求，设计去除率 η 为 94%。设计脱硫剂更换周期 T 为 1.5 个月，则污染物去除总量 $q_{总}$ 为

$$q_{总} = \left(q_{H_2S,in} + q_{SO_2,in}\right)\eta T = (0.232 + 0.377) \times 94\% \times (1.5 \times 30 \times 24) = 618.26\ \text{kg}$$

式中：$q_{H_2S,in}$——入口处 H_2S 的质量流量，kg/h；

$q_{SO_2,in}$——入口处 SO_2 的质量流量，kg/h；

η——去除率，%；

T——脱硫剂更换周期，月。

4. 脱硫剂装填量计算

脱硫剂装填量为

$$V=\frac{q_{总}}{C_s}=\frac{618.26}{100}=6.18\ \text{m}^3$$

5. 催化剂层高度计算

催化剂层高度为

$$H_a=\frac{V}{\frac{\pi}{4}D^2}=\frac{6.18}{\frac{3.14}{4}\times\left(\frac{2800}{1000}\right)^2}=1.00\ \text{m}$$

因此取催化剂层高度为 1 m。

6. 脱硫塔高度计算

本项目考虑废气中可能存在液态水，因此在脱硫塔入口处设置一层金属网以去除液态水。金属除水滤网及其支撑架的厚度为 100 mm。考虑脱硫剂的装填及检修，为了工人操作方便，设计填料层上部至金属除水滤网（包括金属除水滤网及其支撑架厚度）的高度 $H_1 = 1500$ mm。

填料层下部设计脱硫剂支撑架厚度为 150 mm。为使气体均匀流通，填料层下部至封头前（包括支撑架厚度）的高度 $H_2 = 500$ mm。

脱硫塔两端采用蝶形封头，根据蝶形封头的设计，单个蝶形封头的高度 $H_{封} = 497$ mm。

因此脱硫塔高度为

$$H_{罐}=H_a+H_1+H_2+2H_{封}=1000+1500+500+2\times497=3994\ \text{mm}$$

脱硫塔废气出入口具体设计如图 8.12 所示。由图可知，脱硫塔顶部至废气入口高度 $H_3 = 235$ mm；脱硫塔底部至支腿底部高度 $H_4 = 1408$ mm；因此脱硫塔高度为

$$H=H_{罐}+H_3+H_4=3994+235+1408=5637\ \text{mm}$$

7. 催化层压降计算

根据第 5 章式（5-6）可得催化层压降为

$$\Delta P_{\mathrm{a}} = \left(150\frac{(1-\varepsilon_1)^2}{\varepsilon_1^3}\cdot\frac{\mu_{\mathrm{a}}U}{d_{\mathrm{a}}^2} + 1.75\frac{1-\varepsilon_1}{\varepsilon_1^3}\cdot\frac{\rho_{\mathrm{a}}U^2}{d_{\mathrm{a}}}\right)\cdot H_{\mathrm{a}}$$

$$=\left(150\times\frac{(1-0.5)^2}{0.5^3}\times\frac{0.0182\times10^{-3}\times0.68}{0.004^2}+1.75\times\frac{1-0.5}{0.5^3}\times\frac{1.45\times0.68^2}{0.004}\right)\times1=1405.39\ \mathrm{Pa}$$

其中，ε_1——催化剂孔隙率，取 0.5；

μ_{a}——气体黏度，取 $0.0182\times10^{-3}\ \mathrm{Pa\cdot s}$；

d_{a}——催化剂平均粒径，取 0.004 m；

ρ_{a}——气体密度，取 1.45 kg/m^3；

U——通过催化层废气流速，取 0.68 m/s。

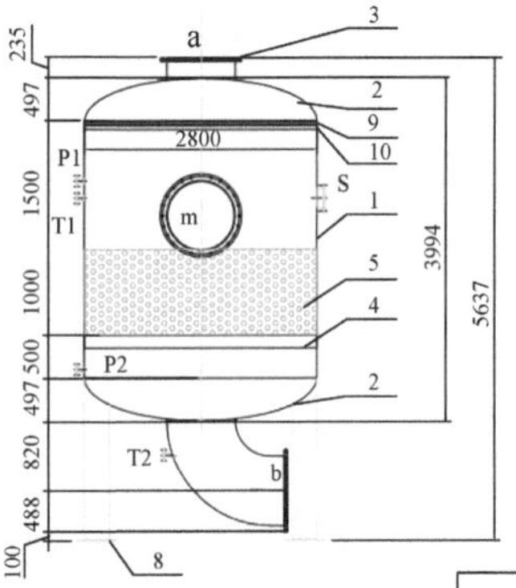

件号	图号或标准	名称	数量	材料
1	筒体	ϕ2800*3000	1	FRP
2	端盖	ϕ2800*497	2	FRP
3	接口	DN800	3	FRP
4	支撑梁	ϕ2800	1	FRP
5	填料	活性炭脱硫剂	1	
6	爬梯	1000	1	Q235
7	平台	1500*1200	1	Q235
8	支腿	如图	1	Q235
9	金属除水滤网	ϕ2800	1	304
10	滤网支撑架	ϕ2800	1	FRP

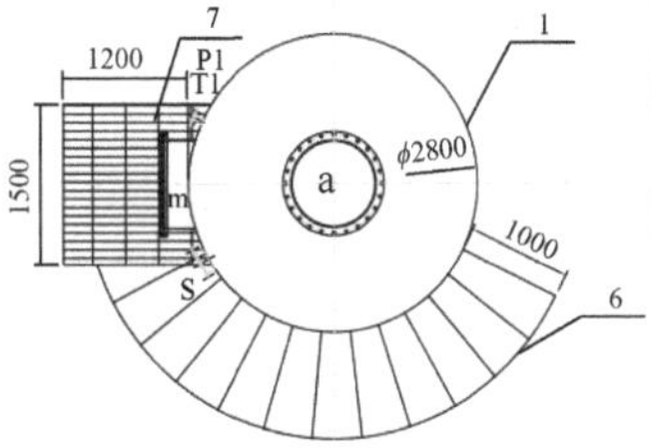

标号	名称	管道规格		压力等级 MPa	法兰规格	数量 ↑	外伸长度 mm
		DN	ϕ				
a	废气入口	800	820×10	0.25	HG 20592-2009 PL	1	200
b	废气出口	800	820×10	0.25	HG 20592-2009 PL	1	如图
P1	入口压力	50	57*3.5	0.25	HG 20592-2009 PL	1	100
P2	出口压力	50	57*3.5	0.25	HG 20592-2009 PL	1	100
T1	入口温度	50	57*3.5	0.25	HG 20592-2009 PL	1	100
T2	出口温度	50	57*3.5	0.25	HG 20592-2009 PL	1	100
S	视镜	800		0.25	HG 20592-2009 PL	1	100
m	人孔	800		0.25	HG 20592-2009 PL	1	200

图 8.12　脱硫塔设备图（单位：mm）

8. 管道计算

根据《工业建筑供暖通风与空气调节设计规范》（GB 50019-2015），管道风速可取 6～14 m/s。设计风量 $Q = 15\ 000\ \mathrm{m^3/h}$，设计塔体进出口烟气流速 $v_0 = 8\ \mathrm{m/s}$，则进出口管径 d 为

$$d=\sqrt{\frac{4Q}{v_0\pi}}=\sqrt{\frac{4\times15000/3600}{8\times3.14}}\times1000=814.54\ \mathrm{m}$$

因此取塔体进出口管径为 800 mm。

管道内烟气实际流速 v 为

$$v=\frac{Q}{\frac{\pi}{4}d^2}=\frac{15000/3600}{\frac{3.14}{4}\times(800/1000)^2}=8.29\ \mathrm{m/s}$$

符合设计规范要求。

8.2.4 绘制工艺流程图

绘制脱硫塔工艺流程图如图 8.13 所示。

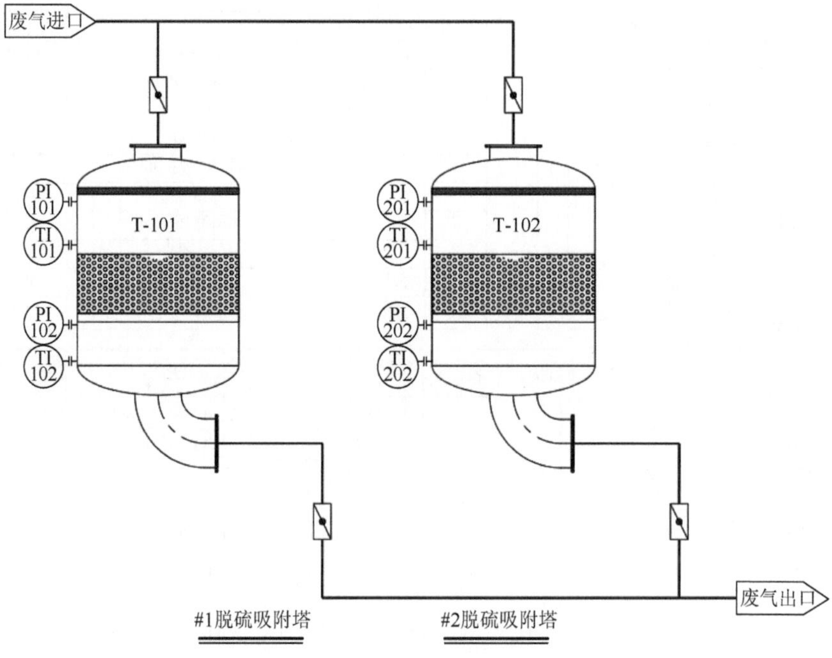

图 8.13　脱硫塔工艺流程图

参 考 文 献

[1] 蒋文举. 烟气脱硫脱硝技术手册[M]. 北京：化学工业出版社，2007.

[2] 周晓猛. 烟气脱硫脱硝工艺手册[M]. 北京：化学工业出版社，2016.

[3] 王纯，张殿印. 废气处理工程技术手册[M]. 北京：化学工业出版社，2013.

[4] 杨飏. 二氧化硫减排技术与烟气脱硫工程[M]. 北京：冶金工业出版社，2003.

[5] 赵兵涛. 大气污染控制工程[M]. 北京：化学工业出版社，2017.

[6] 吴安. 工业锅炉烟气湿法脱硫实用技术设计[M]. 北京：机械工业出版社，2014.
[7] 张昌清，丁德承. 文丘里洗涤器的工艺计算[J]. 硫磷设计与粉体工程，2011（6）：6-10，1.
[8] 周兴求. 环保设备设计手册：大气污染控制设备[M]. 北京：化学工业出版社，2004.
[9] 汪家铭. 超级克劳斯硫磺回收工艺及应用[J]. 天然气与石油，2009，27（5）：28-32.
[10] 于泽华，武锦涛，胡大鹏. 克劳斯燃烧炉流场定制[J]. 化学反应工程与工艺，2021，37（2）：113-120.
[11] 额尔德木吐，辛铖，高秋廷. 钠基干法脱硫工艺在高炉热风炉烟气脱硫中的应用[J]. 化工设计通讯，2022，48（5）：57-59.

第 9 章　脱硝系统设计

9.1　脱硝工艺及设备

氮氧化物（NO_x）作为一种主要的空气污染物，对生态环境以及人类健康都造成了严重威胁。因此，NO_x 净化（脱硝）技术的开发和应用至关重要。本章详细介绍了几种主要的脱硝工艺及相关设备，包括选择性催化还原法（SCR）、选择性非催化还原法（SNCR）、吸收法以及脱硫脱硝协同处理工艺等。

9.1.1　选择性催化还原法

1. 工艺原理

SCR 脱硝法是指在催化剂作用下，还原剂 NH_3 在 230～450℃温度下将 NO 和 NO_2 还原成 N_2。SCR 脱硝反应过程如下[1]。

$$NO + NO_2 + 2NH_3 \longrightarrow 2N_2 + 3H_2O \tag{9-1}$$

$$2NO_2 + O_2 + 4NH_3 \longrightarrow 3N_2 + 6H_2O \tag{9-2}$$

$$4NH_3 + 4NO + O_2 \longrightarrow 4N_2 + 6H_2O \tag{9-3}$$

式（9-1）～式（9-3）分别被称为快速 SCR、NO_2-SCR、标准 SCR。

SCR 脱硝效率一般为 70%～95%，还原剂类型和催化剂种类对效率影响很大。其中，还原剂 NH_3 的制备工艺有氨水蒸发法、液氨气化法、尿素热解法等。氨水蒸发法虽然具有系统操作简单、耗能低等优点，但运输成本高；液氨气化法具有运行费用低、系统操作简单等优点，但液氨需高压储存和运输，安全风险高；尿素热解法运输方便、安全性能高，但工艺系统较复杂、能耗高。催化剂则容易发生 SO_2 中毒问题，导致催化剂失活，降低脱硝效果。SCR 脱硝技术的主要缺点为还原剂 NH_3 容易挥发逃逸，造成二次污染；NH_3 还会与烟气中 SO_2 发生副反应，生成硫酸铵盐或亚硫酸铵盐，易导致铵盐在设备中发生结垢堵管。

尿素、氨水等还原剂也可直接喷入烟气或尾气中，直接喷射尿素溶液的 SCR 系统结构如图 9.1 所示，主要包括尿素泵、催化器、喷嘴、尿素溶液箱等。

2. SCR 催化剂

选择合适的催化剂是 SCR 技术能够成功应用的关键，催化剂的种类、反应温

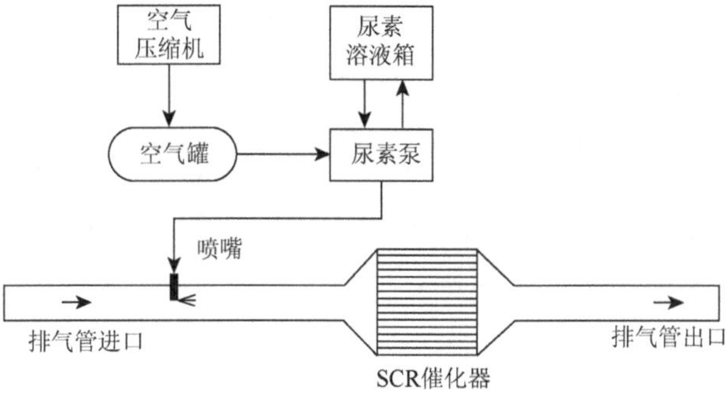

图 9.1　SCR 系统结构示意图

度、形式和寿命均对 SCR 反应产生影响。不同种类的 SCR 催化剂具有不同的物理性能，同时也拥有不同的适宜温度范围，当反应温度超出该温度范围时将发生副反应。副反应不但对脱硝效率有所影响，而且会导致催化剂活性降低。在 SCR 系统运行过程中，催化剂会因为各种物理、化学作用导致催化剂性能下降甚至失效。因此，需要采取合理的预防措施来延长催化剂的使用寿命。综合来看 SCR 催化剂需要满足的主要特点包括：对脱硝反应具有较高的活性、低硫氧化活性、高机械或磨损强度、高抗失活性能以及低价格。目前广泛应用的 NH_3-SCR 催化剂主要包括金属氧化物催化剂和分子筛催化剂等。

1）金属氧化物催化剂

金属氧化物催化剂是目前 SCR 技术中应用最广泛且技术最为成熟的一类催化剂，多用于燃煤电厂等固定源烟气排放，同时由于其低廉的成本，更适合大规模工业应用。该类催化剂的成分主要由 V_2O_5（WO_3）、Fe_2O_3、CuO、MgO、MoO_3、NiO 等金属氧化物及其复合物构成，通常以 TiO_2、Al_2O_3、ZrO_2、SiO_2 等作为载体[2, 3]。单一的金属氧化物作为活性组分虽然具有较为优异的脱硝性能，但是具有容易硫中毒、在高温条件下 N_2 选择性低、比表面积较低和热稳定性较差等缺点，因而其应用受到限制。目前使用最广泛的是 V_2O_5-WO_3/TiO_2 和 V_2O_5-MoO_3/TiO_2 催化剂。

2）分子筛催化剂

在 SCR 脱硝中，分子筛催化剂因具有较高的 NO_x 转化率、热稳定性和较宽的活性温度窗口而备受青睐。目前，Cu 离子或者 Fe 离子改性的 ZSM-5、SAPO-34、SSZ-13 和 Beta 分子筛已在柴油车尾气 NO_x 治理中得到应用，其中具有小孔结构的 Cu-SSZ-13 分子筛应用最为广泛[4, 5]。

在实际烟气或尾气处理中，需根据工况条件对催化剂进行特殊的成型处理，制备以特定形态存在的整体式 SCR 催化剂。目前应用较多的整体式 SCR 催化剂主要有三大类：蜂窝式、板式、波纹板式，其对应的结构如图 9.2 所示。

图 9.2　整体式 SCR 催化剂示意图

（a）蜂窝式；（b）板式；（c）波纹板式

1）蜂窝式催化剂

蜂窝式催化剂是目前工业应用中最为广泛的一类催化剂，其成型工艺主要分为挤出成型和涂覆式两种。在挤出成型工艺中，需依次将活性组分前驱体、载体、结构助剂及水等原料通过干混和湿混工艺制备成塑性催化剂泥团，随后经过干燥、焙烧等工序最终成型。该工艺制备的催化剂具有尺寸可调性，且由于活性组分均匀分布于整个基体，使其具有优异的使用周期和耐磨性能，特别适用于复杂烟尘环境，其良好的耐磨性和抗中毒性能可有效应对烟气中高浓度粉尘及有害成分的挑战。因此，该类催化剂在工业烟气脱硝领域（如火电、钢铁、焦化等行业）得到广泛应用。

另一种成型工艺为蜂窝陶瓷涂覆技术，该技术以现成蜂窝陶瓷材料为载体，在其表面涂覆催化活性浆料。该技术不仅显著降低了活性组分用量，节约了生产成本，同时确保了催化剂的机械强度满足工业应用要求。这种成型方式特别适用于对成本敏感且对催化剂强度要求较高的烟气脱硝场景，同时也是机动车尾气净化领域常用的催化剂类型。在成型过程中，载体选择至关重要，其中堇青石蜂窝因其优异的热稳定性和机械强度，被认为是脱硝催化剂的理想载体。活性组分需预先与黏结剂或分散剂混合形成浆料，通过浸渍或喷涂工艺负载于载体表面，经干燥焙烧后获得整体催化剂。然而，该工艺存在活性组分与基底结合力不足的缺陷，易导致活性组分脱落。

2）板式催化剂

板式催化剂作为另一类广泛应用的环境催化材料，在工业烟气脱硝领域占据重要地位。其制备工艺是将含有载体和活性组分的原料在混炼机中充分混炼，随后将均匀的泥料涂覆于金属网上，经干燥、焙烧等工序制成催化剂单板。该类催化剂以不锈钢筛板作为结构骨架，具有优异的机械强度，可有效避免催化剂整体塌陷，确保运行安全稳定。在脱硝系统运行过程中，风机阻力是主要能耗来源，板式催化剂可通过调节板间距来降低床层阻力，从而显著减少脱硝能耗。然而，与其他涂覆成型整体式催化剂类似，板式催化剂也存在易磨损、使用寿命较短等缺陷。为改善这一不足，通常需要优化浆料配方以提高其在载体表面的附着性能。

3）波纹板式催化剂

与前两类催化剂相比，波纹板式催化剂的应用范围相对有限。其制备工艺与板式催化剂相似，主要区别在于采用波纹状陶瓷或玻璃纤维板作为载体。通过将陶瓷纤维板叠加，形成具有三角形或梯形孔道结构的催化剂基体。新型载体材料的应用不仅显著降低了催化剂密度，还提高了其组装与拆卸的便捷性。然而，波纹状结构设计在增加烟气接触面积的同时，导致飞灰沉积和易磨损等问题，这些局限性制约了其在工业领域的广泛应用[6]。

9.1.2　选择性非催化还原法

SNCR 脱硝技术与 SCR 脱硝技术的反应原理相近，其主要区别在于 SNCR 法没有催化剂的作用，因此需要在高温条件下将 NH_3、氨水或尿素等低价位含氮还原剂与烟气接触反应，所需反应温度一般为 850～1100℃。SNCR 脱硝系统示意图如图 9.3 所示。NH_3 或尿素作为还原剂还原 NO_x 的主要反应如下[7]。

NH_3 作为还原剂：

$$6NO + 4NH_3 \longrightarrow 5N_2 + 6H_2O \tag{9-4}$$

尿素作为还原剂：

$$CO(NH_2)_2 + 2NO + \frac{1}{2}O_2 \longrightarrow 2N_2 + CO_2 + 2H_2O \tag{9-5}$$

由于无需催化剂，且固定投资小，SNCR 法脱硝运行成本明显低于 SCR 法脱硝；但是其反应温度高，NH_3 易发生逃逸，还原剂利用率较低，导致其脱硝率不高（30%～70%），易造成二次污染，且温度窗口的选择和控制也比较困难，同时不同的锅炉形式和负荷状态需要采用不同的工艺设计和控制策略，设计难度较大。

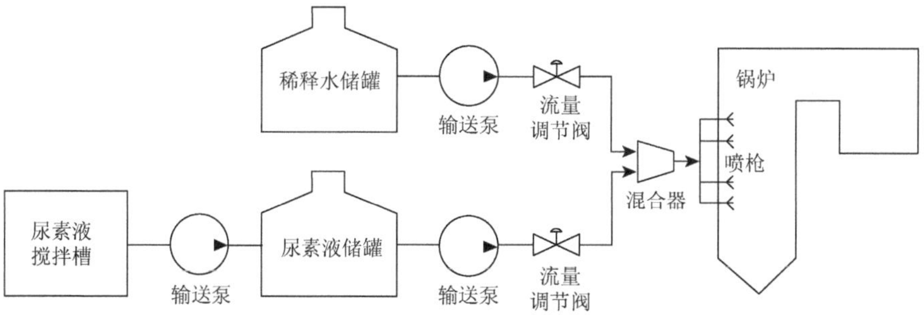

图 9.3　尿素作为还原剂的 SNCR 脱硝系统示意图

9.1.3 吸收法

1. 吸收设备

吸收设备详情见第 4 章。

2. 工艺介绍

本小节介绍几种常见的吸收脱硝方法。

1）氧化吸收法

对于 NO 含量高的烟气可以采用氧化吸收法脱硝，即先将 NO 部分或者全部氧化成 NO_2，再采用碱液吸收。常用的氧化剂包括 Cl_2、ClO_2、O_3、$KMnO_4$、$NaClO_3$、NaClO、H_2O_2、$KBrO_3$、K_2CrO_7、$HClO_3$、Na_2CrO_4 等，其中最常用的氧化剂为 O_3 和 H_2O_2，因为 O_3 和 H_2O_2 的分解产物分别为 O_2 和 H_2O，不会对吸收液产生额外污染。氧化吸收法中最典型的是循环氧化吸收协同脱硝技术，其主要特点是氧化与吸收相结合，先将烟气中难溶于水的 NO 氧化成可溶于水的 NO_2 或其他高价 NO_x，再与强碱性吸收剂进行中和反应，实现 NO_x 的脱除[1]。

2）酸液吸收法

NO 在水中的溶解度很小，但在酸中的溶解度却大很多，同时 NO_x 又可充分地被浓硫酸吸收，故可以把含 NO 和 NO_2 的尾气吸收到浓硫酸中，制成亚硝酸硫（$NOHSO_4$）。但是由于 $NOHSO_4$ 遇水易发生分解，不适合含水尾气中 NO_x 的吸收。该工艺同时还存在须加压操作、酸循环量大、能耗高的缺点。

3）碱液吸收法

该法是采用 NaOH、KOH、Na_2CO_3、$NH_3 \cdot H_2O$ 等碱性溶液作为吸收剂对 NO_x 进行化学吸收，其中 $NH_3 \cdot H_2O$ 的吸收率最高。为进一步提高对 NO_x 的吸收效率，又开发了氨-碱溶液两级吸收：首先 NH_3 与 NO_x 和水蒸气进行完全气相反应，生成 NH_4NO_3 白烟雾；然后用碱性溶液进一步吸收未反应的 NO_x，生成硝酸盐和亚硝酸盐，NH_4NO_3、NH_4NO_2 也将溶解于碱性溶液中。吸收液经过多次循环，碱液耗尽之后，将含有硝酸盐和亚硝酸盐的溶液浓缩结晶，可作肥料使用[3]。

4）络合吸收法

络合吸收法是通过利用过渡金属离子与配体构成的络合剂来捕集 NO，络合剂的种类有很多，其中以亚铁螯合剂和钴氨络合剂最为常见。络合吸收法对烟气中 NO/NO_2 比例没有要求，且络合吸收液可循环使用，具有较好的应用前景，但由于螯合物的循环利用困难，吸收液易失活且再生复杂，其工艺技术还不成熟，暂无工业化应用案例。

5）还原吸收法

还原吸收法是指将烟气通入到含有还原剂的吸收液中，烟气中 NO_x 被吸收液中的还原剂还原成 N_2。还原剂的种类较多，其中以亚硫酸盐和尿素使用最广。该工艺的缺点在于 NO_x 的脱除率不高。

9.1.4 烟气及尾气净化中的 SCR 工艺应用

1. 烟气脱硝 SCR 工艺应用

SCR 工艺在烟气处理中的应用主要包含三种反应器布置方式，每种方式都具有优势和局限性，其工艺布置示意图如图 9.4 所示。

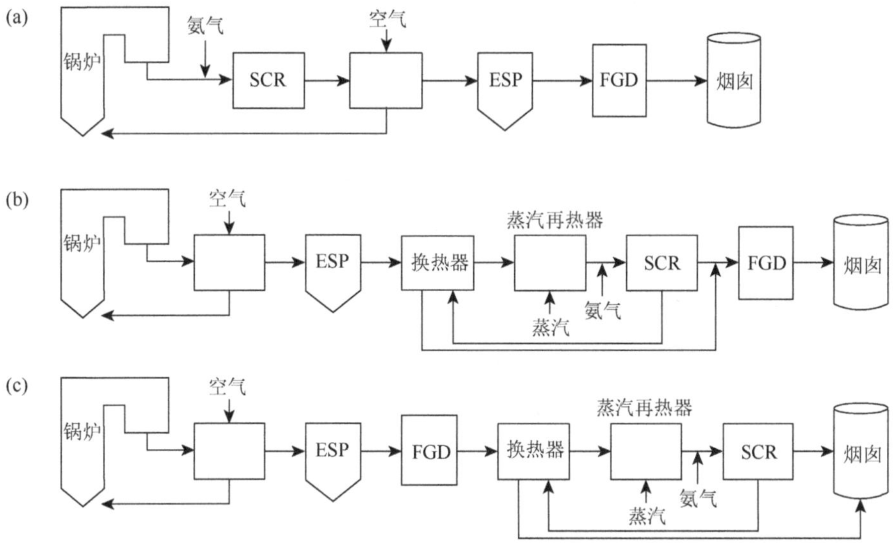

图 9.4 烟气处理 SCR 工艺布置示意图

（a）高尘 SCR 工艺；（b）低尘 SCR 工艺；（c）尾端 SCR 工艺

1）高尘 SCR 工艺

高尘 SCR 工艺通常布置于锅炉后部，具体位于空气预热器与省煤器之间。该工艺具有以下优势：首先，其高温反应条件（300～400℃）为催化剂选择提供了更广泛的空间；其次，由于无需安装烟气-烟气换热器（GGH），显著降低了初始投资和运行成本。该工艺已积累了超过 20 年的成熟运行经验，是目前应用最广泛的 SCR 工艺之一。然而，该工艺也面临诸多挑战：高粉尘浓度（通常＞20 g/Nm^3）易导致催化剂磨损和中毒；飞灰中的碱金属（如 K、Na）和重金属（如 As、Pb）

会造成催化剂失活；大型机组的 SCR 反应器需要独立支撑钢架，增加了设备复杂性和建设成本；此外，催化剂可能催化 SO_2 氧化生成 SO_3，进而与逃逸 NH_3反应生成 NH_4HSO_4 和$(NH_4)_2SO_4$ 等腐蚀性化合物，对下游设备造成腐蚀并增加维护难度。因此，在实际工程应用中需要综合考虑其技术经济性，优化工艺设计参数。

2）低尘 SCR 工艺

低尘 SCR 工艺是在烟气经过电除尘器（ESP）处理后实施的 SCR 脱硝技术。该工艺的主要优势包括：ESP 处理后烟气粉尘浓度显著降低（通常＜200 mg/Nm^3），可有效延长催化剂使用寿命；SCR 系统与锅炉本体分离，不影响锅炉正常运行；与高尘 SCR 工艺相比，氨逃逸量可降低 30%～50%。然而，该工艺仍存在以下技术挑战：首先，尽管粉尘浓度降低，但仍存在 SO_2 与逃逸氨反应生成 NH_4HSO_4 等腐蚀性物质的风险；其次，由于烟气温度较低（约 160℃），可选择的商业化催化剂种类有限，主要局限于低温催化剂。此外，该工艺的运行经验相对较少，缺乏长期运行数据支持。

3）尾端 SCR 工艺

尾端 SCR 工艺布置通常位于烟气脱硫系统（FGD）下游。该工艺具有以下显著优势：首先，由于 SO_2 已在 FGD 系统中被去除，避免了 SO_3 生成及其引发的二次污染问题；其次，极低的氨逃逸量（通常＜10^{-6}）显著降低了对烟囱等建筑物的腐蚀风险。然而，该工艺也存在明显局限性：首先，需要安装 GGH 系统以维持反应温度，这不仅增加了设备复杂性，还导致投资成本增加约 15%～20%；其次，目前市场上缺乏适用于该工况（低温、低尘）的商业化催化剂；最后，由于该工艺的运行经验相对较少，缺乏成熟的工程案例参考，增加了工艺应用风险。

2. 柴油车尾气净化 SCR 工艺应用

随着柴油车排放标准越来越严格，对柴油车排放控制系统也在逐步升级，其中排气后处理系统也在不断地改进和优化。目前，柴油车的后处理主要包含四段催化剂：柴油氧化催化器（DOC）用于未完全燃烧碳氢化合物（HC）和一氧化碳（CO）的氧化去除，同时也将一些 NO 氧化为 NO_2；带有催化剂涂层的柴油颗粒过滤器（CDPF）用于捕获和催化燃烧颗粒物（PM），并在规定的运行时间后，进行主动或被动再生以燃烧积累的 PM；采用 NH_3-SCR 控制 NO 和 NO_2；为防止 NH_3-SCR 单元因为 NH_3 逃逸所导致的污染，在尾气净化系统末端加装逃逸氨催化器（ASC）实现未反应 NH_3 的氧化去除，并涂覆 SCR 催化剂以增强 N_2 选择性。通过 DOC、CDPF、SCR、ASC 的耦合，能够满足现行的国Ⅵ及 Euro Ⅵ排放标准，成为目前世界范围内主流的柴油车尾气净化工艺方案[5, 8]，其工艺组合示意图如图 9.5 所示。

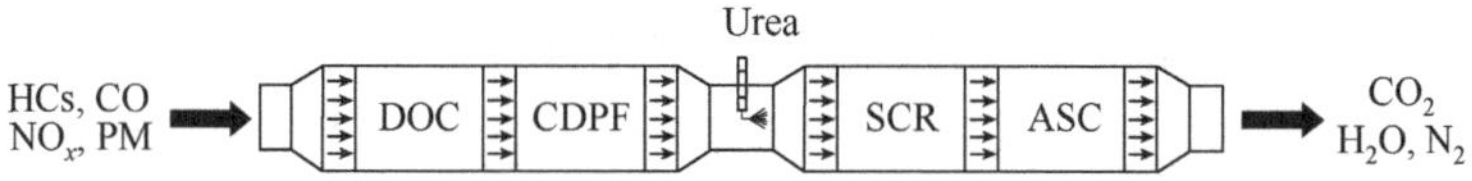

图 9.5　国Ⅵ及 Euro Ⅵ柴油车尾气净化主流工艺组合示意图

3. 脱硝协同多污染物处理工艺

1）活性焦脱硫脱硝协同处理工艺

活性焦脱硫脱硝协同处理工艺可以实现多种污染物的高效净化和资源回收，该技术已得到应用并在钢铁等行业中逐步推广，其工艺流程图如图 9.6 所示。活性焦协同处理技术凭借其优异的吸附能力和氧化还原性能，可协同去除 NO_x、SO_2、二噁英等，其中脱硝主要以活性焦为催化剂，通过 SCR 反应实现，脱硫可通过活性焦物理吸附和化学吸附协同作用实现。此外，该技术在工业应用中维护和运行成本低，无可见烟雾、废水和废渣，工艺简单，系统稳定可靠，且可以实现硫磺回收利用[9]。

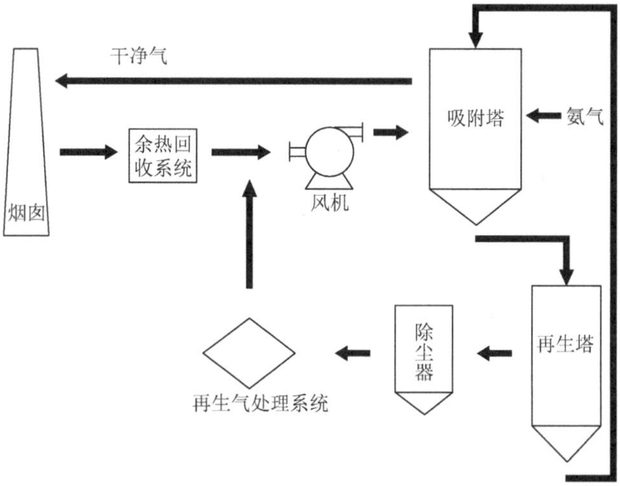

图 9.6　活性焦脱硫脱硝协同处理工艺流程图

2）氧化法脱硫脱硝脱汞协同处理工艺

利用氧化剂将溶解性较差的 NO 和 Hg^0 氧化成可溶性的 NO_2 和 Hg^{2+}，再用吸收液吸收，是协同去除烟气中多污染物较为有效的方法之一。其中，氯系氧化剂的氧化性强、脱除率高、选择性好，受到广泛关注。氯系氧化剂主要为 ClO_2、$NaClO_2$ 和 NaClO 等。ClO_2 溶液的脱硫脱硝率较高，但 ClO_2 极易挥发，不仅浪费资源，还易形成二次污染。气相 ClO_2 氧化 NO 具有选择性好、脱除效率高等优势，但 ClO_2 气体不稳定，不易储存运输，且浓度较高时还会引起爆炸，故不宜直接用于工业烟气脱硫脱硝。$NaClO_2$氧化脱除SO_2、NO和Hg^0的去除率能达到90%以上，且反应速率快、利用率高，其缺点是成本较高、逸出的ClO_2和Cl_2易引发二次污染、氧化剂具有毒性等。

3）催化法脱硝脱VOCs脱汞协同处理工艺

在催化氧化过程中，NH_3的存在会与VOCs和Hg^0等重金属产生竞争吸附，同时会消耗催化剂表面的氧物种，不利于催化剂对VOCs和Hg^0等重金属的氧化。且由于VOCs、NO_x和NH_3的动力直径和分子极性的差异，活性氧物种优先参与SCR反应，进而抑制VOCs氧化。通过联合布置的方式，上层放置脱硝催化剂，下层放置脱汞催化剂或者VOCs氧化催化剂，通过预先消耗NH_3，提高尾部VOCs和Hg^0的氧化能力，可以达到多污染物协同脱除的效果[1]。

9.2 脱硝系统设计案例

9.2.1 设计任务书

1. 原始资料

1）项目概况

某公司在生产电磁漆包线时，含氮涂料在高温处理过程中产生含高浓度NO_x废气，烟囱排气出现黄烟。为避免产生黄烟和NO_x的超标排放，需针对生产电磁漆包线的机台进行NO_x废气治理。漆包机示意图如图9.7所示。

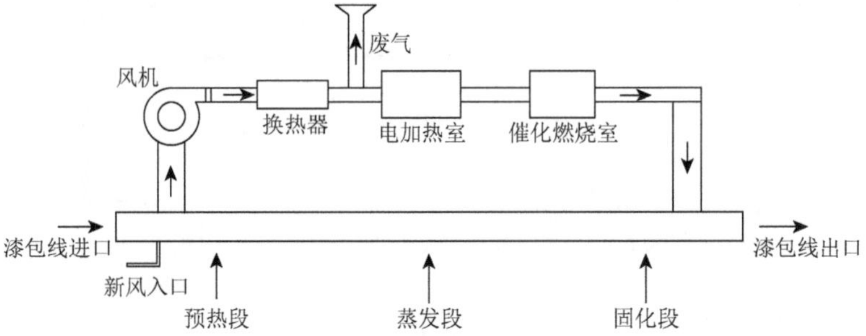

图9.7 漆包机示意图

2）废气参数

根据某段时间内该公司中一机台的实测数据，该机台有4根管道往外排放废气，单根废气管道的平均风量约为250 Nm^3/h，废气中NO_x的平均浓度约为1500 mg/m^3，废气经过换热器热交换之后的温度范围在230～260℃。

3）工艺比选

根据上文中列举的不同脱硝技术的介绍，选取几种主要的工艺进行对比，见表 9.1。

表 9.1　主要脱硝工艺对比

工艺类型	脱硝率	反应温度	投资成本	适应排气量	二次污染	其他特点
SCR	70%～95%	230～450℃	较高	较大	NH_3 逃逸	N_2 的选择性高，不适用于含 SO_2 较高的废气
SNCR	30%～70%	850～1100℃	较低	较大	NH_3 逃逸较大	工艺设计和控制策略选择的难度较大
氧化吸收法	效率高	常温	较低	较小	可能造成二次污染	可以处理 NO 含量高的烟气

由于本设计中废气 NO_x 的平均浓度约为 1500 mg/m^3，温度范围在 230～260℃，且废气中不含 SO_2，考虑到脱硝率、项目成本以及此废气条件下脱硝技术的可行性，本设计选择 SCR 脱硝工艺进行废气处理。

4）SCR 脱硝工艺

本工艺的流程为“尿素储存供应系统 + SCR 脱硝反应系统”。整个工艺流程采用模块化设计，形成一个整体式的催化设备，现场进行简单安装即可。具体工艺方案，以尿素为脱硝剂，在原有设施基础上，通过合理设计，达到减少占地和投资的目的，提供最经济合理的技术方案。脱硝主要可分成两个相对独立的区域，即尿素储存及供应系统区域和反应系统区域。

通过采用合适的催化剂，上述反应可以在 220～410℃的温度范围内有效进行，获得高达 80%～90%的 NO_x 脱除效率。

2. 设计目标

在设计条件下，设计指标为：通过对每套（台）电磁漆包线立式烘炉设置四通道 NO_x 处理设备，当设备处理前进口 NO_x 浓度小于 3000 mg/m^3 时，使处理后废气 NO_x 浓度小于 120 mg/m^3。

9.2.2　处理单元设计计算

1. 脱硝反应器计算

1）催化剂使用量

所选催化剂基础数据如表 9.2 所示。

表 9.2　催化剂的基础数据

主要内容	数量	单位
催化剂类型	蜂窝式	
孔数	40×40	
孔距	3.11×10^{-3}	m
孔隙率	68.56	%
单个催化剂尺寸：长（a）	0.15	m
单个催化剂尺寸：宽（b）	0.15	m
单个催化剂尺寸：高（h）	0.80	m

注：催化剂尺寸根据需求来定，同时也结合市场上主流的产品尺寸来确定。催化剂使用量跟催化剂的空速有关，不同的催化剂性能不同，能够适应的空速条件不一样。

设计空速为 4000 h^{-1}，总流量为 1000 Nm^3/h。

空速计算公式为

$$\mathrm{GHSV}=\frac{Q}{V} \tag{9-6}$$

式中：GHSV ——空速，h^{-1}；

Q——总气体流量，Nm^3/h；

V——催化剂总体积，m^3。

由式（9-6）可得催化剂总体积为 0.250 m^3，根据计算及实际工况选取 16 块催化剂，实际总体积如下：

$$V=abh\times n=0.15\times0.15\times0.8\times16=0.288\ \mathrm{m^3} \tag{9-7}$$

式中：n——催化剂数量，块。

2）NH_3 使用量计算

由进出口 NO_x 的浓度和气体流量，可得 NO_x 的转化速率为

$$m_{\mathrm{NO}_x}=(C_{\mathrm{in}}-C_{\mathrm{out}})\times Q=\left(\frac{3000-120}{1000}\right)\times1000=2880.000\ \mathrm{g/h} \tag{9-8}$$

式中：m_{NO_x}——NO_x 的转化速率，g/h；

C_{in}——进口 NO_x 浓度，mg/m^3；

C_{out}——出口 NO_x 浓度，mg/m^3。

由 NO_x 摩尔质量（以 NO_2 计，为 46 g/mol），可得 NO_x 转化的摩尔速率为

$$n_{\mathrm{NO}_x}=\frac{m_{\mathrm{NO}_x}}{46}=\frac{2880}{46}=62.609\ \mathrm{mol/h} \tag{9-9}$$

式中：n_{NO_x}——NO_x 转化的摩尔速率，mol/h。

根据 NO_x 转化的摩尔速率 n_{NO_x} 和 NH_3/NO_x 摩尔比 r（NH_3/NO_x 摩尔比主要依据实际工程经验，以及防止 NH_3 逃逸），可以直接得到 NH_3 的供应速率：

$$m_{NH_3} = 17rn_{NO_x} = 17 \times 0.92 \times 62.609 = 979.205 \text{ g/h} \quad (9\text{-}10)$$

式中：m_{NH_3}——NH_3 的供应速率，g/h；

r——NH_3/NO_x 摩尔比，为 0.92。

再除以气体流量 Q 可以得到烟气中 NH_3 的浓度：

$$C_{NH_3} = \frac{1000m_{NH_3}}{Q} = \frac{1000 \times 979.205}{1000} = 979.205 \text{ mg/m}^3 \quad (9\text{-}11)$$

式中：C_{NH_3}——烟气中 NH_3 的浓度，mg/m³。

且每台机器有 4 根管道排放废气，由 m_{NH_3} 可以得出单通道和四通道的 NH_3 供应速率：

$$m_{s1} = \frac{m_{NH_3}}{4} = 244.801 \text{ g/h} \quad (9\text{-}12)$$

式中：m_{s1}——单通道的 NH_3 供应速率，g/h。

$$m_{f1} = m_{NH_3} = 979.205 \text{ g/h} \quad (9\text{-}13)$$

式中：m_{f1}——四通道的 NH_3 供应速率，g/h。

转化为每小时所需供应的 NH_3 体积，可以分别得到（以标准状态计算）：

$$V_s = \frac{22.4m_{s1}}{17} = \frac{22.4 \times 244.801}{17} = 322.561 \text{ L/h} \quad (9\text{-}14)$$

式中：V_s——单通道供应 NH_3 体积速率，L/h。

$$V_f = 4V_s = 4 \times 322.561 = 1290.244 \text{ L/h} \quad (9\text{-}15)$$

式中：V_f——四通道供应 NH_3 体积速率，L/h。

3）尿素使用量

尿素的基本信息如表 9.3 所示。

表 9.3　尿素基本信息

基本信息	数量	单位
尿素水溶液的质量浓度	50.00	%
尿素热解产 NH_3 率	95.00	%
尿素的分子量	60.000	g/mol

注：尿素水溶液的质量浓度主要是根据尿素的溶解度来确定，也要结合现场的实际使用条件，浓度可以根据实际需要调整。尿素热解产 NH_3 率主要依据相关文献和工程经验的数据。

尿素热解产 NH_3 反应式：

$$CO(NH_2)_2 + H_2O \longrightarrow CO_2\uparrow + 2NH_3\uparrow \tag{9-16}$$

由反应式可得，四通道尿素使用速率为

$$m_{f2} = \frac{rn_{NO_x}}{2} \times \frac{60}{1000W_{NH_3}} = \frac{0.92\times 62.609\times 60}{2\times 1000\times 0.95} = 1.819\ \text{kg/h} \tag{9-17}$$

式中：m_{f2}——四通道尿素使用速率，kg/h；

W_{NH_3}——尿素水解产 NH_3 率，%。

根据尿素溶液的浓度，可以得出四通道 50%尿素溶液的使用速率

$$m_{f3} = \frac{m_{f2}}{C_u} = \frac{1.819}{0.5} = 3.638\ \text{kg/h} \tag{9-18}$$

式中：m_{f3}——四通道 50%尿素溶液的使用速率，kg/h；

C_u——尿素水溶液的质量浓度，%。

同理，可得单通道尿素使用速率和单通道 50%尿素溶液的使用速率，分别为 0.455 kg/h 和 0.910 kg/h。

2. 阻力计算

阻力计算基本信息如表 9.4 所示。

表 9.4　阻力计算基本信息

单元	基础数据						
	直径 d/m	流速 v/(m/s)	流量 Q/(m³/h)	数量	单位	密度 ρ/(kg/m³)	阻力系数
SCR 反应器	1.2	0.061	250.0	1	个	1.293	1.00
管道（直管）	0.1	8.84	250.0	15	m	1.293	15.00
管道（弯头）	0.1	8.84	—	5	个	1.293	0.15
喇叭口（扩张）	0.32～0.55	8.84	—	1	个	1.293	0.19
喇叭口（收缩）	0.55～0.32	8.84	—	1	个	1.293	0.18
排气口动压损失	—	8.84	—	1	个	1.293	1.00

根据本书式（2-15）、式（2-23）及式（7-8），进行阻力计算，结果如表 9.5 所示。

表 9.5　阻力计算结果

单元	SCR 反应器	管道（直管）	管道（弯头）	喇叭口（扩张）	喇叭口（收缩）	排气口	总计
阻力/Pa	79	225	38	10	9	51	412

注：吸附层高度为两块催化剂叠加高度，即 1.6 m。

9.2.3　绘制工艺流程图、设备图

绘制尿素热解系统流程图（图 9.8），脱硝工艺流程图（图 9.9）和 SCR 反应器图（图 9.10）。

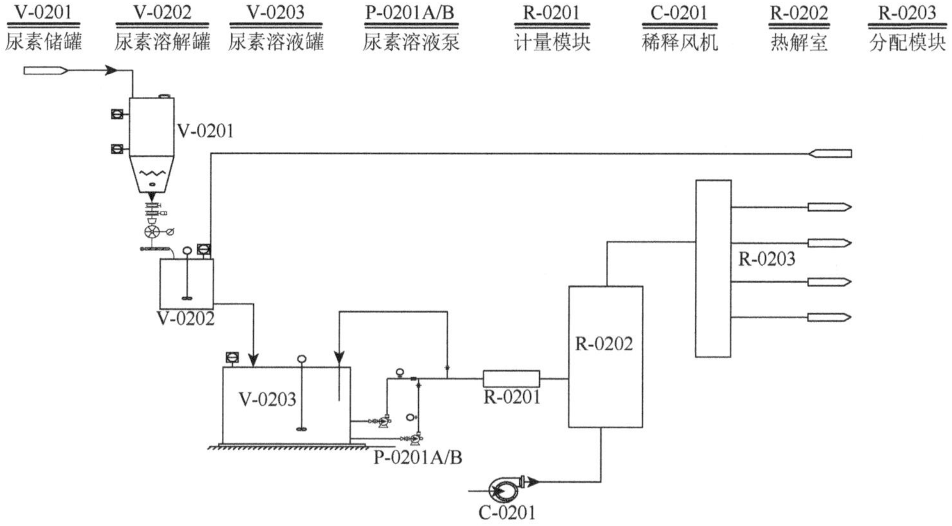

图 9.8　尿素热解系统流程图

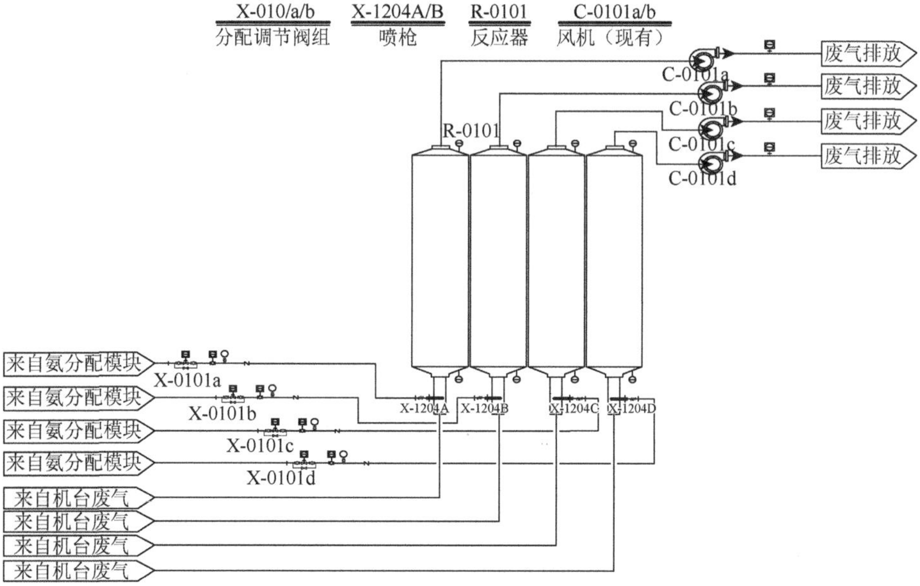

图 9.9　脱硝工艺流程图

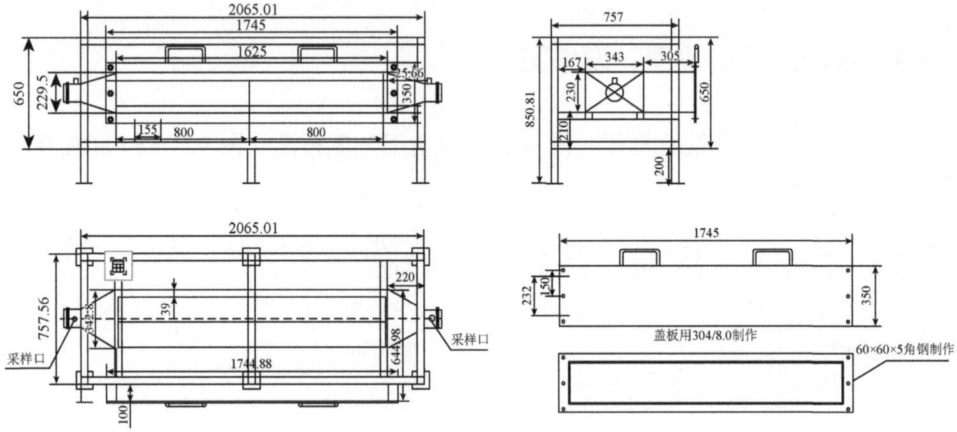

图 9.10　SCR 反应器图（单位：mm）

参 考 文 献

[1] 贺泓. 环境催化：原理及应用[M]. 2 版. 北京：科学出版社，2021.

[2] Han L，Cai S，Gao M，et al. Selective catalytic reduction of NO_x with NH_3 by using novel catalysts：State of the art and future prospects[J]. Chemical Reviews，2019，119（19）：10916-10976.

[3] 张忠，武文江. 火电厂脱硫与脱硝实用技术手册[M]. 北京：中国水利水电出版社，2017.

[4] Guo A，Liu H，Li Y，et al. Recent progress in novel zeolite catalysts for selective catalytic reduction of nitrogen oxides[J]. Catalysis Today，2023，422：114212.

[5] Zhang Y，Du J，Shan Y，et al. Toward synergetic reduction of pollutant and greenhouse gas emissions from vehicles：A catalysis perspective[J]. Chemical Society Reviews，2025，54（3）：1151-1215.

[6] 马英利，高凤雨，贾广如，等. SCR 脱硝催化剂的发展、应用及其成型工艺综述[J]. 现代化工，2019，39（8）：33-37.

[7] 李凯. 化工行业大气污染控制[M]. 北京：冶金工业出版社，2016.

[8] Shan Y，Du J，Zhang Y，et al. Selective catalytic reduction of NO_x with NH_3：Opportunities and challenges of Cu-based small-pore zeolites[J]. National Science Review，2021，8（10）：nwab010.

[9] Wu Z，Li D，Chen H，et al. Engineering application of desulfurization and denitrification comprehensive purification technology for activated coke[J]. Environmental Progress & Sustainable Energy，2021，40（5）：e13642.

第 10 章　CO_2 捕集系统设计

全球温室气体过度排放引起的“温室效应”已成为全球性环境问题，引起了国内外社会的广泛关注。温室气体包括二氧化碳（CO_2）、甲烷（CH_4）、一氧化二氮（N_2O）以及氟化气体等，其中 CO_2 的占比受到多种因素的影响。但可以确定的是，CO_2 是温室气体中最主要的成分之一，据统计其占比通常超过 70%。

碳捕集、利用与封存（carbon capture，utilization and storage，CCUS）技术是一个复杂的系统工程，其核心在于将工业过程中产生的 CO_2 进行捕集，并通过转化利用或地质封存等方式，实现 CO_2 的减排目标，从而有效缓解气候变化带来的负面影响[1]。在 CCUS 技术体系中，CO_2 捕集作为首要环节，主要涉及从工业排放源（如燃煤电厂、钢铁厂等）或直接空气捕集中分离 CO_2 的过程。目前，基于不同分离原理的烟气 CO_2 捕集技术主要包括：化学吸收法（如胺溶液吸收）、物理吸附法（如活性炭吸附）以及膜分离法等。其中，化学吸收法因其技术成熟度高、捕集效率稳定等优势，在工业应用中占据主导地位。

10.1　CO_2 捕集技术及工艺

10.1.1　吸附法

固体吸附法是指固体吸附剂通过范德瓦耳斯力或化学键力作用从混合气中分离 CO_2 的过程。吸附原理分为物理吸附和化学吸附两类。物理吸附主要是在较高压力下吸附 CO_2，再经降压加冲洗或降压抽真空的再生循环工艺对吸附剂进行再生。化学吸附是指 CO_2 分子与固体材料表面某些原子或基团形成化学键合而实现 CO_2 捕集分离的目的。物理吸附法因能耗低、稳定性好、流程简单、腐蚀性小、污染少的优点受到了国内外广泛重视。

1. 吸附剂

目前应用较多的物理吸附剂是多孔固体材料，包括活性炭、分子筛、层状双氢氧化物（LDH）和金属有机骨架（MOFs）材料等[2]。

1）活性炭

活性炭是一种应用最广泛的吸附剂，主要包括成型活性炭和活性炭纤维。它是利用木炭、木屑、椰子壳等的坚实果壳、果核及优质煤等做原料，经过高温炭化，并通过物理和化学方法，采用一系列的工艺过程而制成的黑色、无毒、无味的固体物质。由于碳基材料的低成本、高表面积、对孔结构改性和表面官能化的高适应性以及相对容易再生，碳基材料被认为是用于在能量产生和氢气产生的整体气化联合循环（IGCC）过程中捕获 CO_2 的最有前途的吸附剂之一。然而，碳材料上的 CO_2 吸附是“物理”的且弱的，这使得这些吸附剂对温度敏感并且选择性相对较差。在与发电厂烟道气相关的温度（50～120℃）下，材料的 CO_2 吸附能力急剧下降。

2）分子筛

分子筛中最主要成分的是沸石，沸石是多孔的结晶硅铝酸盐，其骨架由 SiO_4 和 AlO_4 的连锁四面体组成，通过共享的氧原子以各种规则排列连接在一起。它们具有开放的晶格，晶格中含有分子尺寸的孔，气体分子可以渗透到孔中。由 AlO_4 四面体取代 SiO_4 四面体所产生的负电荷被可交换的阳离子（例如，Na^+、K^+、Ca^{2+}、Mg^{2+}），它们位于整个结构中的通道和空腔中。沸石具有 0.5～1.2nm 的均匀孔径，形成相互连接的通道和网状结构，并且在沸石骨架中 CO_2 能与碱金属阳离子之间产生强静电作用，因此，被广泛应用于 CO_2 气体的吸附。沸石的吸附和气体分离性能很大程度上取决于这些阳离子在多孔结构中的尺寸、电荷密度和分布。尽管沸石已经显示出从气体混合物中分离 CO_2 有较好的效果，可以潜在地用于变压吸附（PSA）工艺，但是它们相对于其他气体（N_2、CH_4、H_2O 等）的对 CO_2 的选择性较差。并且它们的吸附能力在 30℃以上随着温度的升高而迅速下降，在 200℃以上变得可以忽略不计。

3）层状双氢氧化物

层状双氢氧化物（LDH），也称为类水滑石化合物（HT）或阴离子黏土，是层状碱性固体。它们已被广泛用作各种催化应用的吸附剂、离子交换剂、碱催化剂和充分混合氧化物的前体。它们的结构由带正电的水镁石状层组成，层间空间内具有电荷补偿阴离子和水分子。金属阳离子占据八面体结构的中心，其顶点含有氢氧离子，八面体通过边共享连接以形成无限片。该化合物的通式为$[M^{2+}_{1-x}M^{3+}_x(OH)_2][A^n]_{x/n}\cdot zH_2O$，其中 M^{2+}为二价（Mg^{2+}、Zn^{2+}、Ni^{2+}等），M^{3+}为三价阳离子（Al^3+、Ga^{3+}、Fe^{3+}、Mn^{3+}等）。A^n 分别为非骨架电荷补偿阴离子（CO_3^{2-}，Cl^-、SO_4^{2-}等）并且 x 通常在 0.2～0.4 之间。通常，LDH 材料具有高的表面积和表面上丰富的碱性位点，这有利于吸附酸性 CO_2。

4）MOFs

MOFs 是一种新型的具有晶体结构的多孔材料，具有很高的比表面积和孔隙率，有序的孔道结构和易调的化学性质使其在 CO_2 捕获上展现出良好的前景。通过对 MOFs 表面性质的改性，可以提高 MOFs 对 CO_2 的吸附容量，在 MOFs 的多孔壁上，存在开放的活性金属中心，从而增加了 CO_2 的吸附率。碱性基团是捕获酸性 CO_2 的重要条件。MOFs 的碱性可以通过以下方法获得：一是利用胺基配体合成 MOFs；二是用胺浸渍法对 MOFs 进行合成后改性。与其他固体吸附剂相比，MOFs 材料在低的 CO_2 分压下捕获性能较差，但其在高压时具有优异的 CO_2 捕获能力，然而在较高分压下完成吸附过程经济上是不可行的。此外，有机配体合成金属配合物的成本通常相对较高，合成过程也相对较为复杂，随着捕获 CO_2 过程中水分子的吸收，MOFs 会出现材料耐久性差等问题，因此，探索经济高效的 MOFs 仍是当前研究的热点和难点。

2. 吸附工艺

在任何 CO_2 捕获过程中，每个吸附循环后必须再生吸附剂。固体吸附剂的再生通常通过变温吸附（TSA）、变压吸附（PSA）、真空变压吸附（VSA）或这些工艺的某种组合来实现[3]。在大多数情况下，固体吸附剂将可能被填充到大型固定床柱中，并且通过提高床层的温度（对于 TSA）或降低床层的压力（对于 PSA 和 VSA）将吸附物从材料中解吸。

1）变压吸附

PSA 工艺主要用于从气体混合物中去除强吸附杂质。如在燃烧前和燃烧后过程中，与其他主要组分如 N_2 相比 CO_2 是强吸附组分，这是一种从含 5%～15%体积分数 CO_2 的烟道气流中分离 CO_2 的可靠方法。对于 PSA，CO_2 在高压下被吸附，并在大气压附近从吸附剂解吸，主要包括四个步骤：加压、吸附、减压和吹扫。PSA 工艺的示意图如图 10.1 所示。详细的循环过程如下所示：加压：通过空气压缩机将 CO_2 分压从大气压力增加到一定压力。然后在吸附反应器中通入压缩空气以产生高压吸附气氛。吸附：高压空气进入反应器，而 CO_2 被吸附剂选择性吸附，留下富 N_2 空气流出。CO_2 吸附过程和富 N_2 废气的排放都假定为瞬时完成。减压：

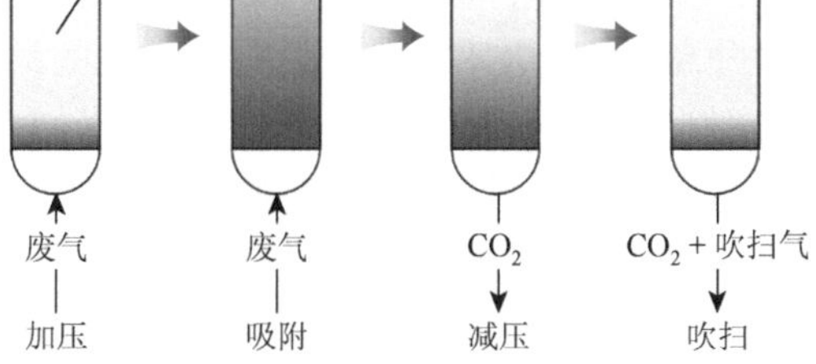

图 10.1　PSA 工艺流程图

排气阀打开，允许高压空气膨胀到大气压。反应器中解吸的 CO_2 和未吸附的气体离开吸附反应器。由于 CO_2 解吸未完成，因此需要进一步的吹扫步骤从吸附反应器中以获得未解吸的 CO_2。吹扫：在大气压下，CO_2 解吸并与载气吹扫气一起从反应器中排出。

2）压力-真空变压吸附

压力-真空变压吸附（PVSA）是 PSA 和 VSA 的组合，其吸附步骤在高于大气压力的压力下进行，而解吸过程在真空条件下进行。图 10.2 是用于 CO_2 捕集的 PVSA 工艺的示意图。工作过程包括加压、吸附、减压、抽真空和吹扫步骤。PVSA 中的加压、吸附和减压类似于 PSA 的步骤。抽真空：通过真空泵降低反应器中的压力，并且由于降低的分压，CO_2 不断解吸。吹扫：该步骤有利于从吸附剂中去除未解吸的 CO_2。

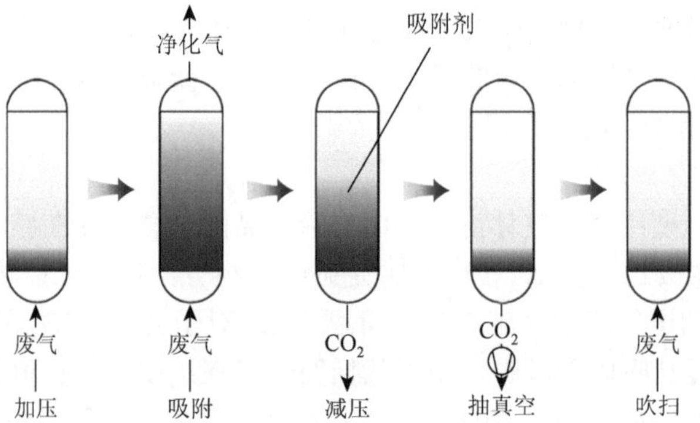

图 10.2　PVSA 工艺流程图

3）变温吸附

变温吸附（TSA）通过控制操作温度，对 TSA 的 CO_2 吸附和解吸进行循环。吸附发生在室温下，而解吸需要较高的温度，这与吸附剂的性质有关。图 10.3 显示了四步 TSA 工艺的示意图。每个步骤的细节描述如下。吸附：环境空气流入吸附反应器 CO_2 被吸附。同时，热交换夹套内冷介质不断循环，带走吸附热。预热：吸附反应器开始预热至中温。解吸：吸附反应器继续加热至较高温度水平以进行解吸过程。当温度持续升高，CO_2 吸附量高于恒定压力下的最大值时，发生解吸。解吸的 CO_2 通过吹扫气体吹扫离开反应器。预冷：当吸附剂完全再生后，通过循环冷却介质将吸附反应器中的热量排出。反应器的温度和压力都下降到初始状态。然后反应器准备好进行下一个 TSA 循环。为了减少 TSA 所需的外部能量，可以将来自昼夜加热和冷却的温度驱动力引入 TSA。此外与单纯的日温差变化相比，低压蒸汽可以改善 TSA 的性能，特别是在日平均温度最低的位置。

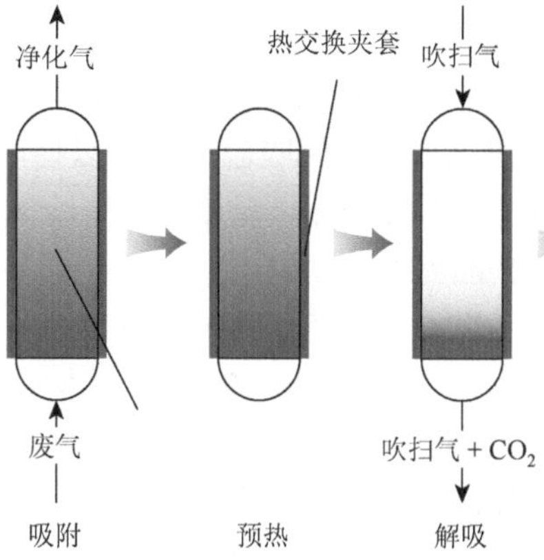

图 10.3　TSA 工艺流程图

4）电变压吸附

电变压吸附（ESA）是 TSA 的延伸，吸附剂直接通过电流加热。为了加速 TSA 过程，ESA 的再生热由通过导体的电流产生，导体可以是吸附剂或其他辅助导体，其中采用焦耳效应。该工艺的有效性在很大程度上取决于吸附剂/电气系统的细节。要求吸附剂必须是导电的，材料及其结构都必须提供连续的电通路。ESA 提供了一些独特的优势，包括高加热效率，快速加热速率和高系统紧凑性。其缺点在于热效率低，约为 TSA 和 PSA 的 20%～25%。低热效率导致 ESA 更适合小规模操作，此外相比其他工艺 ESA 拥有更小的工艺设备占地面积。

5）混合工艺

通过结合各种吸附工艺，可以提高从烟道气中捕获 CO_2 的系统性能。混合工艺旨在同时改变捕获循环的温度和压力，通常被描述为压力-温度摆动吸附（PTSA）和真空-温度摆动吸附（VTSA）。图 10.4 是用于 CO_2 捕集的 PTSA 工艺

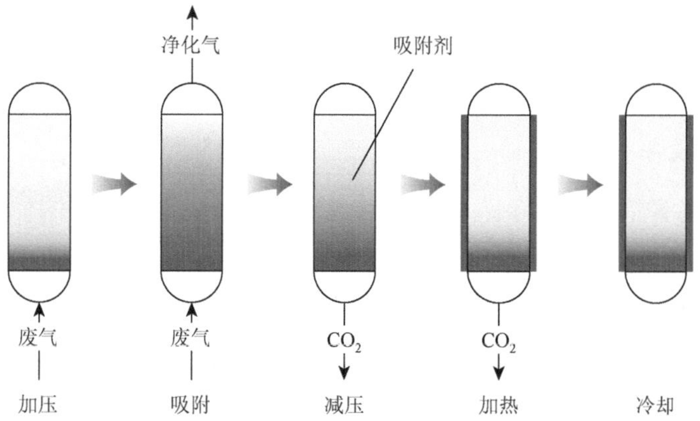

图 10.4　PTSA 和 VTSA 工艺流程图

和 VTSA 工艺的示意图。对于 PTSA，前三个步骤与 PSA 相同，这表明其吸附能力相似。其余两个阶段由 TSA 循环的加热和冷却步骤代替，如下所述。加热：通过加热使 CO_2 解吸并除去，直到温度达到解吸温度。可以使用 N_2 将解吸的 CO_2 带出反应器。冷却：反应器通过温度等于环境温度的无限冷源冷却至环境温度。由于没有 CO_2 流入反应器，捕获能力保持恒定。

表 10.1 比较了不同的吸附工艺及其特点。PSA 分离效率与废气进料浓度几乎是线性的，并且对于含 CO_2 体积分数为 10%～20%的气体分离更有效。VSA 和 PSA 更适合于较小规模的操作，并且除非安装多个系列，否则难以看到这些固定床工艺扩展到超过 50 MW 的规模。其循环周期时间比 TSA 短，因为 TSA 需要更长的加热和冷却时间。TSA 系统由于在稀 CO_2 浓度下具有较高的捕获效率而应用更广。由于燃烧后的烟气在接近环境压力的情况下释放，预计难以对如此大体积的气体进行压缩或施加真空，因此 TSA 可能是最可行的工艺。与 TSA 相比，VTSA 更适用于几乎纯 CO_2 的捕获场景，例如，天然气纯度高的合成工艺。TSA 和 VSA 的组合降低了再生温度和真空压力。相对较低的再生温度可以防止降解，减少能源需求并提高能源效率。对于预燃烧捕获，气体流在转化反应之后被固有地加压，并且 PSA 循环预期是最合适的。

表 10.1　不同吸附工艺及其特点

工艺	优点	缺点
PSA	可在室温下进行、对高温废气有效、短循环时间	能耗高、用于 DAC 效率低、需要空气压缩机、产物纯度低
VSA	可在室温下进行、操作简单、避免水冷凝、短循环时间	能耗高、需要真空泵
TSA	成本低、可在低压下进行、高产品纯度、效率高	能耗高、需要热交换设备、要求吸附剂热稳定性好
VTSA	高产品纯度、回收效率高、对低压原料气适应性强	系统复杂、投资成本高、操作难度大
ESA	高加热效率、加热速率快、系统设备紧凑	热效率低、适用范围小

3. 吸附设备

吸附设备详情见第 5 章。

10.1.2　吸收法

化学吸收法是指碱性吸收剂有选择性地与混合烟气中的 CO_2 发生化学反应，生成不稳定的盐类如：碳酸盐、碳酸氢盐、氨基甲酸盐等。当外部条件（温度、压力）发生改变时，该盐类可逆向解吸出 CO_2，从而实现 CO_2 的脱除和吸收剂的再生。

1. 吸收剂

化学吸收法常用的吸收剂有有机胺、强碱溶液和相变吸收剂等[4]。

1）有机胺

有机胺是 CO_2 捕集工艺中最常见的吸收剂。捕集 CO_2 的反应原理是有机胺中的氨基基团与 CO_2 发生酸碱中和反应，进而实现 CO_2 的分离与吸收。有机胺按氮原子上活泼氢原子的个数可分为三类：伯胺（RNH_2）、仲胺（R_2NH）和叔胺（R_3N）。

伯胺和仲胺和 CO_2 反应形成两性离子，然后两性离子再与胺反应生成氨基甲酸盐，反应方程式如下：

$$CO_2 + R_1R_2NH \rightleftharpoons R_1R_2NH^+COO^- \quad (10\text{-}1)$$

$$R_1R_2NH + R_1R_2NH^+COO^- \rightleftharpoons R_1R_2NH_2^+ + R_1R_2NCOO^- \quad (10\text{-}2)$$

叔胺氮原子没有多余的 H 原子，因而在与 CO_2 反应时不会形成氨基甲酸盐，而是被水解催化形成碳酸氢根离子

$$CO_2 + R_1R_2R_3N + H_2O \rightleftharpoons R_1R_2R_3NH^+ + HCO_3^- \quad (10\text{-}3)$$

由上式可见，伯胺和仲胺作为 CO_2 吸收剂时的吸收容量小于叔胺。

常用的有机胺主要包括醇胺、烷基胺、多氮胺等，其中传统的单组分胺吸收剂包括单乙醇胺（MEA）吸收剂、二乙醇胺（DEA）吸收剂、N-甲基二乙醇胺（MDEA）吸收剂、哌嗪（PZ）吸收剂以及 2-氨基-2-甲基-1-丙醇（AMP）吸收剂。其中 30%MEA 溶液为目前最常见的单组分胺吸收剂，其对 CO_2 的吸收效率超过 90%，被广泛应用于燃煤电厂。

为同时满足吸收剂吸收速率高、吸收容量大以及再生能耗低等需求，研究者们提出了复合胺吸收剂，即采用多种不同类有机胺共混吸收 CO_2。通常采用伯胺或仲胺与叔胺按照一定比例混合的方式组成复合胺吸收剂，该类吸收剂能够同时具有较高的吸收速率与吸收容量，以及较低的再生能耗，是一类较为理想的吸收剂，也是目前工业应用的主要吸收剂。

2）氨水

氨水与有机胺有着相似的 CO_2 反应机理，氨与 CO_2、水在一定温度下反应生成碳酸铵，当有过量的 CO_2 存在时，会继续发生反应生成碳酸氢铵。反应方程式如下：

$$CO_2 + NH_3 \longrightarrow NH_2COOH \quad (10\text{-}4)$$

$$NH_2COOH + NH_3 \longrightarrow NH_2COONH_4 \quad (10\text{-}5)$$

$$NH_2COONH_4 + H_2O \longrightarrow NH_4HCO_3 + NH_3 \quad (10\text{-}6)$$

$$NH_4HCO_3 + NH_3 \longrightarrow (NH_4)_2CO_3 \quad (10\text{-}7)$$

$$NH_2COONH_4 + 2H_2O + CO_2 \longrightarrow 2NH_4HCO_3 \quad (10\text{-}8)$$

氨水吸收剂的优势在于吸收速率快、CO_2 容量大、再生能耗低，以及腐蚀性弱。然而氨水易挥发，在实际应用中可能出现严重的氨气逃逸问题，因此需要向溶液中不断补充氨气，并捕集回收逃逸的氨气，由此导致流程繁琐、成本增大，进而阻碍了氨水吸收剂的广泛应用。

3）碳酸盐溶液

近年来，采用碳酸盐等碱性溶液作为吸收剂吸收 CO_2 因具有价格低廉、易于再生、毒性较小，以及稳定性好等优势而受到研究者们越来越多的重视。常见的碳酸盐溶液为碳酸钾、碳酸钙以及碳酸钠溶液等。在这些碳酸盐溶液中，碳酸钾溶液因吸收容量大而被广泛使用。碳酸钾吸收 CO_2 后形成碳酸氢钾，其反应方程式如下：

$$K_2CO_3 + CO_2 + H_2O \rightleftharpoons 2KHCO_3 \tag{10-9}$$

利用碳酸钾溶液捕获 CO_2 的吸收速率较慢，在实际应用中需要庞大的运行设备。

4）离子液体

离子液体（ILs）是由特定阴、阳离子构成的，在室温或近于室温下呈液态的盐类，离子液体因结构可调节、化学稳定性高、蒸气压低、不易挥发，且对 CO_2 吸收具有高选择性，能有效降低其在吸收过程中的损耗从而降低运行成本，被认为是比较具有应用前景的新型绿色吸收剂。用于 CO_2 捕集的离子液体主要包括常规离子液体、功能化离子液体和聚离子液体。

5）相变吸收剂

相变吸收剂是一类新型的 CO_2 吸收剂，该类型吸收剂在捕集 CO_2 过程中会出现分相。根据其吸收 CO_2 后的相态，可以将相变吸收剂分为液-固相变吸收剂和液-液相变吸收剂。与传统有机胺或醇胺吸收剂相比，相变吸收剂能够在一定的 CO_2 负荷内发生贫富分相，因此在解吸再生阶段仅需要对富相进行加热，由此降低再生能耗。相变吸收剂目前在实际应用中效果较好，具有广阔的发展前景。

2. 吸收工艺

1）有机胺吸收工艺

液体有机胺吸收 CO_2 捕集工艺流程如图 10.5 所示，主要包括吸收塔和解吸塔两个操作单元。其基本过程为：经过脱硫脱硝预处理的烟气经增压风机从底部进入吸收塔，同时吸收液从吸收塔的顶部喷淋而下，烟气和吸收液在塔内逆流接触后，吸收液吸收烟气中的 CO_2 变成含有大量 CO_2 的富液，富液经过富液泵进入解吸塔塔顶，在解吸塔由再沸器加热解吸释放 CO_2，实现 CO_2 的分离和回收以及吸收液的再生。再生的贫液经热交换器降温后，通过液体泵循环进入吸收塔。

2）强碱溶液吸收工艺

用作吸收剂的强碱溶液主要包括 $Ca(OH)_2$ 溶液、NaOH 溶液和 KOH 溶液等。NaOH 溶液和 $Ca(OH)_2$ 溶液都具有较强的 CO_2 吸收性能，相应工艺流程也类似。

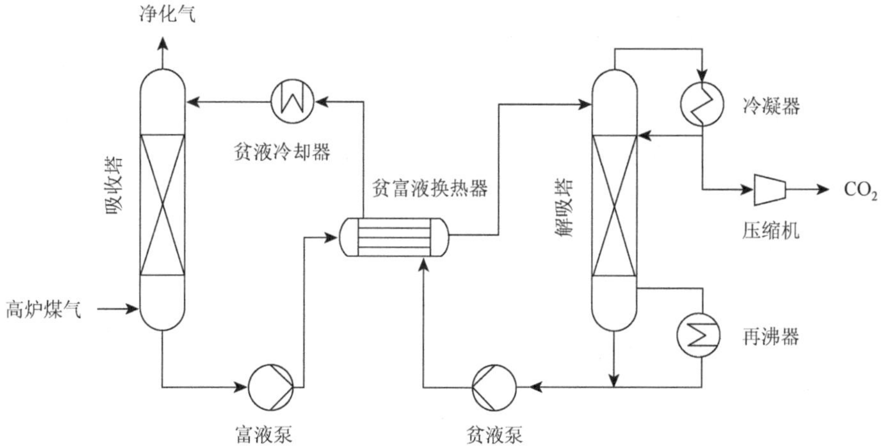

图 10.5　液体有机胺吸收 CO_2 捕集工艺流程

以 NaOH 溶液作吸收剂的强碱溶液吸收-再生流程见图 10.6，NaOH 溶液吸收空气中的 CO_2 生成 Na_2CO_3 溶液，完成了 CO_2 的吸收；Na_2CO_3 溶液与 $Ca(OH)_2$ 进行苛化反应生成 $CaCO_3$ 和 NaOH 溶液，完成了 NaOH 溶液的再生，构成“钠循环”。$CaCO_3$ 煅烧生成 CaO 和 CO_2，完成了 CO_2 收集；CaO 与 H_2O 反应生成 $Ca(OH)_2$，完成了 $Ca(OH)_2$ 再生剂的再生，构成“钙循环”。图中 CO_2 的吸收在吸收塔中完成；NaOH 溶液的再生在苛化塔中完成；$CaCO_3$ 的煅烧在煅烧炉中完成；$Ca(OH)_2$ 再生剂的再生在消化塔中完成。

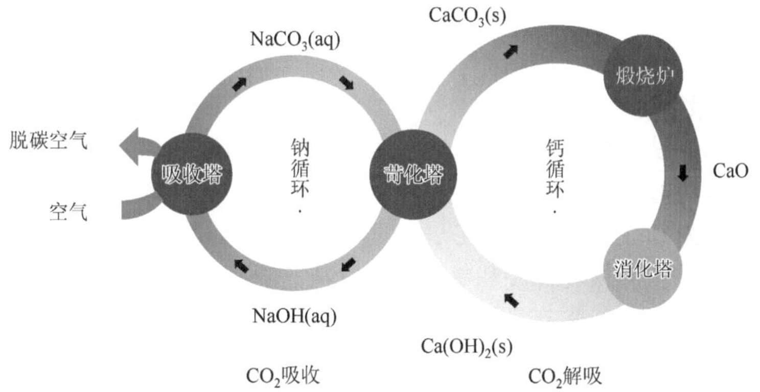

图 10.6　强碱溶液吸收-再生流程图

3）相变吸收剂吸收工艺

相变吸收剂是近年来新兴的 CO_2 吸收剂，相变吸收剂由主吸收剂、分相促进剂和溶剂组成。捕集 CO_2 的工艺流程如图 10.7 所示，基本与传统的有机胺吸收工艺相似，其中吸收剂吸收 CO_2 前为均相溶液，吸收 CO_2 后分成两相，含有大部分 CO_2 的一相为富相，另一相为贫相。工艺的关键步骤是通过使用分相器将贫富相分离，再将富相部分再生，由此可解吸出大部分的 CO_2。其他富相再生后与贫相混合，实现相变吸收剂的循环再生利用。吸收剂一般是有机胺或离子液体，分相促进剂通常采用叔胺或醇等有机溶剂。

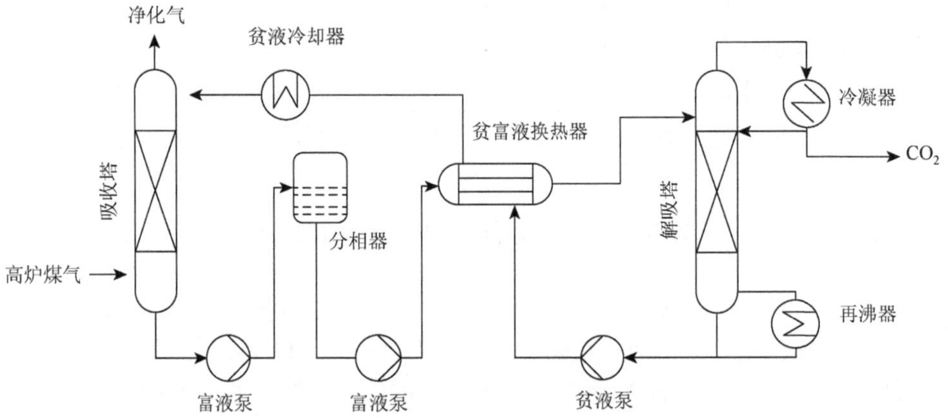

图 10.7　相变吸收剂捕集 CO_2 工艺流程

3. 吸收设备

吸收设备详情见第 4 章。

4. 解吸方法

1）热解吸再生

热解吸再生法流程为将吸收了 CO_2 的有机胺溶液通过热交换器送入再生塔，利用蒸汽对其进行加热，以实现有机胺的再生和 CO_2 的释放。尽管热解吸再生工艺成熟、设备简单，但是仍然存在一定的局限性。例如，设备占地面积相对较大，而且在高温下有机胺极易挥发和氧化降解，从而降低循环吸收负荷。此外，热解吸再生技术的能耗相对较高且损失量巨大，主要热量损失包括蒸汽加热损失、器件散热、冷却器热量消耗等。并且大多数有机胺挥发性较强，持续加热会加速胺逃逸，增加胺捕捉的成本和胺损失，使总成本增加。

2）热解吸-膜解吸再生

热解吸-膜解吸再生法是将热解吸再生和多孔膜接触器组件相结合的一种有机胺富液解吸再生的方法。与传统热解吸再生相比，热解吸-膜解吸再生法在传质性能和能量消耗等方面都更具有优势。

热解吸-膜解吸再生工艺的优点在于能够明显降低传统热解吸再生的解吸温度，实现低能耗且稳定的解吸 CO_2 气体。中空纤维膜解吸过程总的热能耗只有 2397.7 kJ/kg，相比传统解吸过程降低了 41%～47%。在工业化时可以对比热容较小的有机胺富液进行解吸再生，但是解吸膜的表面特性设计、稳定性和制造成本是该工艺的亟待解决的问题。

3）热解吸-催化解吸再生

催化解吸是指在传统热解吸再生的基础上添加固体酸催化剂，从而提高解吸速率。催化剂可以降低再生反应温度与反应能垒，使氨基甲酸酯的分解温度降低和速率增加，且催化剂对不同类型有机胺的解吸原理基本相同，故催化剂可以适用于大多有机胺吸收剂。但寻找高效、稳定的催化剂和制备较为困难，且实现气、液、固三相的分离也是未来实现工业化的研究重点。

4）微波解吸再生

微波解吸再生是利用频率范围在 0.3～300 GHz 的电磁波使极性分子极化，来实现对电介质的加热的一种方式。微波解吸再生和热解吸再生在加热方式上具有根本性的区别。热解吸再生是带压蒸汽通入再沸器，将热量通过对流和传导从外到内进行加热；微波加热则是通过场效应使内部极性分子极化，分子震动时相互摩擦而从内部进行加热。具体是因为极性分子在电磁场中会按照微波的转向频率随外加电磁场方向的变化而转向，当分子转向速度跟不上外加电磁场的变化时，分子运动和电磁场之间的相位滞后而彼此相互摩擦发生碰撞，进而产生热量。在封闭的环境内微波能量大部分能被加热溶剂所吸收，并且反应容器非直接受热，因此热转化效率高，具有较好的节能效果。且微波加热具有选择性加热、体加热和自动化等优点。

微波解吸再生的优点在于对极性物质的加热方式，实现能源在介电常数较大的有机胺富液中的高效利用。但是，在工业化方面，大型的微波反应装备较少，并且在微波反应装备制造成本上会明显高于热解吸再生装置，使该再生工艺的发展受到了一定的限制，目前只停留在实验室阶段。

5）电化学介导胺解吸再生

电化学介导胺再生（EMAR）是一种利用电化学方法促进胺类化合物再生的技术，能实现与化学吸收法更好地耦合。在 EMAR 过程中，使用电流和电解质系统来控制胺基团（通常是氨基基团）的质子化和去质子化过程，实现胺类化合物的再生。CO_2 解吸量和解吸速率受外加电位影响较大，解吸能耗主要与外加电位保持线性关系。在工业化设备制造方面，还需要根据情况添加不同电解质、调节电解质质量摩尔浓度和操作温度以调节对电化学反应过程产生的影响。电解质以降低阻抗也可以增大电流密度，电流密度越大，系统尺寸越小。适当的操作温度可以解吸有机胺中物理吸收的 CO_2，提高脱附装置的电子利用率。膜和电力成本是电化学分离系统的主要成本，合理利用垃圾电、提升膜的稳定性可以进一步降低成本。

10.2　CO_2捕集系统设计案例

10.2.1　设计任务书

1. 设计题目：浙江某燃煤电厂 CO_2 捕集系统设计

案例：某燃煤发电厂位于浙江省，厂区占地面积1451亩。电厂始建于1996年，首台机组（125 MW）于1997年11月正式投入商业运行，电厂二期3号机组（30 MW）于2010年10月投产发电。现要求为二期3号机组设计一套 CO_2 捕集系统，捕集回收该电厂排放的 CO_2。

2. 设计资料

1）地理环境及气候

工程地区位于我国东南沿海，南北近海航线的中点，处于我国“T”型经济结构交汇点上。工程区域地处北亚热带季风气候区，具有显著的季风气候特征。冬季，多受北方冷高压控制，盛行偏北风，风力较强；春季，南北气流交替频繁，风向多变；夏季，多受副热带高压控制，盛行偏南风，但风力相对较弱。秋季，偏北风逐渐取代偏南风，且偏北风占主导地位。

2）废气排放情况

燃煤电厂发电过程中，煤炭在空气中燃烧产生的烟气中 CO_2 浓度通常为15%左右，N_2 浓度不低于70%。同时烟气流量大，且含有 SO_2 和 NO_x 等酸性气体。该发电机组年发电量为300 MW，所需燃煤合计63.91万吨/年，CO_2 排放系数为0.7476吨 CO_2/吨标准煤，总 CO_2 排放量约为47.78万吨/年。

10.2.2　工艺方案的比较确定

1. 捕集设备及工艺选择

因为本设计使用的吸收剂有机胺溶液具有一定腐蚀性，为了强化吸收过程、降低设备的投资，选用填料塔作为吸收塔。同时，填料塔可以降低压降，提高吸收效率，降低能耗。填料塔还可以适应不同的操作条件，如不同的流量、温度和压力。填料塔的规模也可以很容易地通过增加填料量来扩大，以适应生产规模的增加。

2. 吸收剂的比选

结合本次设计条件，选择技术成熟、吸收效率高且已投入使用的有机胺中的乙醇胺（MEA）作为吸收剂。同时 MEA 具有成本相对低、CO_2 吸收性能优异、低 CO_2 分压适用性好等优点。

3. 吸收塔填料比选

在填料塔内，气体由填料间的空隙流过，液体在填料表面形成液膜并沿填料间的空隙而下流，气液两相间的传质过程在润湿的填料表面上进行。因此，填料塔的生产能力和传质速率均与填料特性密切相关。

结合本书 4.4 节内容可知，塑料阶梯环有较好传质效率，构造简单，同时兼顾一定防腐性，综合性能符合本次设计需求。故选择塑料阶梯环作为填料，同时选择乱堆方式进行装填。

4. 解吸方法比选

结合本次设计条件以及选择的吸收剂，选择热解吸再生作为解吸工艺。该工艺整体技术相对成熟可靠，解吸能效较高，更符合燃煤电厂的需求。

10.2.3　处理单元的设计计算

1. 烟气的成分含量

烟气的成分含量如表 10.2 所示。CO_2 的回收率 η 要求为 90%。

表 10.2　烟气成分含量

成分	CO_2	N_2	O_2	H_2O
含量	15%	71.9%	4.8%	8.15%

通过基础物性数据查询可知：

15%MEA 溶液密度 $\rho_L = 0.996\ \text{kg/m}^3$；

15%MEA 溶液的摩尔质量 $M_S = 21.5\ \text{kg/kmol}$；

15%MEA 溶液的黏度 $\mu_L = 0.082\ \text{Pa·s}$；

表面张力 $\delta_L = 6.92 \times 10^{-2}\ \text{N/m}$；

CO_2 在 MEA 溶液的扩散系数 $D_L = 0.76 \times 10^{-8}\ \text{cm}^2/\text{s}$；

烟气的黏度 $\mu_G = 0.56 \times 10^{-4}\ \text{Pa·s}$；

CO_2 在空气中的扩散系数 $D_G = 0.15\ \text{cm}^2/\text{s}$；

CO_2 在 15%MEA 溶液中的溶解度系数 $H = 0.31\ \text{kmol/(m}^3\text{·kPa)}$；

烟气的平均摩尔质量 $M_A = 44 \times 0.15 + 29 \times 0.85 = 31.25\ \text{kg/kmol}$。

2. 吸收塔

吸收塔操作条件：温度为40℃，压力为100 kPa

1）计算烟气流量

$$总摩尔数=\frac{47.78\times10^7}{44}=1.08\times10^7\ \text{kmol/a}$$

$$总体积=1.08\times10^7\times22.4\times\frac{313}{273}=2.77\times10^8\ \text{m}^3/\text{a}$$

$$烟气体积=\frac{2.77\times10^8}{15\%}=1.85\times10^9\ \text{m}^3/\text{a}$$

日烟气流量：

$$V'=\frac{1.85\times10^9}{365}=5.06\times10^6\ \text{m}^3/\text{d}$$

设计吸收塔参数：

共设置8个吸收塔，则烟气流量：

$$V_\text{s}=\frac{5.06\times10^6}{8\times24}\times\frac{273}{22.4\times313}=1026(\text{kmol/h})=7.32\ \text{m}^3/\text{s}$$

2）计算MEA流量L

惰性气体密度：

$$\rho=\frac{PM_\text{Vm}}{RT}=\frac{100\times31.25}{8.314\times313}=1.2\ \text{kg/m}^3$$

惰性气体流量：

$$V=V_\text{s}\rho(1-y_1)=1026\times1.2\times(1-15\%)=1046.5\ \text{kmol/h}$$

进塔气体中CO_2摩尔比：

$$Y_1=\frac{y_1}{1-y_1}=\frac{0.15}{1-0.15}=0.18$$

出塔气体中CO_2摩尔比：

$$Y_2=Y_1(1-\eta)=0.18\times(1-0.9)=0.018$$

MEA 贫液含有 0.001～0.02 molCO_2/molMEA，进塔 MEA 中 CO_2 摩尔比$X_2=1.1\times10^{-3}$。

计算亨利系数：

$$E=\frac{\rho_\text{L}}{HM_\text{S}}=\frac{996}{0.31\times21}=150\ \text{kPa}$$

相平衡常数：

$$m=\frac{E}{P}=1.5$$

最小液气比：

$$\left(\frac{L}{V}\right)_{\min}=\frac{Y_1-Y_2}{\dfrac{Y_1}{m}-X_2}=\frac{0.18-0.018}{\dfrac{0.18}{1.5}-1.1\times10^{-3}}=1.36$$

取 MEA 用量为最小用量的 1.5 倍，则实际液气比：

$$\frac{L}{V}=1.5\times\left(\frac{L}{V}\right)_{\min}=2.04$$

MEA 流量：

$$L=1046.5\times\frac{L}{V}=2134.9\ \text{kmol/h}$$

3）计算泛点气速 u_f [5]

填料选用特性如表 10.3 所示。

气相质量流量：

$$W_G=1046.5\times31.25=32703.7\ \text{kg/h}$$

表 10.3　填料特性

填料名称	规格(直径)/mm	填料材质及堆积方式	比表面积/(m^2/m^3)	填料因子 ϕ/m^{-1}
阶梯环	50	塑料/散堆	250	425

液相质量流量：

$$W_L=2134.9\times21.5=45900.4\ \text{kg/h}$$

$$X=\left(\frac{W_L}{W_G}\right)\left(\frac{\rho_G}{\rho_L}\right)^{0.5}=\left(\frac{45900.4}{32703.7}\right)\left(\frac{1.2}{996}\right)^{0.5}=0.0487$$

查填料塔泛点和压降的通用关联图（图 4.11）得 $Y=0.15$，即

$$\frac{u_f^2\phi\varphi}{g}\left(\frac{\rho_G}{\rho_L}\right)\mu_L^{0.2}=0.15$$

$$\text{代入}\ \phi=425\ \text{m}^{-1},\ \ \varphi=\frac{\rho_{水}}{\rho_L}=1,\ \ \text{得}\ u_f=2.17$$

对于散堆填料，其泛点率的经验值为

$$\frac{u}{u_f}=0.5\sim0.85$$

对于规整填料，其泛点率的经验值为

$$\frac{u}{u_{\rm f}}=0.6\sim0.95$$

取泛点率为 0.7，$u=0.7\times2.17=1.52\ \rm m/s$ 。

4）计算塔径 D

$$D=\sqrt{\frac{4V_{\rm s}}{\pi u}}=\sqrt{\frac{4\times7.32}{\pi\times1.52}}=2.47\ \rm m$$

取塔径 $D=2.5$ m，校核空塔气速 $u=1.3$ m/s。

泛点率校核：

$$\frac{u}{u_{\rm f}}=0.6>0.5(\text{允许的范围为}0.5\sim0.85)$$

填料规格校核：

$$\frac{D}{d}=\frac{2500}{50}=50>8(\text{允许范围大于}8)$$

验算液体喷淋密度[6]：

液体最小喷淋密度：

$$U_{\min}=(L_{\rm w})_{\min}a \tag{10-10}$$

式中：$(L_{\rm w})_{\min}$ ——最小润湿速率，$\rm m^3/(m\cdot h)$；

a ——填料的比表面积，$\rm m^2/m^3$。

最小润湿速率是指在塔的截面上，单位长度填料周边的最小液体体积流量。对于直径不超过 75 mm 的散装填料，可取最小润湿速率 $(L_{\rm w})_{\min}$ 为 0.08 $\rm m^3/(m\cdot h)$；对于直径大于 75 mm 的散装填料，取 $(L_{\rm w})_{\min}$ 为 0.12 $\rm m^3/(m\cdot h)$。

对于规整填料，其最小喷淋密度可从有关的填料手册中查得，设计中，通常取 $U_{\min}=0.2\ \rm m^3/(m^2\cdot h)$ 。

$$U_{\min}=0.08\times250=20\ \rm m^3/(m^2\cdot h)$$

实际液体喷淋密度：

$$U=\frac{W_{\rm L}}{0.785\rho_{\rm L}D^2}=\frac{45900.4}{996\times0.785\times2.5^2}=93.9\ \rm m^3/(m^2\cdot h)$$

$U>U_{\min}$ ，喷淋密度符合要求。

计算填料层高度 Z：

气相质量流速：

$$U_{\rm G}=\frac{W_{\rm G}}{0.785D^2}=\frac{32703.7}{0.785\times2.5^2}=6665.7\ \rm kg/(m^2\cdot h)$$

液相质量流速：

$$U_{\rm L}=\frac{W_{\rm L}}{0.785D^2}=\frac{45900.4}{0.785\times2.5^2}=9355.5\ \rm kg/(m^2\cdot h)$$

气相吸收总系数 k_G 和液相吸收总系数 k_L 采用式（4-33）和式（4-32）计算，气相总传质单元高度采用修正的恩田公式（4-31）计算。

查表 4.8 和表 4.9 得 φ=1.45， $\sigma_c = 33\ \text{N/m} = 427680\ \text{kg/h}^2$

$$a_w = 250\times\left\{1-\exp\left[-1.45\times\left(\frac{427680}{896832}\right)^{0.75}\times\left(\frac{9355.5}{250\times295.2}\right)^{0.1}\right.\right.$$

$$\left.\left.\times\left(\frac{250\times9355.5^2}{1.29\times10^8\times996^2}\right)^{-0.05}\times\left(\frac{9355.5^2}{996\times896832\times250}\right)^{0.2}\right]\right\} = 44.2\ \text{m}^2/\text{m}^3$$

$$k_G = 0.237\times\left(\frac{6665.7}{250\times0.2016}\right)^{0.7}\times\left(\frac{0.2016}{1.2\times0.054}\right)^{\frac{1}{3}}\times\left(\frac{250\times0.054}{8.314\times313}\right)\times1.45^{1.1}$$

$$= 0.081\ \text{kmol/(m}^2\cdot\text{h}\cdot\text{kPa)}$$

$$k_L = 0.0095\times\left(\frac{9355.5}{44.2\times295.2}\right)^{\frac{2}{3}}\times\left(\frac{295.2}{996\times0.76\times10^{-8}}\right)^{-0.5}\times\left(\frac{295.2\times1.29\times10^8}{996}\right)^{\frac{1}{3}}$$

$$\times1.45^{0.4} = 0.681\ \text{m/h}$$

$$k_{Ga} = k_G a_w$$

$$k_{Ga} = 0.081\times44.2 = 3.58\ \text{kmol/(m}^2\cdot\text{h}\cdot\text{kPa)}$$

$$k_{La} = k_L a_w$$

$$k_{La} = 0.681\times44.2 = 30.1\ \text{m/h}$$

$$\frac{u}{u_f} = 0.6 > 0.5$$

修正的恩田公式只适用于 $u \leqslant 0.5u_f$ 的情况，当 $u > 0.5u_f$ 时，需要按下式进行校正[7]，即

$$k'_{Ga} = \left[1+9.5\left(\frac{u}{u_f}-0.5\right)^{1.4}\right]k_{Ga} \tag{10-11}$$

$$k'_{Ga} = \left[1+9.5\times(0.6-0.5)^{1.4}\right]\times3.58 = 4.93\ \text{kmol/(m}^2\cdot\text{h}\cdot\text{kPa)}$$

$$k'_{La} = \left[1+9.5\left(\frac{u}{u_f}-0.5\right)^{1.4}\right]k_{La} \tag{10-12}$$

$$k'_{La} = \left[1+9.5\times(0.6-0.5)^{1.4}\right]\times1.85 = 41.5\ \text{m/h}$$

$$k_{Ga} = \frac{1}{\dfrac{1}{k'_{Ga}}+\dfrac{1}{Hk'_{La}}} = \frac{1}{\dfrac{1}{4.93}+\dfrac{1}{0.31\times41.5}} = 3.56\ \text{kmol/(m}^2\cdot\text{h}\cdot\text{kPa)}$$

气相总传质单元高度：

$$H_{OG} = \frac{V}{K_{Ga} \times P \times \Omega} = \frac{1046.2}{3.56 \times 100 \times 2.5^2} = 0.59$$

根据物料衡算：

$$VY_1 + LX_2 = VY_2 + LX_1$$

确定出塔 MEA 中溶质组分摩尔比 X_1：

$$X_1 = \frac{VY_1 + LX_2 - VY_2}{L} = 0.08$$

解吸因数：

$$S = \frac{mV}{L} = \frac{1.5}{2.04} = 0.74$$

气相总传质单元数：

$$N_{OG} = \frac{1}{1-S} \ln\left[(1-S)\frac{Y_1 - mX_2}{Y_2 - mX_2} + S\right] = 4.9\ \text{m}$$

填料层高度：

$$Z = H_{OG} \times N_{OG} = 2.89\ \text{m}$$

计算出填料层高度后，还应留出一定的安全系数[8]，据设计经验，填料层的设计高度一般为

$$Z' = (1.2 \sim 1.5)Z$$

取安全系数为 1.4，实际填料层高度为

$$Z' = 2.89 \times 1.4 = 4.05\ \text{m}$$

设计取填料层高度为 $Z' = 4\ \text{m}$。

散装填料分段高度推荐值 $h/D = 8 \sim 15$，$h_{max} \leqslant 6\ \text{m}$，取 $h/D = 10$，则

$$h = 10 \times 2.5 = 25\ \text{m} > 4\ \text{m}$$

故不需要分段。

5）塔附属空间高度

塔上部空间，可取 1.3 m，塔底液相停留时间按 5 min 考虑，则塔釜液所占空间高度为

$$h_1 = \frac{5 \times \dfrac{45900.4}{996 \times 60}}{\dfrac{\pi}{4} \times 2.5^2} = 0.78\ \text{m}$$

考虑到气相接管所占空间，底部空间高度取 1 m，则塔的附属空间高度取 2.3 m。填料塔总高度为 $4 + 2.3 = 6.3\ \text{m}$。

6）填料塔内件计算

（1）液体初始分布器。

布液孔数：根据该物系性质可选用盘式液体分布器，查表 10.4 Eckert 推荐值，应取喷淋点密度为 42 点/m^2，因塔液相负荷较大，设计时取 50 点/m^2。则总布点数为

$$n = 50 \times \frac{\pi}{4} \times 2.5^2 = 113\text{个}$$

表 10.4　Eckert 散装填料的喷淋点密度推荐值

塔径/mm	喷淋点密度/[点/m^2(塔截面)]
400	330
750	170
≥1200	42

（2）液体再分布器。

由于填料层高度不高，可不设液体再分布器。

（3）填料塔接管尺寸。

为防止流速过大引起管道冲蚀、磨损、振动和噪声，液体流速一般不超过 3 m/s，气体流速不超过 50 m/s[9]。

取气体流速为 30 m/s，气体进口管管径为

$$d = \sqrt{\frac{4 \times 7.32}{3.14 \times 30}} = 0.56 \text{ m}$$

圆整为 600 mm。

取液体流速为 1 m/s，液体进口管管径为

$$d = \sqrt{\frac{4 \times \dfrac{45900.4}{996 \times 3600}}{3.14 \times 1}} = 0.13 \text{ m}$$

7）计算填料层压降

$$\Delta p_f = \Delta p_1 + \Delta p_2 + \Delta p_3 + \Sigma \Delta p$$

（1）气体进出口压力降。

根据式（2-15）计算

$$\text{进口}\Delta p_1 = 203 \text{ Pa}$$

$$\text{出口}\Delta p_2 = 405 \text{ Pa}$$

（2）填料层压力降。

采用 Eckert 通用关联图（图 4.11）计算填料层压降：

横坐标为

$$X=\left(\frac{W_L}{W_G}\right)\left(\frac{\rho_G}{\rho_L}\right)^{0.6}=\left(\frac{45900.4}{32703.7}\right)\left(\frac{1.2}{996}\right)^{0.5}=0.0487$$

查表 10.5 得：$\phi=116\,m^{-1}$，则纵坐标为

$$\frac{u_f^2\phi\varphi}{g}\left(\frac{\rho_G}{\rho_L}\right)\mu_L^{0.2}=\frac{2.17^2\times116\times1}{9.81}\times\frac{1.2}{996}\times295.2^2=0.331$$

查图 4.11 得，$\frac{\Delta p}{Z}=2158\ Pa/m$。则填料层压降为

$$\Delta p_3=2158\times4=7848\ Pa$$

（3）其他塔内件的压力降。

其他塔内件的压力降 $\Sigma\Delta p$ 较小，在此可以忽略。

吸收塔的总压力降为

$$\Delta p_f=203+405+7848=8456\ Pa$$

表 10.5　不同填料的压降因子　　（单位：m^{-1}）

填料名称	填料尺寸				
	16mm	25mm	38mm	50mm	76mm
瓷拉西环	1050	576	450	288	—
瓷矩鞍	700	215	140	160	—
塑料鲍尔环	343	232	114	125/110	62
金属鲍尔环	306	—	114	98	—
塑料阶梯环	—	204	176	116	—
金属阶梯环	—	—	118	82	—
金顺环矩鞍	—	138	93.4	71	36

3. 解吸塔

操作条件：温度 40℃压力 100 kPa。

基础物性数据：

15%含有 0.08 $molCO_2/molMEA$ 的 MEA 溶液的黏度为 0.038 Pa·s、密度为 960 kg/m^3；120℃水蒸气密度 $\rho=0.54\ kg/m^3$。

进塔液体参数：

设置 8 个解吸塔，对于每台解吸塔，解吸温度为 120℃，常压解吸。

进塔液体流量：

$$L = 1046.5\ \text{kmol/h}$$

进塔液体 CO_2 浓度：

$$x_1' = x_2 = 0.074$$

出塔液体 CO_2 浓度：

$$x_1' = x_2 = 1.1\times 10^{-3}$$

出塔 CO_2 浓度取 $y_1 = 0.35$，进塔水蒸气 CO_2 浓度近似为 0。

$$Y_1 = \frac{y_1}{1 - y_1} = 0.54$$

1）蒸汽量计算

CO_2 进塔流量：

$$m_2 = L \times x_2' = 77.4\ \text{kmol/h}$$

CO_2 出塔流量：

$$m_1 = L \times x_1' = 1.15\ \text{kmol/h}$$

CO_2 脱除量：

$$\Delta m = m_1 - m_2 = 76.25\ \text{kmol/h}$$

CO_2 体积：

$$V = \frac{\Delta mRT}{p} = \frac{76.25\times 1000\times 8.314\times 393}{100000} = 2700\ \text{m}^3/\text{h} = 0.75\ \text{m}^3/\text{s}$$

$$\frac{L'}{G'} = \frac{Y_1 - Y_2}{X_2 - X_1} = 6.84$$

$$G'_{\min} = 1046.5 \div 6.84 = 153\ \text{kmol/h}$$

若蒸汽用为理论蒸汽最小用量的 1.4 倍，则

$$G' = 1.4\times 153 = 214.2\ \text{kmol/h}$$

回流比：

$$R = \frac{214.2}{1046.5\times(0.08 - 0.0011)} = 2.59$$

水蒸气质量流速：

$$W_\text{G} = 214.2\times 18 = 3855.6\ \text{kg/h}$$

水蒸气体积流速：

$$V = 214.2\times 22.4\times \frac{393}{273} = 6907.1\ \text{m}^3/\text{h}$$

2）泛点气速计算

$$X=\left(\frac{W_{\rm L}}{W_{\rm G}}\right)\left(\frac{\rho_{\rm G}}{\rho_{\rm L}}\right)^{0.5}=\left(\frac{45900.4}{3855.6}\right)\left(\frac{0.54}{960}\right)^{0.5}=0.28$$

查图 4.11 得 $Y=0.05$，即

$$\frac{u_{\rm f}^2\phi\varphi}{g}\left(\frac{\rho_{\rm G}}{\rho_{\rm L}}\right)\mu_{\rm L}^{0.2}=0.05$$

代入 $\phi=425\ {\rm m}^{-1}$，$\varphi=\frac{\rho_{水}}{\rho_{\rm L}}=1$，得 $u_{\rm f}=1.26\ {\rm m/s}$。

$$u=0.7u_{\rm f}=0.7\times1.26=0.88\ {\rm m/s}$$

3）解吸塔塔径 D

$$D=\sqrt{\frac{4V}{\pi u}}=0.81\ {\rm m}$$

根据压力容器公称直径标准进行圆整，取塔径 $D = 1.0$ m。

塔内填料仍选用塑料阶梯环，填料层高度与吸收塔计算公式一致，计算得

$$Z=4\ {\rm m}$$

确定填料塔高度 H：

假设填料塔顶塔釜高度均为填料层高度的 15%，则

$$H=(1+15\%+15\%)\times Z=5.2\ {\rm m}$$

4）附属部件计算[10]

（1）换热器计算。

热量衡算方程：

15%的 MEA 溶液的定压比热容为 2.73 kJ/(kg·K)。

$$Q=mC_{\rm p}(t_2-t_1)=12.75\times2.73\times(393-313)=2784.6\ {\rm kJ/s}$$

换热面积

$$A=\frac{Q}{K\Delta t_{\rm m}}=\frac{2784600}{2200\times80}=15.8\ {\rm m}^2$$

根据换热面积，选用 GH-50 列管换热器，换热器性能参数见表 10.6。

表 10.6 换热器性能参数

型号	筒体直径/mm	列管长度/mm	进出口直径/mm	换热介质进出口直径/mm	管程压力/MPa	壳程压力/MPa
GH-50	500	3	50	50	0.25	0.25～0.4

（2）通风机计算。

风量Q_f，取管网漏风附加系数为 10%，$k_1=1.1$；设备漏风附加系数为 5%，k_2=1.05。

$$Q_f=1.1\times1.05\times211000=243705\ \mathrm{m^3/h}$$

全压p，管道的总阻力损失。取流体阻力损失附加系数$m=1.15$。选用钢管（焊接）摩擦系数$\lambda=0.1$，选用三个圆弯管局部阻力系数为 0.15，管道长度$L_n=8$ m。

$$\rho_f=1.15\times\left(0.1\times\frac{8000}{600}+3\times1.5\right)\times\frac{26^2\times1.2\times9.81}{2}=8160\ \mathrm{Pa}$$

取管网压损附加率为 15%，$\alpha_1=1.15$；通风机全压负差系数，一般可取$\alpha_2=1.05$。

$$p=(7848\times1.15+8160)\times1.05=17593\ \mathrm{Pa}$$

电动机功率 N，拟选用 7-19-No15.4D 离心通风机，其性能参数见表 10.7。使用 10 台风机并联使用，通风机的效率为$\eta_1=80\%$，电动机的功率为 75 kW，故安全系数$K_0=1.15$。传动方式为电动机直联，机械效率$\eta_2=1$。

$$N=\frac{243705\times17593\times1.15}{1000\times0.8\times10\times3600}=171\ \mathrm{kW}$$

表 10.7　离心通风机性能参数

机号	传动方式	转速/(r/min)	流量/(m^3/h)	全压/Pa	效率/%	所需功率/kW	压力系数	比转速
15.4	D	3500	19 047～31 280	17 346～27 822	76.5～81	145～253	0.7	19

（3）泵的计算。

流量计算拟选用 80D-12 型泵，水泵性能参数见表 10.8，使用 2 台泵并联。

流量计算

$$V=\frac{m}{V}=\frac{45900.4}{2\times996}=23\ \mathrm{m^3/h}$$

表 10.8　水泵性能参数

型号	扬程	流量/(m^3/h)	转速/(r/min)	轴功率/kW	电动机功率/kW	效率/%
80D-12	22	35	2950	18	20	80

10.2.4　绘制工艺流程图、设备图

如图 10.8，图 10.9 所示。

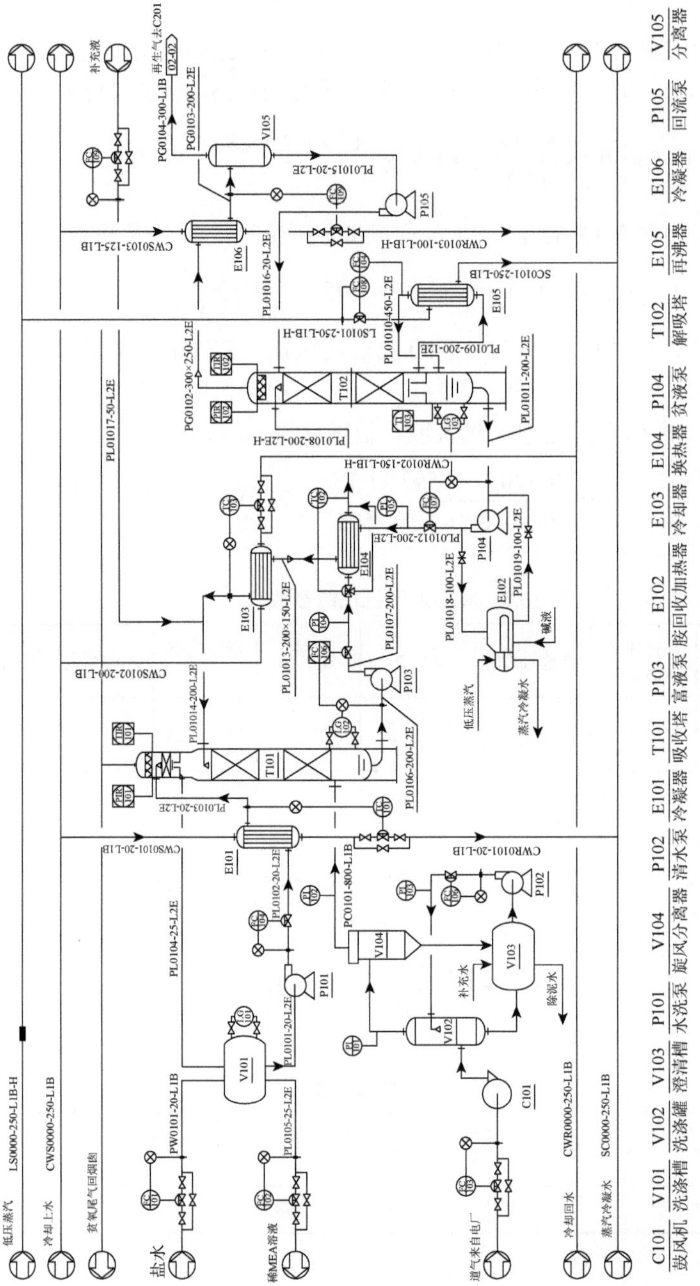

图 10.8　工艺流程图

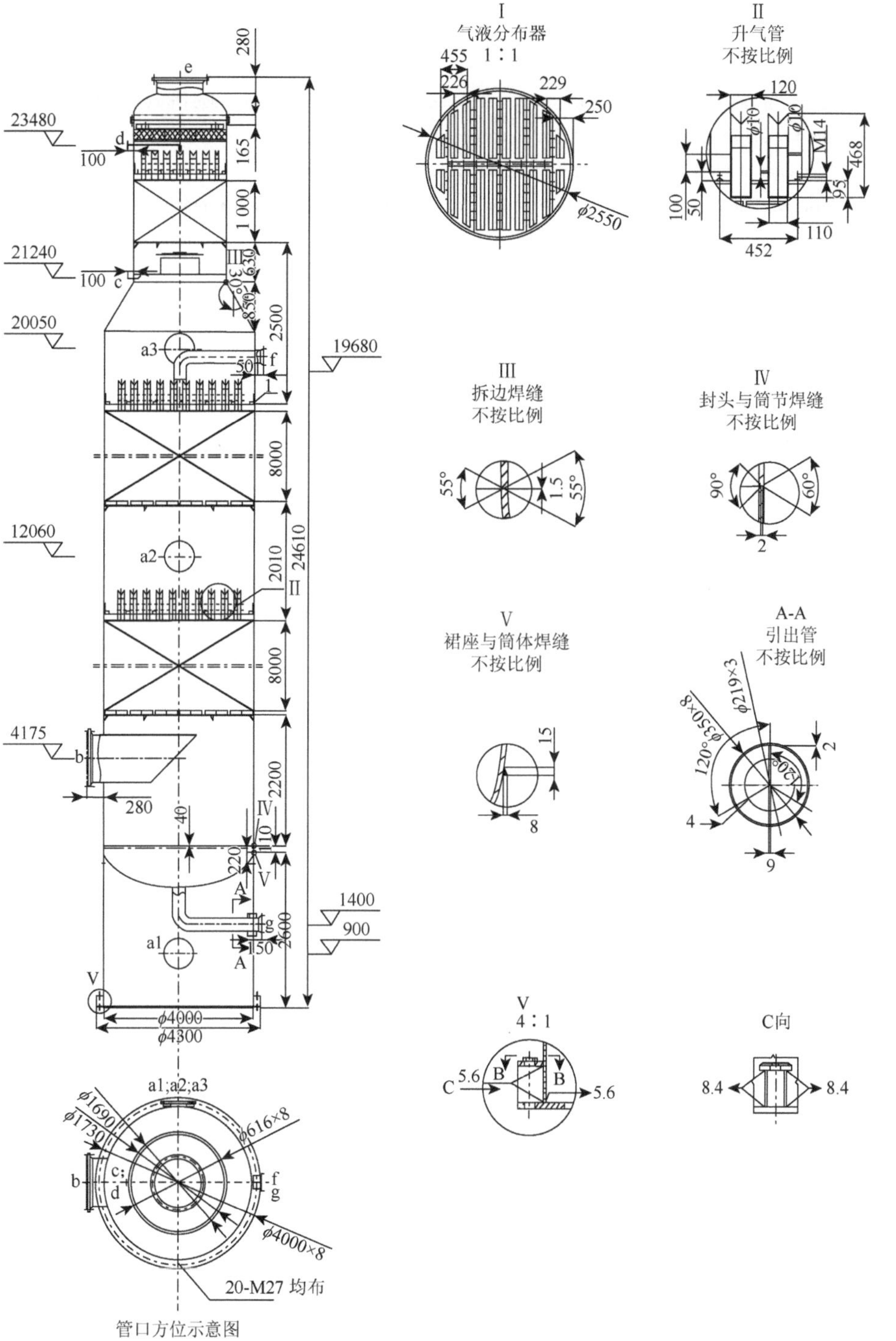

图 10.9　设备图（单位：mm）

参 考 文 献

[1] IPCC. Climate Change 2021：The physical science basis[R]. Cambridge：Cambridge University Press，2021.

[2] Bui M，Adjiman C S，Bardow A，et al. Carbon capture and storage（CCS）：The way forward[J]. Energy & Environmental Science，2018，11（5）：1062-1176.

[3] Jiang L，Liu W，Wang R Q，et al. Sorption direct air capture with CO_2 utilization[J]. Progress in Energy and Combustion Science，2023，95：101069.

[4] 江霞，汪华林. 碳中和技术概论[M]. 北京：高等教育出版社，2022.

[5] 黄建洪. 环境工程设计[M]. 北京：中国环境出版集团，2023.

[6] 邱贤华，杨莉. 环境工程设计基础[M]. 北京：机械工业出版社，2015.

[7] 童华. 环境工程设计[M]. 北京：化学工业出版社，2009.

[8] 魏先勋. 环境工程设计手册[M]. 长沙：湖南科学技术出版社，2002.

[9] 赵玉明. 环境工程工艺设计教程[M]. 北京：中国环境出版社，2013.

第 11 章　设计说明书编写要求

11.1　设计说明书

大气污染控制工程设计要求学生在充分掌握课堂理论知识的基础上，通过自主学习、资料查阅等多种途径，完成一个大气污染控制系统的部分或全部设计任务。其目的在于进一步加强学生对课程理论知识的学习，让学生能结合实践，学以致用。通过参与大气污染控制工程设计，学生可以得到较为全面的大气污染控制工程设计的初级训练，不仅是对所学专业知识的检验，也是对分析问题、解决问题能力的锻炼。设计说明书是学生设计成果的重要表现之一，是对设计工艺的介绍、设计计算成果的说明及其他有关问题的讨论。

大气污染控制工程设计说明书一般包含以下内容：

1. 封面

由各个学校统一格式，一般包括：设计题目、学院、专业、班级、姓名、学号、指导教师、时间等。

2. 设计任务书

阐述设计目的，设计内容，时间安排，设计工作要求等。

3. 目录

包含所有设计说明书各部分标题及对应页码。

4. 正文

按目录中编排的章节依次撰写，内容包括：

（1）概述：介绍本设计项目的目的和意义。

（2）原始资料：介绍设计项目的地理位置、气象条件等自然环境因素，包括地形、地貌等；同时描述项目的生产工艺流程，分析排污情况，明确污染物排放标准及设计所需达到的目标和要求，介绍设计过程中所依据的相关法规、标准和规范。

（3）工艺比选：介绍待处理废气中目标污染物的常用处理工艺及其设备，对比不同工艺的优缺点，并根据项目概况初步确定合适的处理工艺。

（4）工艺设计：确定处理工艺流程，对工艺流程中所涉及的主体设备进行设计计算，对所要用到的辅助设备（如风机、泵等）进行选型。

（5）工程费用：对项目进行投资估算，分析其运行费用，为项目经济可行性提供有力支持。

5. 参考文献

列出设计中所用到的参考文献，需根据学校要求或相关标准撰写。确保参考文献格式符合要求。

6. 附录

包括设计图纸：净化系统平面布置图、工艺流程图、高程图、主体设备单体图，画图时的标准要求可参照《房屋建筑制图统一标准》（GB/T 50001-2017）。

1）净化系统平面布置图

详细展示净化系统中各主体构筑物的平面布置关系，包括处理设施、辅助设施、存储设施等。同时图中还标注场地利用情况，如构筑物之间的距离、通道设置等，以便全面了解净化系统的空间布局和场地规划。

2）工艺流程图

展示污染物从产生到处理的整个流程，体现各操作单元之间的控制关系。通过工艺流程图直观地了解污染物处理的顺序、关键环节以及可能存在的风险点。

3）高程图

展示净化系统管道的布置情况。图中标注管道的直径、长度等关键参数，为管道的设计、施工和运维提供重要依据。此外，高程图还反映管道与其他构筑物、设备的空间关系，确保系统运行的安全性和稳定性。

4）主体设备单体图

展现主体设备的结构、尺寸等关键信息。图中包括设备的主体框架、内部构造、重要零部件等，为设备的设计、制造、安装和维修提供详细的参考。同时，通过对主体设备单体图的深入分析，可以更好地了解设备的工作原理和性能特点，为净化系统的优化和升级提供有力支持。

大气污染控制工程设计说明书对于学生而言意义重大，它是学生将设计过程中的设计思路、工艺流程、计算结果以及各类相关问题进行系统整理和阐述的重要载体。一份合格的设计说明书，首先要满足内容完整性这一基本要求，必须涵盖如项目背景、设计目标、设计依据等基础信息，这能为后续设计内容搭建稳固的框架；而对于像工艺流程、设备选型等具体的设计核心内容，更是要展开详细的阐述，使整个设计逻辑清晰呈现。其次，设计说明书的准确性也至关重要，尤其是在设计计算环节，污染物浓度、计算参数等关键数据必须严格核实。最后便是规范性：在语言表达上，要使用专业术语和行业通用词汇，不可随意创造词汇或使用口语化表达，以确保专业度；格式方面，字体、编号、图表编号及格式等都要统一，这样才能便于阅读和理解，让审阅者一目了然；引用规范同样关键，对参考的标准、文献等务必准确标注，这既是对知识版权的尊重，也是学术严谨性的体现，一些常用的设计规范已在第 1 章中列出（具体可见 1.1.3 2.生态环境标准）。

11.2　投资估算的编制依据、步骤与方法

11.2.1　投资估算的编制依据

投资估算是建设单位向项目主管单位申请拟定建设项目或项目主管单位对拟定项目进行决策时，确定建设项目在规划、项目建议书、设计任务书等不同阶段的相应投资总额而编制的经济文件。其是项目主管单位决定拟建项目是否继续进行研究的依据；是项目主管单位批准项目建议书的依据；是项目主管单位批准设计任务书的重要依据；是项目主管单位编制中长规划，保持合理比例和投资结构的重要依据[1-2]。

在设计涉及项目资金估算时，资金估算应列入建设项目从筹建至竣工验收、交付使用全部过程中所需要的全部投资额，包括：建筑安装工程费用，设备、工器具购置费，建设工程其他费用。其编制依据包括估算指标、概算指标等资料，如《装配式建筑工程投资估算指标》（TY01-02-2023）。

1. 估算指标

估算指标是在可行性研究阶段采用的一种扩大的技术经济指标。它以独立的建筑项目、单项工程或单位工程为对象，综合项目全过程投资和建设中的各类成本和费用，反映出其扩大的技术经济指标。

2. 概算指标

概算指标是以整个建筑物或构筑物为对象，以建筑面积、体积或成套设备装置的“台”或“组”为计量单位，包括人工、材料和机械台班的消耗量标准和造价指标。

估算指标和概算指标为资金估算提供了关键的参照基准，能助力精准把控项目资金流向，确保项目在经济层面的可行性与合理性。

11.2.2　投资估算步骤与方法

对设计项目进行投资估算有助于合理分配资源，提前识别和防范财务风险，

有效控制成本，提高项目管理效率。同时，它是项目融资和经济评价的关键依据，对项目的顺利推进和可持续发展具有决定性作用。精准的投资估算是保障项目成功的关键所在，因此需要认真学习如何进行投资估算。

投资估算的计算步骤如下：

1. 收集资料

（1）收集项目相关文件，获取项目的设计方案（包括建筑设计、工艺流程设计等），明确项目的基本情况，如建设规模、建设地点、项目性质、技术要求等。

（2）收集价格和定额信息，收集市场价格信息，包括设备、材料、人工等价格。

（3）收集国家和地方有关的政策法规、行业规定的费用定额，如税收政策、工程造价定额等。

2. 划分估算项目

根据项目的组成结构，将项目划分为不同的估算单元。例如，对于一个工业建设项目，可以划分为建筑工程、设备购置、安装工程、其他费用（如土地购置、勘察设计费等）等估算项目。每个估算项目再进一步细分，如建筑工程可以分为厂房建筑、仓库建筑、办公楼建筑等；设备购置可以按生产设备、辅助设备等分类。

3. 估算工程量

（1）对于建筑工程部分，根据设计图纸和相关工程量计算规则，计算出如建筑面积、土方量、混凝土量等工程量。

（2）对于设备购置部分，依据工艺流程设计和生产能力要求确定需要购买的设备型号、数量。

（3）对于安装工程部分，估算设备安装的工程量，如设备安装的台数、管道铺设的长度等。

4. 确定单价

根据市场价格信息和价格指数，确定各估算项目的单价。对于建筑材料，可以通过当地建材市场调研获取价格；对于设备，参考设备生产厂家的报价或市场平均价格；对于人工费用，考虑当地劳动力市场行情和行业标准来确定。

5. 计算投资估算值

根据估算的工程量和确定的单价，计算各估算项目的费用。例如设备购置费用＝设备数量×设备单价。再将各个估算项目的费用汇总，得到项目的总投资估算值。

6. 审核和调整

对计算得出的投资估算结果进行审核。检查估算过程中使用的数据是否准确、计算方法是否正确、费用是否有遗漏或重复计算等。根据审核结果，对投资估算进行调整。同时，考虑项目风险因素，如市场风险、技术风险等，对投资估算进行适当的修正，使估算结果更加合理、准确。

投资估算可采用以下方法进行计算[3]：

1）按设备费用的百分比估算法

以拟建项目的设备费为基数，根据已建成的同类项目或装置的建筑安装工程费和其他费用等占设备价值的百分比，求出相应的建筑安装工程及其他费用，其总和即为项目或装置的投资。

2）朗格系数法

以设备费为基数，乘以适当系数（朗格系数）来推算项目的建设费用。

3）生产能力指数法

根据已建成的、性质类似的建设项目或生产装置的投资额和生产能力与拟建项目或生产装置的生产能力比较来估算项目的投资额。

4）单位指标估算法

投资估算指标的形式很多，有元/m^2，元/m^3，元/kVA 等。根据这些指标，乘以所需的面积体积、容量等，就可以求出相应的土建工程、安装工程的投资。

11.3　技术经济指标

11.3.1　技术经济指标分类

从环保设备或系统的特性出发，其技术经济指标大致可划分为三类：一是体现使用价值的收益类指标，二是反映使用价值形成过程中资源消耗的耗费类指标，三是综合评价技术经济效益的综合指标[4]。

1. 收益类指标

1）处理能力

处理能力是指单位时间内环保设备或系统的污染物处理处置量。环保设备的处理能力与处理工艺、设备、体积、材料消耗及总造价等密切相关。

2）净化效率

净化效率是指污染物经环保设备或系统处理后的污染物去除率，是表征环保设备或系统性能的重要技术指标。环保设备的处理效率与处理对象有关，同时，环保设备的处理效率又因所采用处理工艺的不同而存在差别。

3）设备运行寿命

设备运行寿命是指既能满足污染治理需求，又能符合经济运行要求的环保设备的运行寿命，代表着环保设备投资的有效期。

4）污染物资源化能力

资源化能力是指利用环保设备对污染源进行治理后，通过对“三废”资源化处理，从中获得直接经济价值的能力。

5）降低损失水平

降低损失水平是指利用环境工程设备对污染源进行治理后，改善了环境质量，减少或免交治理前需交纳的有关环境污染赔偿费、排污费等，或减少生产资料损失。

6）非货币计量收益

非货币计量收益是指利用环境工程设备对污染源进行治理后，产生不能直接用货币计量的效益，如大气、水环境质量的改善等。

2. 耗费类指标

1）投资总额

投资总额是指购置和建造环保设备或系统而支出的全部费用，包括直接费（如设备购置与安装、建筑费用等）和非直接费（如管理费、开办费等）。

2）运行费用

运行费用是指环保设备正常运行所需的费用，包括直接运行费用（如直接人工费、材料费、动力费等）和间接运行费用（如管理费用、折旧费等），一般用年运行费用表示。

3）设置耗用时间

设置耗用时间是指环保设备从开始投资到实际运行时所耗用的时间，它反映了从购买（或建造）到形成使用价值的速度。

4）有效运行时间

有效运行时间是指环境工程设备每年实际运行的时间，反映了环保设备不开动时所造成的耗费，常用有效利用率来表示：

$$\text{有效利用率}=\frac{\text{年累计运行时间}}{\text{年计划运行时间}}$$

3. 综合指标

1）寿命周期费用

环保设备的寿命周期费用，是指环保设备在整个寿命周期过程中所发生的全部费用。所谓寿命周期，是指从研究开发开始，经过制造和长期使用，直至报废或被其他设备取代为止，所经历的整个时期。因此，环保设备寿命周期费用是由开发与设计费用、制造（或建造）费用和使用费用组成的。一般习惯从提供设备和使用设备的角度，将环境工程设备寿命周期分为设置费用和使用费用两大部分。设置费用是指将环保设备调试至正常运行所发生的一切费用，包括开发与设计费、试制费、制造或构筑过程中的直接或间接费用，以及运输、安装、调试费用；使用费用是指包括使用过程中的燃料、动力、原料辅料、人工等各种费用的总和。

2）环境效益指数

环境效益指数是反映环保设备运行后，改善环境质量的综合指标，其计算公式为

$$\text{环境效益指数}=\frac{\text{某污染物排放削减量}}{\text{该污染物的允许排放量}}$$

3）投资回收期

投资回收期是以环保设备的净收益（包括直接和间接的收益）抵偿全部投资所需要的时间，一般以年为单位，是考虑环保设备投资回收能力的重要指标。根据是否考虑货币资金的时间价值，投资回收期可分为静态投资回收期和动态回收期。由于动态投资回收考虑了货币资金的时间价值，因此，动态投资回收期将大于静态投资回收期。

静态投资回收期的计算公式为

$$N_{\mathrm{t}}=\frac{T_{\mathrm{I}}}{M}$$

式中：N_{t}——静态投资回收期，年；

T_{I}——投资总额，万元；

M——年平均净收益，万元/年。

动态回收期的计算公式为

$$N_{\mathrm{d}}=\frac{-\lg\left[1-\frac{T_{\mathrm{I}}}{M}\right]}{\lg(1+i)}$$

式中：N_{d}——动态回收期，年；

i——年利率或投资收益率，%。

11.3.2　技术经济指标比较案例

在环保设备或系统的设计全过程中，应以降低环境工程设备的寿命周期费用，提高经济效益和环境效益为目标，选择单位投资环境效益最佳的设计方案。

以某火电厂 300 MW 燃煤机组为例，其排放的烟气量约为 1 050 000 Nm^3/h，入口 NO_x 浓度为 300 mg/Nm^3，采用 SCR 脱硝系统对废气进行处理，针对常用的以液氨、尿素为还原剂的 SCR 脱硝方案进行技术经济指标比较，其对比如表 11.1 所示[5]。

表 11.1　SCR 脱硝方案技术经济指标比较

项目		液氨法	尿素热解	尿素水解
还原剂耗量	液氨/$kg \cdot h^{-1}$	220	0	0
	尿素/$kg \cdot h^{-1}$	0	396	396
电耗（厂用电单价 0.27 元/(kW·h)）	耗电量/×10^4 kW·h	94	528.4	108
	耗电费用/×10^4 元	25.38	142.67	29.16
水耗（水单价 3.0 元/t）	用水量/t	4 000	8 800	10 000
	水费/×10^4 元	1.2	2.64	3.00
占地面积	水解区/m^2	0	0	378
	还原剂区/m^2	2 244	360	325

与液氨法相比，尿素法在储存和运输过程中较安全。而将尿素热解法与尿素水解法相比，尿素水解法的能耗及运行成本较低，占地面积较小。因此，在本项目中综合考虑安全、经济等因素，推荐采用尿素水解法对火电厂所排放的废气进行脱硝处理。

11.4　投资估算案例

案例一：

以第 8 章脱硫系统设计为例，其所设计的脱硫吸附塔参数如表 11.2 所示。

表 11.2　脱硫吸附塔参数表

序号	名称	单位	参数
基本设计参数			
1	气量（工况）	m^3/h	15 000 m^3/h
2	温度（入口）	℃	45℃
脱硫吸附塔			
1	脱硫吸附塔结构型式		密封罐，立式
2	吸附剂型号		活性炭脱硫剂

续表

序号	名称	单位	参数
3	烟气流速	m/s	0.68
4	流通面积	m^2	6.15
5	装填层数	层	1
6	装填高度	mm	1 000
7	进、出口型式		上进，下出
8	除水金属滤网	层	1
9	壳体材质		玻璃钢
10	塔径	mm	2 800
11	塔高	mm	5 637
12	进出口管道	mm	800

该本项目设计采用两个脱硫吸附塔（一用一备），其投资成本估算如表 11.3 所示。

表 11.3　脱硫吸附塔投资成本

设备费用						
序号	名称	规格型号	数量	单位	单价/万元	合计/万元
1	脱硫吸附塔	直径 2.8 m，高 5.6 m	2	台	9.6	19.2
2	除水金属滤网	直径 2.8 m	2	层	0.7	1.4
3	专有吸附填料	活性炭脱硫剂	12.36	m^3	2.75	33.99
4	入口切换阀门	蝶阀，DN800	2	个	4.7	9.4
5	出口切换阀门	蝶阀，DN800	2	个	4.7	9.4
6	管道		—	—	—	30
7	配套控制、监测系统		—	—	—	3.84
					小计（T_1）	107.23
安装工程费 $T_2 = 10\%T_1 = 10.72$（万元）						
运杂费、不可预见费 $T_3 = 3\%（T_1 + T_2）= 3.54$（万元）						
税费 $T_4 = 5.86\%（T_1 + T_2 + T_3）= 7.12$（万元）						
					共计	128.61

案例二：

以某化工厂为例，其采用蓄热式催化氧化技术对生产过程中排放的有机废气进行治理，废气治理系统年运行费用如表 11.4 所示。

表 11.4 废气治理系统年运行费用

序号	名称	功率/kW	年费用/万元	备注
1	系统风机电费	55 kW	24.33	功率因数取 0.8，另考虑风机配置变频器，以节能 20%计算电费
2	吹扫风机电费	5.5 kW	0.76	功率因数取 0.8，每年运行 360 天、6 小时/天
3	降温风机电费	22 kW	0.40	功率因数取 0.8，另考虑风机配置变频器，以节能 20%计算电费、每年运行 360 天、1 小时/天
4	循环水泵电费	2.2 kW	1.22	功率因数取 0.8
5	RCO 加热器电费	450 kW	12.96	平均每天运行 1 小时
6	其他电费	1 kW	0.69	仪器仪表等
	合计		40.36	

注：废气系统每年运行 360 天，按照 24 小时/天、电费 0.8 元/度计算运行费用。

参 考 文 献

[1] 吴德荣. 化工工艺设计手册（上册）[M]. 北京：化学工业出版社，2009.

[2] 赵三清，汪楠. 建筑工程概预算[M]. 南京：东南大学出版社，2017.

[3] 张建平. 工程概预算[M]. 重庆：重庆大学出版社，2001.

[4] 童华. 环境工程设计[M]. 北京：化学工业出版社，2009.

[5] 邹红果. 火电厂 SCR 脱硝方案的技术经济性比较[J]. 能源与节能，2017（10）：84-85.

附　　录

附表 1　圆形通风管道规格

<table>
<tr><th rowspan="2">外径 D
/mm</th><th colspan="2">钢制风管</th><th colspan="2">塑料制风管</th><th rowspan="2">外径 D
/mm</th><th colspan="2">钢制风管</th><th colspan="2">塑料制风管</th></tr>
<tr><th>外径允许偏差/mm</th><th>壁厚
/mm</th><th>外径允许偏差/mm</th><th>壁厚
/mm</th><th>外径允许偏差/mm</th><th>壁厚
/mm</th><th>外径允许偏差/mm</th><th>壁厚
/mm</th></tr>
<tr><td>100</td><td rowspan="13">±1</td><td rowspan="6">0.5</td><td rowspan="13">±1</td><td rowspan="10">3.0</td><td>500</td><td rowspan="13">±1</td><td>0.75</td><td>±1</td><td rowspan="3">4.0</td></tr>
<tr><td>120</td><td>560</td><td rowspan="7">1.0</td><td rowspan="12">±1.5</td></tr>
<tr><td>140</td><td>630</td></tr>
<tr><td>160</td><td>700</td><td rowspan="4">5.0</td></tr>
<tr><td>180</td><td>800</td></tr>
<tr><td>200</td><td>900</td></tr>
<tr><td>220</td><td rowspan="7">0.75</td><td>1000</td></tr>
<tr><td>250</td><td>1120</td><td rowspan="6">6.0</td></tr>
<tr><td>280</td><td>1250</td><td rowspan="5">1.2-1.5</td></tr>
<tr><td>320</td><td>1400</td></tr>
<tr><td>360</td><td rowspan="3">4.0</td><td>1600</td></tr>
<tr><td>400</td><td>1800</td></tr>
<tr><td>450</td><td>2000</td></tr>
</table>

附表 2　矩形通风管道规格

<table>
<tr><th rowspan="2">外边长
$a\times b$/mm</th><th colspan="2">钢制风管</th><th colspan="2">塑料制风管</th><th rowspan="2">外边长
$a\times b$
/mm</th><th colspan="2">钢制风管</th><th colspan="2">塑料制风管</th></tr>
<tr><th>外边长允许偏差
/mm</th><th>壁厚
/mm</th><th>外边长允许偏差
/mm</th><th>壁厚
/mm</th><th>外边长允许偏差
/mm</th><th>壁厚
/mm</th><th>外边长允许偏差
/mm</th><th>壁厚
/mm</th></tr>
<tr><td>120×120</td><td rowspan="3">−2</td><td rowspan="3">0.5</td><td rowspan="3">−2</td><td rowspan="3">3.0</td><td>630×500</td><td rowspan="3">−2</td><td rowspan="3">1.0</td><td rowspan="3">−3</td><td rowspan="3">5.0</td></tr>
<tr><td>160×120</td><td>630×630</td></tr>
<tr><td>160×160</td><td>800×320</td></tr>
</table>

续表

<table>
<tr><th rowspan="2">外边长
a×b/mm</th><th colspan="2">钢制风管</th><th colspan="2">塑料制风管</th><th rowspan="2">外边长
a×b
/mm</th><th colspan="2">钢制风管</th><th colspan="2">塑料制风管</th></tr>
<tr><th>外边长允许偏差/mm</th><th>壁厚/mm</th><th>外边长允许偏差/mm</th><th>壁厚/mm</th><th>外边长允许偏差/mm</th><th>壁厚/mm</th><th>外边长允许偏差/mm</th><th>壁厚/mm</th></tr>
<tr><td>200×120</td><td rowspan="22">−2</td><td rowspan="3">0.5</td><td rowspan="19">−2</td><td rowspan="10">3.0</td><td>800×400</td><td rowspan="22">−2</td><td rowspan="10">1.0</td><td rowspan="22">−3</td><td rowspan="4">5.0</td></tr>
<tr><td>200×160</td><td>800×500</td></tr>
<tr><td>200×200</td><td>800×630</td></tr>
<tr><td>250×120</td><td rowspan="16">0.75</td><td>800×800</td></tr>
<tr><td>250×160</td><td>1000×320</td><td rowspan="11">6.0</td></tr>
<tr><td>250×250</td><td>1000×400</td></tr>
<tr><td>320×160</td><td>1000×500</td></tr>
<tr><td>320×200</td><td>1000×630</td></tr>
<tr><td>320×250</td><td>1000×800</td></tr>
<tr><td>320×320</td><td>1000×1000</td></tr>
<tr><td>400×200</td><td rowspan="9">4.0</td><td>1250×400</td><td rowspan="12">1.2</td></tr>
<tr><td>400×250</td><td>1250×500</td></tr>
<tr><td>400×320</td><td>1250×630</td></tr>
<tr><td>400×400</td><td>1250×800</td></tr>
<tr><td>500×200</td><td>1250×1000</td></tr>
<tr><td>500×250</td><td>1600×500</td><td rowspan="7">8.0</td></tr>
<tr><td>500×320</td><td>1600×630</td></tr>
<tr><td>500×400</td><td>1600×800</td></tr>
<tr><td>500×500</td><td>1600×1000</td></tr>
<tr><td>630×250</td><td rowspan="3">1.0</td><td rowspan="3">−3</td><td rowspan="3">5.0</td><td>1600×1250</td></tr>
<tr><td>630×320</td><td>2000×800</td></tr>
<tr><td>630×400</td><td>2000×1000</td></tr>
</table>

附表 3　全国通用通风管道计算表

动压/Pa	风速/(m·s^{-1})	外径(D)/mm　上行——风量/(m^3·h^{-1})　下行——$\frac{\lambda}{d}$										
		80	90	100	110	120	130	140	150	160	170	180
60.1	10.0	168 0.342	214 0.293	266 0.255	324 0.226	387 0.202	456 0.182	531 0.166	611 0.152	697 0.140	789 0.129	886 0.120
62.5	10.2	171 0.341	218 0.292	217 0.255	330 0.225	395 0.201	465 0.182	541 0.165	623 0.151	711 0.139	804 0.129	904 0.120
65.0	10.4	174 0.340	223 0.292	277 0.254	337 0.225	403 0.201	474 0.181	552 0.165	635 0.151	725 0.139	820 0.129	921 0.120
67.5	10.6	178 0.340	227 0.291	282 0.254	343 0.224	410 0.201	483 0.181	563 0.165	648 0.151	739 0.139	836 0.129	939 0.120
70.0	10.8	181 0.339	231 0.291	287 0.253	350 0.224	418 0.200	493 0.181	573 0.164	660 0.151	753 0.139	852 0.128	957 0.119
72.7	11.0	184 0.339	235 0.290	293 0.253	356 0.224	426 0.200	502 0.180	584 0.164	672 0.150	767 0.138	867 0.128	974 0.119
75.3	11.2	188 0.338	240 0.290	298 0.253	363 0.223	433 0.200	510 0.180	594 0.164	684 0.150	781 0.138	883 0.128	992 0.119
78.1	11.4	191 0.338	244 0.289	303 0.252	369 0.223	441 0.199	520 0.180	605 0.164	697 0.150	795 0.138	899 0.128	1010 0.119
80.8	11.6	194 0.337	248 0.289	309 0.252	376 0.223	449 0.199	529 0.180	616 0.163	709 0.150	808 0.138	915 0.128	1028 0.119
83.7	11.8	198 0.337	253 0.288	314 0.251	382 0.222	457 0.199	538 0.179	626 0.163	721 0.149	822 0.138	930 0.127	1045 0.119
86.5	12.0	201 0.336	257 0.288	319 0.251	388 0.222	464 0.198	547 0.179	637 0.163	733 0.149	836 0.137	946 0.127	1063 0.118
89.5	12.2	205 0.336	261 0.288	325 0.251	395 0.222	472 0.198	55.6 0.179	647 0.163	745 0.149	850 0.137	962 0.127	1081 0.118
92.4	12.4	208 0.335	265 0.287	330 0.250	401 0.221	480 0.198	565 0.179	658 0.162	758 0.149	864 0.137	978 0.127	1098 0.118
95.3	12.6	211 0.335	270 0.287	335 0.250	408 0.221	488 0.198	575 0.178	669 0.162	770 0.149	878 0.137	994 0.127	1116 0.118
98.5	12.8	215 0.334	274 0.286	341 0.250	414 0.221	495 0.197	584 0.178	679 0.162	782 0.148	892 0.137	1009 0.127	1134 0.118
101.5	13.0	218 0.334	278 0.268	346 0.249	421 0.220	503 0.197	693 0.178	690 0.162	794 0.148	906 0.136	1025 0.126	1152 0.118
104.7	13.2	221 0.334	282 0.286	351 0.249	427 0.220	511 0.197	602 0.178	700 0.162	806 0.148	920 0.136	1041 0.126	1169 0.118
107.9	13.4	225 0.333	287 0.285	356 0.249	484 0.220	519 0.197	611 0.177	711 0.161	819 0.148	934 0.136	1057 0.126	1187 0.117
111.1	13.6	228 0.333	291 0.285	362 0.248	440 0.220	526 0.196	620 0.177	722 0.161	831 0.148	948 0.136	1072 0.126	1205 0.117
114.5	13.8	231 0.332	295 0.285	367 0.248	447 0.219	534 0.196	629 0.177	732 0.161	843 0.147	962 0.136	1088 0.126	1222 0.117
117.8	14.0	235 0.332	300 0.284	372 0.248	453 0.219	542 0.196	638 0.177	743 0.161	855 0.147	976 0.136	1104 0.126	1240 0.117
121.1	14.2	238 0.331	304 0.284	378 0.248	460 0.219	550 0.196	648 0.177	754 0.161	858 0.147	990 0.136	1120 0.126	1258 0.117
124.6	14.4	241 0.331	308 0.284	383 0.247	466 0.219	557 0.195	657 0.176	764 0.160	880 0.147	1004 0.135	1136 0.125	1276 0.117

动压/Pa	风速/(m·s^{-1})	外径(D)/mm　上行——风量/(m^3·h^{-1})　下行——$\frac{\lambda}{d}$									
		190	200	210	220	240	250	260	280	300	320
60.1	10.0	989 0.112	1097 0.105	1212 0.0991	1331 0.0935	1588 0.0838	1725 0.0797	1867 0.0759	2169 0.0692	2494 0.0635	2841 0.0544
62.5	10.2	1008 0.112	1119 0.105	1236 0.0989	1358 0.0933	1620 0.0837	1759 0.0795	1905 0.0757	2213 0.0691	2544 0.0634	2898 0.0585
65.0	10.4	1028 0.112	1141 0.105	1260 0.0987	1385 0.0931	1652 0.0835	1794 0.0794	1942 0.0756	2256 0.0689	2594 0.0633	2955 0.0584
67.5	10.6	1048 0.112	1163 0.105	1284 0.0986	1411 0.0930	1683 0.0834	1828 0.0793	1980 0.0755	2300 0.0688	2644 0.0632	3012 0.0583
70.0	10.8	1068 0.112	1185 0.105	1308 0.0984	1438 0.0928	1715 0.0833	1863 0.0791	2017 0.0753	2343 0.0687	2694 0.0631	3069 0.0582
72.7	11.0	1088 0.111	1207 0.104	1333 0.0982	1465 0.0927	1747 0.0831	1897 0.0790	2054 0.0752	2386 0.0686	2743 0.0630	3125 0.0581
75.3	11.2	1107 0.111	1229 0.104	1357 0.0981	1491 0.0925	1779 0.0830	1932 0.0789	2092 0.0751	2430 0.0685	2797 0.0629	3182 0.0580
78.1	11.4	1127 0.111	1251 0.104	1381 0.0979	1518 0.0924	1810 0.0829	1966 0.0787	2129 0.0750	2473 0.0684	2843 0.0628	3239 0.0580
80.8	11.6	1147 0.111	1273 0.104	1405 0.0978	1544 0.0922	1842 0.0827	2001 0.0786	2166 0.0749	2517 0.0683	2893 0.0627	3296 0.0579
83.7	11.8	1167 0.111	1295 0.104	1430 0.0976	1571 0.0921	1874 0.0826	2035 0.0785	2204 0.0748	2560 0.0682	2943 0.0626	3353 0.0578
86.5	12.0	1187 0.111	1317 0.104	1454 0.0975	1598 0.0920	1906 0.0825	2070 0.0784	2241 0.0747	2603 0.0681	2993 0.0625	3409 0.0577
89.5	12.2	1206 0.110	1339 0.104	1478 0.0974	1624 0.0919	1938 0.0824	2104 0.0783	2278 0.0746	2647 0.0680	3043 0.0624	3466 0.0576
92.4	12.4	1126 0.110	1361 0.103	1502 0.0972	1651 0.0917	1969 0.0823	2139 0.0782	2316 0.0745	2690 0.0679	3093 0.0623	2523 0.0576
95.3	12.6	1246 0.110	1383 0.103	1527 0.0971	1678 0.0916	2001 0.0822	2173 0.0781	2353 0.0744	2734 0.0678	3143 0.0623	3580 0.0575
98.5	12.8	1266 0.110	1405 0.103	1551 0.0971	1704 0.0916	2033 0.0826	2208 0.0780	2390 0.0743	2770 0.0678	3192 0.0622	3637 0.0574
101.5	13.0	1285 0.110	1426 0.103	1575 0.0969	1731 0.0914	2065 0.0820	2242 0.0779	2428 0.0742	2820 0.0677	3242 0.0622	3694 0.0574
104.7	13.2	1305 0.110	1448 0.103	1599 0.0968	1757 0.0913	2096 0.0819	2277 0.0779	2465 0.0741	2864 0.0676	3292 0.0621	3750 0.0573
107.9	13.4	1325 0.110	1470 0.103	1623 0.0966	1784 0.0912	2128 0.0818	2311 0.0777	2502 0.0740	2907 0.0675	3342 0.0620	3807 0.0572
111.1	13.6	1345 0.109	1492 0.103	1648 0.0965	1811 0.0911	2160 0.0817	2346 0.0776	2540 0.0739	2950 0.0674	3392 0.0619	3864 0.0571
114.5	13.8	1364 0.109	1514 0.103	1672 0.0964	1837 0.0910	2192 0.0816	2380 0.0775	2577 0.0738	2994 0.0673	3442 0.0618	3921 0.0571
117.8	14.0	1384 0.109	1536 0.102	1696 0.0963	1864 0.0909	2223 0.0815	2415 0.0775	2614 0.0738	3037 0.0673	3492 0.0618	3978 0.0570
121.1	14.2	1404 0.109	1558 0.102	1720 0.0962	1891 0.0908	2255 0.0814	2449 0.0774	2652 0.0737	3081 0.0672	3542 0.0617	4035 0.0570
124.6	14.4	1424 0.109	1580 0.102	1745 0.0961	1917 0.0907	2287 0.0813	2484 0.0773	2689 0.0736	3124 0.0671	3591 0.0616	4091 0.0569

动压/Pa	风速/(m·s^{-1})	外径(*D*)/mm 上行——风量/(m^3·h^{-1}) 下行——$\frac{\lambda}{d}$									
		340	360	380	400	420	450	480	500	530	560
60.1	10.0	3211 0.0544	3604 0.0507	4019 0.0474	4456 0.0445	4917 0.0419	5649 0.0385	6433 0.0350	6984 0.0339	7823 0.0316	8741 0.0296
62.5	10.2	3275 0.0543	3676 0.0506	4099 0.0473	4545 0.0444	5015 0.0419	5762 0.0385	65.62 0.0355	7124 0.0338	7979 0.0316	8915 0.0295
65.0	10.4	3340 0.0542	3748 0.0505	4179 0.0473	4635 0.0444	5113 0.0418	5875 0.0384	6691 0.0355	7263 0.0337	8136 0.0315	9090 0.0295
67.5	10.6	3404 0.0541	3820 0.0504	4260 0.0472	4724 0.0443	5212 0.0417	5988 0.0384	6819 0.0354	7403 0.0337	8292 0.0314	9265 0.0294
70.0	10.8	3468 0.0540	3892 0.0503	4340 0.0471	4813 0.0442	5310 0.0416	6101 0.0383	6948 0.0354	7543 0.0336	8449 0.0314	9440 0.0294
72.7	11.0	3532 0.0539	3964 0.0503	4420 0.0470	4902 0.0441	5408 0.0416	6214 0.0382	7077 0.0353	7682 0.0336	8605 0.0313	9615 0.0293
75.3	11.2	3596 0.0539	4036 0.0502	4501 0.0470	4991 0.0441	5507 0.0415	6327 0.0381	7205 0.0352	7822 0.0335	8762 0.0313	9789 0.0293
78.1	11.4	3661 0.0538	4108 0.0501	4581 0.0469	5080 0.0440	5605 0.0415	6440 0.0381	7334 0.0352	7962 0.0335	8918 0.0313	9964 0.0292
80.8	11.6	3725 0.0537	4180 0.0500	4662 0.0468	5169 0.0440	5703 0.0414	6553 0.0380	7463 0.0351	8101 0.0334	9074 0.0312	10140 0.0292
83.7	11.8	3789 0.0536	4252 0.0500	4742 0.0467	5258 0.0439	5802 0.0413	6666 0.0380	7591 0.0351	8241 0.0334	9231 0.0312	10310 0.0291
86.5	12.0	3853 0.0535	4324 0.0499	4822 0.0467	5348 0.0438	5900 0.0413	6779 0.0379	7720 0.0350	8381 0.0333	9387 0.0312	10490 0.0291
89.5	12.2	3918 0.0535	4396 0.0498	4903 0.0466	5437 0.0438	5998 0.0412	6892 0.0379	7849 0.0350	8520 0.0330	9544 0.0311	10660 0.0291
92.4	12.4	3982 0.0534	4468 0.0498	4983 0.0466	5526 0.0437	6097 0.0412	7005 0.0378	7977 0.0350	8660 0.0330	9700 0.0310	10840 0.0290
95.3	12.6	4046 0.0533	4540 0.0497	5063 0.0465	5615 0.0437	6195 0.0411	7118 0.0378	8106 0.0349	8800 0.0332	9857 0.0310	11010 0.0290
98.5	12.8	4110 0.0533	4613 0.0496	5144 0.0464	5704 0.0436	6293 0.0411	7231 0.0377	8235 0.0349	8940 0.0332	10010 0.0310	11190 0.0290
101.5	13.0	4174 0.0532	4685 0.0496	5224 0.0464	5793 0.0436	6392 0.0410	7344 0.0377	8363 0.0348	9079 0.0331	10170 0.0309	11360 0.0289
104.7	13.2	4239 0.0531	4757 0.0495	5305 0.0463	5882 0.0435	6490 0.0410	7459 0.0375	8492 0.0348	9219 0.0331	10330 0.0309	11540 0.0289
107.9	13.4	4303 0.0531	4829 0.0495	5385 0.0463	5971 0.0434	6588 0.30409	7570 0.0376	8621 0.0347	9359 0.0331	10480 0.0309	11710 0.0289
111.1	13.6	4367 0.0530	4901 0.0494	5465 0.0462	6061 0.0434	6687 0.0409	7683 0.0376	8749 0.0347	9498 0.0330	10640 0.0308	11890 0.0288
114.5	13.8	4431 0.0530	4973 0.0494	5546 0.0462	6150 0.0434	6785 0.0408	7796 0.0375	8878 0.0347	9638 0.0330	10800 0.0308	12060 0.0288
117.8	14.0	4496 0.0529	5045 0.0493	5626 0.0461	6239 0.0433	6883 0.0408	7909 0.0375	9007 0.0346	9778 0.0329	10950 0.0308	12240 0.0288
121.1	14.2	4560 0.0528	5117 0.0492	5706 0.0461	6328 0.0433	6980 0.0407	8022 0.0374	9135 0.0346	9917 0.0329	11110 0.0307	12410 0.0287
124.6	14.4	4624 0.0528	5189 0.0492	5787 0.0460	6417 0.0432	7080 0.0407	8135 0.0374	9264 0.0346	10060 0.0329	11260 0.0307	12590 0.0287

动压/Pa	风速/$(m \cdot s^{-1})$	外径(D)/mm　上行——风量/$(m^3 \cdot h^{-1})$　下行——$\frac{\lambda}{d}$									
		600	630	670	700	750	800	850	900	950	1000
60.1	10.0	10040 0.0272	11080 0.0256	12540 0.0238	13700 0.0225	15740 0.0207	17920 0.0192	20240 0.0178	22700 0.0166	25300 0.0156	28050 0.0146
62.5	10.2	10240 0.0271	11300 0.0256	12790 0.0237	13970 0.0225	16050 0.0207	18270 0.0191	20640 0.0178	23150 0.0166	25810 0.0155	28610 0.0146
65.0	10.4	10450 0.0271	11520 0.0255	13040 0.0237	14240 0.0224	16360 0.0206	18630 0.0191	21050 0.0177	23610 0.0166	26320 0.0155	29170 0.0146
67.5	10.6	10650 0.0270	11740 0.0255	13290 0.0236	14250 0.0224	16680 0.0206	18990 0.0191	21450 0.0177	24060 0.0165	26820 0.0155	29730 0.0146
70.0	10.8	10850 0.0270	11970 0.0254	13540 0.0236	14790 0.0224	16990 0.0206	19350 0.0190	21860 0.0177	24520 0.0165	27330 0.0155	30290 0.0145
72.7	11.0	11050 0.0269	12190 0.0254	13800 0.0236	15070 0.0223	17310 0.0205	19710 0.0190	22260 0.0177	24970 0.0165	27830 0.0154	30850 0.0145
75.3	11.2	11250 0.0269	12410 0.0254	14050 0.0235	15340 0.0223	17620 0.0205	20060 0.0190	22660 0.0176	25420 0.0165	28340 0.0154	31410 0.0145
78.1	11.4	11450 0.0269	12630 0.0253	14300 0.0235	15610 0.0223	17940 0.0205	20420 0.0189	23070 0.0176	25880 0.0164	28850 0.0154	31980 0.0145
80.8	11.6	11650 0.0268	12850 0.0253	14550 0.0235	15890 0.0222	18250 0.0205	20780 0.0189	23470 0.0176	26330 0.0164	29350 0.0154	32540 0.0145
83.7	11.8	11850 0.0268	13070 0.0252	14800 0.0234	16160 0.0222	18570 0.0204	21140 0.0189	23880 0.0176	26780 0.0164	29860 0.0153	33100 0.0144
86.5	12.0	12050 0.0268	13300 0.0252	15050 0.0234	16440 0.0222	18880 0.0204	21500 0.0189	24280 0.0175	27240 0.0164	30360 0.0153	33660 0.0144
89.5	12.2	12250 0.0267	13520 0.0252	15300 0.0234	16710 0.0222	19200 0.0204	21860 0.0188	24690 0.0175	27690 0.0163	30870 0.0153	34220 0.0144
92.4	12.4	12450 0.0267	13740 0.0251	15550 0.0233	16980 0.0221	19510 0.0203	22210 0.0188	25090 0.0175	28150 0.0163	31380 0.0153	34780 0.0144
95.3	12.6	12650 0.0266	13960 0.0251	15800 0.0233	17260 0.0221	19830 0.0203	22570 0.0188	25500 0.0175	28600 0.0163	31880 0.0153	35340 0.0144
98.5	12.8	12860 0.0266	14180 0.0251	16050 0.0233	17530 0.0221	20140 0.0203	22930 0.0188	25900 0.0174	29050 0.0163	32390 0.0152	35900 0.0143
101.5	13.0	13060 0.0266	14400 0.0251	16300 0.0232	17810 0.0220	20460 0.0203	23290 0.0187	26310 0.0174	29510 0.0163	32890 0.0152	36460 0.0143
104.7	13.2	13260 0.0266	14630 0.0250	16550 0.0232	18080 0.0220	20770 0.0202	23650 0.0187	26710 0.0174	29960 0.0163	33400 0.0152	37020 0.0143
107.9	13.4	13460 0.0265	14850 0.0250	16810 0.0232	18350 0.0220	21090 0.0202	24010 0.0187	27120 0.0174	30420 0.0162	33910 0.0152	37590 0.0143
111.1	13.6	13660 0.0265	15070 0.0250	17060 0.0232	18630 0.0220	21400 0.0202	24360 0.0187	27520 0.0174	30870 0.0162	34410 0.0152	38150 0.0143
114.5	13.8	13860 0.0265	15290 0.0249	17310 0.0231	18900 0.0219	21710 0.0202	24720 0.0187	27930 0.0173	31320 0.0162	34920 0.0152	38710 0.0143
117.8	14.0	14060 0.0264	15510 0.0249	17560 0.0231	19180 0.0219	22030 0.0202	25080 0.0186	28330 0.0173	31780 0.0162	35420 0.0151	39270 0.0142
121.1	14.2	14260 0.0264	15730 0.0249	17810 0.0231	19450 0.0219	22340 0.0201	25440 0.0186	28740 0.0173	32230 0.0162	35930 0.0151	39830 0.0142
124.6	14.4	14460 0.0264	15960 0.0249	18060 0.0231	19720 0.0219	22660 0.0201	25800 0.0186	29140 0.0173	32690 0.0161	36440 0.0151	40390 0.0142

动压/Pa	风速/(m·s^{-1})	外径(D)/mm　上行——风量/(m^3·h^{-1})　下行——$\frac{\lambda}{d}$									
		1060	1120	1180	1250	1320	1400	1500	1600	1700	1800
60.1	10.0	31530 0.0137	35214 0.0128	39103 0.0120	43896 0.0112	48967 0.0105	55101 0.0098	63109 0.0090	71840 0.0083	81137 0.0078	90999 0.0073
62.5	10.2	32160 0.0136	35919 0.0128	39885 0.0120	44774 0.0112	49946 0.0105	56204 0.0098	64372 0.0090	73277 0.0083	82760 0.0078	92819 0.0072
65.0	10.4	32791 0.0136	36623 0.0127	40667 0.0120	45652 0.0112	50926 0.0105	57306 0.0097	65634 0.0090	74714 0.0083	84383 0.0077	94639 0.0072
67.5	10.6	33422 0.0136	37327 0.0127	41449 0.0119	46530 0.0111	51905 0.0104	58408 0.0097	66896 0.0090	76151 0.0083	86005 0.0077	96459 0.0072
70.0	10.8	34052 0.0136	38032 0.0127	42231 0.0119	47408 0.0111	52884 0.0104	59510 0.0097	68158 0.0090	77588 0.0083	87628 0.0077	98279 0.0072
72.7	11.0	34683 0.0135	38736 0.0127	43013 0.0119	48286 0.0111	53864 0.0104	60612 0.0097	69420 0.0089	79024 0.0083	89251 0.0077	100099 0.0072
75.3	11.2	35313 0.0135	39440 0.0127	43795 0.0119	49164 0.0111	54843 0.0104	61714 0.0097	70682 0.0089	80461 0.0083	90873 0.0077	101919 0.0072
78.1	11.4	35944 0.0135	40144 0.0126	44577 0.0119	50042 0.0111	55822 0.0104	62816 0.0097	71945 0.0089	81898 0.0083	92496 0.0077	103739 0.0072
80.8	11.6	30574 0.0135	40849 0.0126	45395 0.0119	50920 0.0111	56802 0.0104	63918 0.0097	73207 0.0089	83335 0.0082	94119 0.0077	105559 0.0072
83.7	11.8	37205 0.0135	41553 0.0126	46141 0.0118	51798 0.0110	57781 0.0104	65020 0.0096	74469 0.0089	84772 0.0082	95742 0.0077	107379 0.0072
86.5	12.0	37836 0.0135	42257 0.0126	46923 0.0118	52676 0.0110	58760 0.0103	66122 0.0096	75731 0.0089	86209 0.0082	97364 0.0076	109199 0.0071
89.5	12.2	38466 0.0134	42962 0.0126	47705 0.0118	53554 0.0110	59740 0.0103	67224 0.0096	76993 0.0089	87645 0.0082	98987 0.0076	111019 0.0071
92.4	12.4	39097 0.0134	43666 0.0126	48487 0.0118	54431 0.0110	60719 0.0103	68326 0.0096	78256 0.0089	89082 0.0082	100610 0.0076	112839 0.0071
95.3	12.6	39727 0.0134	44370 0.0125	49269 0.0118	55309 0.0110	61699 0.0103	69428 0.0096	79518 0.0089	90519 0.0082	102233 0.0076	114659 0.0071
98.5	12.8	40358 0.0134	45074 0.0125	50051 0.0118	56187 0.0110	62678 0.0103	70530 0.0096	70780 0.0088	91956 0.0082	103855 0.0076	116479 0.0071
101.5	13.0	40989 0.0134	45779 0.0125	50834 0.0118	57065 0.0110	60657 0.0103	71632 0.0096	82042 0.0088	93393 0.0082	105478 0.0076	118299 0.0071
104.7	13.2	41619 0.0134	46483 0.0125	51616 0.0117	57943 0.0110	64637 0.0103	72734 0.0096	83304 0.0088	94829 0.0082	107101 0.0076	120119 0.0071
107.9	13.4	42250 0.0133	47187 0.0125	52398 0.0117	58821 0.0109	65616 0.0102	73836 0.0096	84567 0.0088	96266 0.0082	108724 0.0076	121939 0.0071
111.1	13.6	42880 0.0133	47892 0.0125	53180 0.0117	59699 0.0109	66595 0.0102	74938 0.0095	85829 0.0088	97703 0.0081	110346 0.0076	123759 0.0071
114.5	13.8	43511 0.0133	48596 0.0125	53962 0.0117	60577 0.0109	67575 0.0102	76040 0.0095	87091 0.0088	99140 0.0081	111969 0.0076	125579 0.0071
117.8	14.0	44142 0.0133	49300 0.0124	54744 0.0117	61455 0.0109	68554 0.0102	77142 0.0095	88353 0.0088	100577 0.0081	113592 0.0076	127399 0.0071
121.1	14.2	44772 0.0133	50005 0.0124	55526 0.0117	62333 0.0109	69533 0.0102	78244 0.0095	89615 0.0088	102013 0.0081	115215 0.0076	129219 0.0071
124.6	14.4	45403 0.0133	50709 0.0124	56308 0.0117	63211 0.0109	70513 0.0102	79346 0.0095	90877 0.0088	103450 0.0081	116837 0.0075	131039 0.0070

动压/Pa	风速/$(m \cdot s^{-1})$	外径(D)/mm　上行——风量/$(m^3 \cdot h^{-1})$　下行——$\frac{\lambda}{d}$									
		1900	2000	2100	2240	2350	2500	2650	2800	2900	3000
60.1	10.0	101427 0.0068	112420 0.0064	123269 0.0061	140353 0.0056	154554 0.0053	175022 0.0049	196762 0.0046	219775 0.0043	235823 0.0041	252437 0.0040
62.5	10.2	103455 0.0068	114668 0.0064	125734 0.0060	143160 0.0056	157645 0.0053	178523 0.0049	200698 0.0046	224170 0.0043	240540 0.0041	257486 0.0040
65.0	10.4	105484 0.0068	116917 0.0064	128200 0.0060	145967 0.0056	160737 0.0053	182023 0.0049	204633 0.0046	228566 0.0043	245356 0.0041	262535 0.0039
67.5	10.6	107512 0.0068	119165 0.0064	130665 0.0060	148775 0.0056	163828 0.0053	185524 0.0049	208568 0.0046	232961 0.0043	249973 0.0041	267584 0.0039
70.0	10.8	109541 0.0068	121413 0.0064	133130 0.0060	151582 0.0056	166919 0.0053	189024 0.0049	212503 0.0046	237357 0.0043	254689 0.0041	272632 0.0039
72.7	11.0	111569 0.0067	123662 0.0063	135596 0.0060	154389 0.0056	170010 0.0053	192524 0.0049	216439 0.0046	241752 0.0043	259406 0.0041	277681 0.0039
75.3	11.2	113598 0.0067	125910 0.0063	138061 0.0060	157196 0.0056	173101 0.0052	196025 0.0049	220374 0.0045	246148 0.0043	264122 0.0041	282730 0.0039
78.1	11.4	115626 0.0067	128159 0.0063	140526 0.0060	160003 0.0056	176192 0.0052	199525 0.0049	224309 0.0045	250543 0.0043	268839 0.0041	287779 0.0039
80.8	11.6	117655 0.0067	130407 0.0063	142992 0.0060	162810 0.0055	179283 0.0052	203026 0.0049	228244 0.0045	254939 0.0042	273555 0.0041	292827 0.0039
83.7	11.8	119684 0.0067	132655 0.0063	145457 0.0060	165657 0.0055	182374 0.0052	206526 0.0049	232180 0.0045	259334 0.0042	278272 0.0041	297876 0.0039
86.5	12.0	121712 0.0067	134904 0.0063	147923 0.0060	168424 0.0055	185465 0.0052	210027 0.0048	236115 0.0045	263730 0.0042	282988 0.0041	302925 0.0039
89.5	12.2	123741 0.0067	137152 0.0063	150388 0.0060	171231 0.0055	188556 0.0052	213527 0.0048	240050 0.0045	268125 0.0042	287704 0.0041	307974 0.0039
92.4	12.4	125769 0.0067	139401 0.0063	152853 0.0060	174038 0.0055	191647 0.0052	217028 0.0048	243985 0.0045	272521 0.0042	292421 0.0041	313022 0.0039
95.3	12.6	127798 0.0067	141649 0.0063	155319 0.0059	176845 0.0055	194739 0.0052	220528 0.0048	247921 0.0045	276916 0.0042	297137 0.0040	318071 0.0039
98.5	12.8	129826 0.0067	143897 0.0063	157784 0.0059	179652 0.0055	197830 0.0052	224028 0.0048	251856 0.0045	281312 0.0042	301854 0.0040	323120 0.0039
101.5	13.0	131855 0.0067	146146 0.0063	160250 0.0059	182459 0.0055	200921 0.0052	227529 0.0048	255791 0.0045	285707 0.0042	306570 0.0040	328169 0.0039
104.7	13.2	133883 0.0067	148394 0.0063	162715 0.0059	185266 0.0055	204012 0.0052	231029 0.0048	259726 0.0045	290103 0.0042	311287 0.0040	333217 0.0039
107.9	13.4	135912 0.0066	150642 0.0062	165180 0.0059	188073 0.0055	207103 0.0052	234530 0.0048	263662 0.0045	294498 0.0042	316003 0.0040	338266 0.0039
111.1	13.6	137940 0.0066	152891 0.0062	167646 0.0059	190881 0.0055	210194 0.0052	238030 0.0048	267597 0.0045	298894 0.0042	320720 0.0040	343315 0.0039
114.5	13.8	139969 0.0066	155139 0.0062	170111 0.0059	193688 0.0055	213285 0.0052	241531 0.0048	271532 0.0045	303289 0.0042	325436 0.0040	348364 0.0039
117.8	14.0	141997 0.0066	157388 0.0062	172576 0.0059	196495 0.0055	216376 0.0052	245031 0.0048	275467 0.0045	307685 0.0042	330153 0.0040	353412 0.0039
121.1	14.2	144026 0.0066	159636 0.0062	175042 0.0059	199302 0.0055	219467 0.0052	248532 0.0048	279403 0.0045	312080 0.0042	334869 0.0040	358461 0.0039
124.6	14.4	146054 0.0066	161884 0.0062	177507 0.0059	202109 0.0055	222558 0.0051	252032 0.0048	283338 0.0045	316476 0.0042	339586 0.0040	363510 0.0039

续表

动压/Pa	风速/(m·s^{-1})	外径(D)/mm 上行——风量/(m^3·h^{-1}) 下行——$\frac{\lambda}{d}$										
		80	90	100	110	120	130	140	150	160	170	180
128.1	14.6	245 0.331	312 0.283	388 0.247	473 0.218	565 0.195	666 0.176	775 0.160	892 0.147	1018 0.135	1151 0.125	1293 0.117
131.6	14.8	248 0.330	317 0.283	394 0.247	479 0.218	573 0.195	675 0.176	785 0.160	904 0.147	1031 0.135	1167 0.125	1311 0.116
135.2	15.0	251 0.330	321 0.283	399 0.247	486 0.218	581 0.195	684 0.176	796 0.160	916 0.147	1045 0.135	1183 0.125	1329 0.116
138.8	15.2	255 0.330	325 0.283	404 0.246	492 0.218	588 0.195	693 0.176	807 0.160	929 0.146	1059 0.135	1199 0.125	1346 0.116
142.5	15.4	258 0.329	330 0.282	410 0.246	499 0.218	596 0.194	702 0.176	817 0.160	941 0.146	1073 0.135	1214 0.125	1364 0.116
146.3	15.6	262 0.329	334 0.282	415 0.246	505 0.217	604 0.194	711 0.175	828 0.160	953 0.146	1087 0.135	1230 0.125	1382 0.116
150.0	15.8	265 0.329	338 0.282	420 0.246	511 0.217	612 0.194	721 0.175	838 0.159	965 0.146	1101 0.134	1246 0.125	1400 0.116
153.8	16.0	268 0.328	342 0.281	426 0.245	518 0.217	619 0.194	730 0.175	849 0.159	978 0.146	1115 0.134	1262 0.124	1417 0.116
157.7	16.2	272 0.328	347 0.281	431 0.245	524 0.217	627 0.194	739 0.175	860 0.159	990 0.146	1129 0.134	1277 0.124	1435 0.116
161.6	16.4	275 0.328	351 0.281	436 0.245	531 0.217	635 0.194	748 0.175	870 0.159	1002 0.146	1143 0.134	1293 0.124	1453 0.116
165.6	16.6	278 0.328	355 0.281	442 0.245	537 0.216	642 0.193	757 0.175	881 0.159	1014 0.145	1157 0.134	1309 0.124	1470 0.1.15
169.6	16.8	282 0.327	360 0.281	447 0.245	544 0.216	650 0.193	766 0.174	892 0.159	1026 0.145	1171 0.134	1325 0.124	1488 0.115
173.6	17.0	285 0.327	364 0.280	452 0.244	550 0.216	658 0.193	775 0.174	902 0.159	1039 0.145	1185 0.134	1341 0.124	1506 0.115
177.7	17.2	288 0.327	368 0.280	458 0.244	557 0.216	666 0.193	784 0.174	913 0.158	1051 0.145	1199 0.134	1356 0.124	1524 0.115
182.0	17.4	292 0.327	372 0.280	463 0.244	563 0.216	673 0.193	794 0.174	923 0.158	1063 0.145	1213 0.134	1372 0.124	1541 0.115
186.1	17.6	295 0.326	377 0.280	468 0.244	570 0.216	681 0.193	803 0.174	934 0.158	1075 0.145	1227 0.134	1388 0.124	1559 0.115
190.4	17.8	298 0.326	381 0.279	474 0.244	576 0.215	689 0.193	812 0.174	945 0.158	1088 0.145	1241 0.133	1404 0.124	1577 0.115
194.7	18.0	302 0.326	385 0.279	479, 0.243	583 0.215	697 0.192	821 0.174	955 0.158	1100 0.145	1254 0.133	1419 0.123	1594 0.115
199.0	18.2	305 0.326	389 0.279	484 0.243	589 0.215	704 0.192	830 0.174	966 0.158	1112 0.145	1268 0.133	1435 0.123	1612 0.115
203.4	18.4	308 0.325	394 0.279	490 0.243	596 0.215	712 0.192	839 0.173	976 0.158	1124 0.144	1282 0.133	1451 0.123	1630 0.115
207.9	18.6	312 0.325	398 0.279	495 0.243	602 0.215	720 0.192	848 0.173	987 0.158	1136 0.144	1296 0.133	1467 0.123	1648 0.115
212.4	18.8	315 0.325	402 0.278	500 0.243	609 0.215	728 0.192	857 0.173	998 0.158	1149 0.144	1310 0.133	1482 0.123	1665 0.115
216.9	19.0	319 0.325	407 0.278	505 0.243	615 0.214	735 0.192	866 0.173	1008 0.157	1161 0.144	1324 0.133	1498 0.123	1683 0.114

动压/Pa	风速/(m·s^{-1})	外径(D)/mm　上行——风量/(m^3·h^{-1})　下行——$\frac{\lambda}{d}$									
		190	200	210	220	240	250	260	280	300	320
128.1	14.6	1444 0.109	1602 0.102	1769 0.0960	1944 0.0906	2319 0.0812	2518 0.0772	2727 0.0735	3167 0.0671	3641 0.0616	4148 0.0568
131.6	14.8	1463 0.109	1624 0.102	1793 0.0959	1970 0.0905	2350 0.0812	2553 0.0771	2764 0.0735	3111 0.0670	3691 0.0615	4205 0.0568
135.2	15.0	1483 0.109	1646 0.102	1817 0.0958	1997 0.0904	2382 0.0811	2587 0.0771	2801 0.0734	3254 0.0669	3741 0.0614	4262 0.0567
138.8	15.2	1503 0.109	1668 0.102	1842 0.0957	2042 0.0903	2414 0.0810	2622 0.0770	2839 0.0733	3298 0.0669	3791 0.0614	4319 0.0567
142.5	15.4	1523 0.108	1690 0.102	1866 0.0956	2050 0.0902	2446 0.0809	2656 0.0769	2876 0.0733	3341 0.0668	3841 0.0613	4376 0.0566
146.3	15.6	1542 0.108	1712 0.102	1890 0.0956	2077 0.0901	2478 0.0809	2691 0.0768	2613 0.0732	3384 0.0667	3891 0.0613	4432 0.0566
150.0	15.8	1562 0.108	1734 0.102	1914 0.0955	2104 0.0901	2509 0.0808	2725 0.0768	2951 0.0731	3428 0.0667	3941 0.0612	4489 0.0565
153.8	16.0	1582 0.108	1756 0.101	1938 0.0954	2130 0.0900	2541 0.0807	2760 0.0767	2988 0.0731	3471 0.0666	399.0 0.0612	4546 0.0565
157.7	16.2	1602 0.108	1778 0.101	1963 0.0953	2157 0.0899	2573 0.0807	2794 0.0766	3025 0.0730	3515 0.0666	4040 0.0611	4603 0.0564
161.6	16.4	1622 0.108	1800 0.101	1987 0.0952	2184 0.0898	2605 0.0806	2829 0.0766	3063 0.0729	3558 0.0665	4090 0.0611	4660 0.0564
165.6	16.6	1641 0.108	1822 0.101	2011 0.0951	2210 0.0898	2636 0.0805	2863 0.0765	3100 0.0729	3601 0.0665	4140 0.0610	4716 0.0563
169.6	16.8	1661 0.108	1843 0.101	2035 0.0951	2237 0.0897	2668 0.0805	2898 0.0765	3137 0.0728	3645 0.0664	4190 0.0610	4773 0.0563
173.6	17.0	1681 0.108	1865 0.101	2060 0.0950	2263 0.0896	2700 0.0804	2932 0.0764	3175 0.0728	3688 0.0664	4240 0.0609	4830 0.0562
177.7	17.2	1701 0.108	1887 0.101	2084 0.0949	2290 0.0896	2732 0.0803	2967 0.0763	3212 0.0727	3731 0.0663	4290 0.0609	4887 0.0562
182.0	17.4	1720 0.108	1909 0.101	2108 0.0949	2317 0.0895	2763 0.0803	3001 0.0763	3249 0.0727	3775 0.0663	4340 0.0608	4944 0.0562
186.1	17.6	1740 0.107	1931 0.101	2132 0.0948	2343 0.0894	2795 0.0802	3036 0.0762	3287 0.0726	3818 0.0662	4390 0.0608	5001 0.0561
190.4	17.8	1760 0.107	1953 0.101	2157 0.0947	2370 0.0894	2827 0.0801	3070 0.0762	3324 0.0725	3862 0.0662	4439 0.0607	5057 0.0561
194.7	18.0	1780 0.107	1975 0.101	2181 0.0946	2397 0.0893	2859 0.0801	3105 0.0761	3361 0.0725	3905 0.0661	4489 0.0607	5114 0.0560
199.0	18.2	1800 0.107	1997 0.101	2205 0.0946	2423 0.0892	2890 0.0800	3139 0.0761	3399 0.0724	3948 0.0661	4539 0.0607	5171 0.0560
203.4	18.4	1819 0.107	2019 0.100	2229 0.0945	2450 0.0892	2922 0.0800	3174 0.0760	3436 0.0724	3992 0.0660	4589 0.0606	5228 0.0560
207.9	18.6	1839 0.107	2041 0.100	2253 0.0945	2476 0.0891	2954 0.0799	3208 0.0760	3474 0.0723	4035 0.0660	4639 0.0606	5285 0.0559
212.4	18.8	1859 0.107	2063 0.100	2278 0.0944	2503 0.0890	2986 0.0799	3243 0.0759	3511 0.0723	4079 0.0659	4689 0.0605	5342 0.0559
216.9	19.0	1879 0.107	2085 0.100	2302 0.0943	2530 0.0890	3017 0.0798	3277 0.0759	3548 0.0722	4122 0.0659	4739 0.0605	5398 0.0559

动压/Pa	风速/(m·s^{-1})	外径(D)/mm　上行——风量/(m^3·h^{-1})　下行——$\frac{\lambda}{d}$									
		340	360	380	400	420	450	480	500	530	560
128.1	14.6	4688 0.0527	5261 0.0491	5867 0.0460	6506 0.0432	7178 0.0407	8248 0.0374	9393 0.0345	10200 0.0328	11420 0.0307	12760 0.0287
131.6	14.8	4752 0.0527	5333 0.0491	5948 0.0459	6595 0.0431	7277 0.0406	8361 0.0373	9521 0.0345	10340 0.0328	11580 0.0306	12940 0.0286
135.2	15.0	4817 0.0526	5405 0.0491	6028 0.0459	6684 0.0431	7375 0.0406	8474 0.0373	9650 0.0345	10480 0.0328	11730 0.0306	13110 0.0286
138.8	15.2	4881 0.0526	5477 0.0490	6108 0.0459	6774 0.0431	7473 0.0405	8587 0.0373	9779 0.0344	10620 0.0328	11890 0.0306	13290 0.0286
142.5	15.4	4945 0.0525	5549 0.0490	6189 0.0458	6863 0.0430	7572 0.0405	8700 0.0372	9907 0.0344	10760 0.0327	12050 0.0305	13460 0.0286
146.3	15.6	5009 0.0525	5622 0.0489	6269 0.0458	6952 0.0430	7670 0.0405	8813 0.0372	10040 0.0344	10900 0.0327	12200 0.0305	13640 0.0285
150.0	15.8	5074 0.0524	5694 0.0489	6349 0.0457	7041 0.0429	7768 0.0404	8926 0.0372	10160 0.0343	11030 0.0327	12360 0.0305	13810 0.0285
153.8	16.0	5138 0.0524	5766 0.0488	6430 0.0457	7130 0.0429	7867 0.0404	9039 0.0371	10290 0.0343	11170 0.0326	12520 0.0305	13980 0.0285
157.7	16.2	5202 0.0524	5838 0.0488	6510 0.0457	7219 0.0429	7965 0.0404	9152 0.0371	10420 0.0343	11310 0.0326	12670 0.0304	14160 0.0285
161.6	16.4	5266 0.0523	5910 0.0488	6591 0.0456	7308 0.0428	8063 0.0403	9265 0.037	10550 0.0343	11450 0.0326	12830 0.0304	14330 0.0284
165.6	16.6	5330 0.0523	5982 0.0487	6671 0.0456	7397 0.0428	8162 0.0403	9378 0.0370	10680 0.0342	11590 0.0326	12990 0.0304	14510 0.0284
169.6	16.8	5395 0.0522	6054 0.0487	6751 0.0455	7487 0.0428	8260 0.0403	9491 0.0370	10810 0.0342	11730 0.0325	13140 0.0304	14680 0.0284
173.6	17.0	5459 0.0522	6126 0.0486	6832 0.0455	7576 0.0427	8358 0.0402	9604 0.0370	10940 0.0342	11870 0.0325	13300 0.0303	14860 0.0284
177.7	17.2	5523 0.0521	6198 0.0486	6912 0.0455	7665 0.0427	8457 0.0402	9717 0.0370	11070 0.0341	12010 0.0325	13460 0.0303	15030 0.0284
182.0	17.4	5587 0.0521	6270 0.0486	6992 0.0454	7754 0.0427	8555 0.0402	9830 0.0369	11190 0.0341	12150 0.0325	13610 0.0303	15210 0.0283
186.1	17.6	5652 0.0521	6342 0.0485	7073 0.0454	7843 0.0426	8653 0.0402	9943 0.0369	11320 0.0341	12290 0.0324	13770 0.0303	15380 0.0283
190.4	17.8	5716 0.0520	6414 0.0485	7153 0.0454	7932 0.0425	8752 0.0401	11060 0.0369	11450 0.0341	12430 0.0324	19320 0.0303	15560 0.0283
194.7	18.0	5780 0.0520	6486 0.0485	7233 0.0453	8021 0.0426	8850 0.0401	10170 0.0368	11580 0.0340	12570 0.0324	14080 0.0302	15730 0.0283
199.0	18.2	5488 0.0520	6558 0.0484	7314 0.0453	8110 0.0425	8948 0.0401	10280 0.0368	11710 0.0340	12710 0.0324	14240 0.0302	15910 0.0283
203.4	18.4	5908 0.0519	6631 0.0484	7394 0.0453	8200 0.0425	9047 0.0400	10400 0.0368	11840 0.0340	12850 0.0323	14390 0.0302	16080 0.0282
207.9	18.6	5973 0.0519	6703 0.0484	7475 0.0453	8289 0.0425	9145 0.0400	10510 0.0368	11970 0.0340	12990 0.0323	14550 0.0302	16260 0.0282
212.4	18.8	6037 0.0519	6775 0.0483	7555 0.0452	8378 0.0425	9243 0.0400	10620 0.0367	12090 0.0340	13130 0.0323	14710 0.0302	16430 0.0282
216.9	19.0	6101 0.0518	6847 0.0483	7635 0.0452	8467 0.0424	9342 0.0400	10730 0.0367	12220 0.0339	13270 0.0323	14860 0.0301	16610 0.0282

动压/Pa	风速/(m·s^{-1})	外径(D)/mm			上行——风量/(m^3·h^{-1})				下行——$\frac{\lambda}{d}$		
		600	630	670	700	750	800	850	900	950	1000
128.1	14.6	14660 0.0264	16180 0.0248	18310 0.0230	20000 0.0219	22970 0.0201	26160 0.0186	29550 0.0173	33140 0.0161	36940 0.0151	40950 0.0142
131.6	14.8	14860 0.0263	16400 0.0248	18560 0.0230	20270 0.0218	23290 0.0201	26510 0.0186	29950 0.0173	33590 0.0161	37450 0.0151	41510 0.0142
135.2	15.0	15070 0.0263	16620 0.0248	18810 0.0230	20540 0.0218	23600 0.0201	26870 0.0186	30350 0.0172	34050 0.0161	37950 0.0151	42070 0.0142
138.8	15.2	15270 0.0263	16840 0.0248	19060 0.0230	20820 0.0218	23920 0.0200	27230 0.0185	30760 0.0172	34500 0.0161	38460 0.0151	42630 0.0142
142.5	15.4	15470 0.0263	17060 0.0247	19310 0.0230	21090 0.0218	24230 0.0200	27590 0.0185	31160 0.0172	34960 0.0161	38970 0.0150	43190 0.0141
146.3	15.6	15670 0.0262	17280 0.0247	19560 0.0229	21370 0.0218	24550 0.0200	27950 0.0185	31570 0.0172	35410 0.0160	39470 0.0150	43760 0.0141
150.0	15.8	15870 0.0262	17510 0.0247	19820 0.0229	21640 0.0217	24860 0.0200	28310 0.0185	31970 0.0172	35860 0.0160	39980 0.0150	44320 0.0141
153.8	16.0	16070 0.0262	17730 0.0247	20070 0.0229	21910 0.0217	25180 0.0200	28660 0.0185	32380 0.0172	36320 0.0160	40490 0.0150	44880 0.0141
157.7	16.2	16270 0.0262	17950 0.0247	20320 0.0229	22190 0.0217	25490 0.0200	29020 0.0185	32780 0.0172	36770 0.0160	40990 0.0150	45440 0.0141
161.6	16.4	16470 0.0261	18170 0.0246	20570 0.0229	22460 0.0217	25810 0.0199	29380 0.0184	33190 0.0171	37230 0.0160	41500 0.0150	46000 0.0141
165.6	16.6	16670 0.0261	18390 0.0246	20820 0.0228	22740 0.0217	26120 0.0199	29740 0.0184	33590 0.0171	37680 0.0160	42000 0.0150	46560 0.0141
169.6	16.8	16870 0.0261	18610 0.0246	21070 0.0228	23010 0.0216	26440 0.0199	30100 0.0184	34000 0.0171	38130 0.0160	42510 0.0150	47120 0.0141
173.6	17.0	17070 0.0261	18840 0.0246	21320 0.0226	23280 0.0216	26570 0.0199	30460 0.0184	34400 0.0171	38590 0.0160	43020 0.0150	47880 0.0141
177.7	17.2	17270 0.0261	19060 0.0246	21570 0.0228	23560 0.0216	27060 0.0199	30810 0.0184	34810 0.0171	39040 0.0159	43520 0.0149	48240 0.0140
182.0	17.4	17480 0.0260	19280 0.0245	21820 0.0228	23830 0.0216	27380 0.0199	31170 0.0184	35210 0.0171	39500 0.0159	44030 0.0149	48800 0.0140
186.1	17.6	17680 0.0260	19500 0.0245	22070 0.0228	24110 0.0216	27690 0.0199	31530 0.0184	35620 0.0171	39950 0.0159	44530 0.0149	49370 0.0140
190.4	17.8	17880 0.0260	19720 0.0245	22320 0.0227	24380 0.0216	28010 0.0198	31890 0.0183	36020 0.0171	40400 0.0159	45040 0.0149	49930 0.0140
194.7	18.0	18080 0.0260	19940 0.0245	22570 0.0227	24650 0.0216	28320 0.0198	32250 0.0183	36430 0.0170	40860 0.0159	45550 0.0149	50490 0.0140
199.0	18.2	18280 0.0260	20170 0.0245	22830 0.0227	24930 0.0215	28640 0.0198	32610 0.0183	36830 0.0170	41310 0.0159	46050 0.0149	51050 0.0140
203.4	18.4	18480 0.0260	20390 0.0245	23080 0.0227	25200 0.0215	28950 0.0198	32960 0.0183	37230 0.0170	41770 0.0159	46560 0.0149	51610 0.0140
207.9	18.6	18680 0.0259	20610 0.0244	23330 0.0227	25480 0.0215	29270 0.0198	33320 0.0183	37640 0.0170	42220 0.0159	47060 0.0149	52170 0.0140
212.4	18.8	18880 0.0259	20830 0.0244	23580 0.0227	25750 0.0215	29580 0.0198	33680 0.0183	38040 0.0170	42670 0.0159	47570 0.0149	52730 0.0140
216.9	19.0	19080 0.0259	21050 0.0244	23830 0.0227	26020 0.0215	29900 0.0198	34040 0.0183	38450 0.0170	43130 0.0159	48080 0.0149	53290 0.0140

动压/Pa	风速/(m·s^{-1})	外径(*D*)/mm			上行——风量/(m^3·h^{-1})			下行——$\frac{\lambda}{d}$			
		1060	1120	1180	1250	1320	1400	1500	1600	1700	1800
128.1	14.6	46033 0.0133	51413 0.0124	57090 0.0117	64089 0.0109	71492 0.0102	80448 0.0095	92140 0.0088	104887 0.0081	118460 0.0075	132859 0.0070
131.6	14.8	46664 0.0132	52117 0.0124	57872 0.0116	64967 0.0109	72471 0.0102	81550 0.0095	93402 0.0087	106324 0.0081	120083 0.0075	134679 0.0070
135.2	15.0	47295 0.0132	52822 0.0124	58654 0.0116	65845 0.0109	73451 0.0102	82652 0.0095	94664 0.0087	107761 0.0081	121706 0.0075	136499 0.0070
138.8	15.2	47925 0.0132	53526 0.0124	59436 0.0116	66722 0.0108	74430 0.0102	83754 0.0095	85926 0.0087	109197 0.0081	123328 0.0075	138319 0.0070
142.5	15.4	48556 0.0132	54230 0.0124	60218 0.0116	67600 0.0108	75409 0.0101	84856 0.0095	97188 0.0087	110634 0.0081	124951 0.0075	140139 0.0070
146.3	15.6	49186 0.0132	54935 0.0123	61000 0.0116	68478 0.0108	76389 0.0101	85958 0.0095	98451 0.0087	112071 0.0081	126574 0.0075	141959 0.0070
150.0	15.8	49817 0.0132	55639 0.0123	61782 0.0116	69356 0.0108	77368 0.0101	87060 0.0094	99713 0.0087	113508 0.0081	128197 0.0075	143779 0.0070
153.8	16.0	50448 0.0132	56343 0.0123	62564 0.0116	70234 0.0108	78347 0.0101	88162 0.0094	100975 0.0087	114945 0.0081	129819 0.0075	145599 0.0070
157.7	16.2	51078 0.0132	57047 0.0123	63346 0.0116	71112 0.0108	79327 0.0101	89264 0.0094	102237 0.0087	116382 0.0080	131442 0.0075	147419 0.0070
161.6	16.4	51709 0.0131	57752 0.0123	64128 0.0116	71990 0.0108	80306 0.0101	90366 0.0094	103499 0.0087	117818 0.0080	133065 0.0075	149239 0.0070
165.6	16.6	52339 0.0131	58456 0.0123	64911 0.0116	42868 0.0108	81285 0.0101	91468 0.0094	104761 0.0087	119255 0.0080	134688 0.0075	151059 0.0070
169.6	16.8	52970 0.0131	59160 0.0123	65693 0.0115	73746 0.0108	82265 0.0101	92570 0.0094	106024 0.0087	120692 0.0080	136310 0.0075	152879 0.0070
173.6	17.0	53601 0.0131	59865 0.0123	66475 0.0115	74624 0.0108	83244 0.0101	93673 0.0094	107286 0.0087	122129 0.0080	137933 0.0075	154699 0.0070
177.7	17.2	54231 0.0131	60569 0.0123	67257 0.0115	75502 0.0108	84223 0.0101	94775 0.0094	108548 0.0087	123566 0.0080	139556 0.0075	156519 0.0070
182.0	17.4	54862 0.0131	61273 0.0123	68039 0.0115	76380 0.0107	85203 0.0101	95877 0.0094	109810 0.0087	125002 0.0080	141178 0.0075	158338 0.0070
186.1	17.6	55492 0.0131	61977 0.0123	68821 0.0115	77258 0.0107	86182 0.0101	96979 0.0094	111072 0.0086	126439 0.0080	142801 0.0074	160158 0.0070
190.4	17.8	56123 0.0131	62682 0.0122	69603 0.0115	78136 0.0107	87161 0.0101	98081 0.0094	112335 0.0086	127876 0.0080	144424 0.0074	161978 0.0070
194.7	18.0	56754 0.0131	63386 0.0122	70385 0.0115	79013 0.0107	88171 0.0100	99183 0.0094	113597 0.0086	129313 0.0080	146047 0.0074	163798 0.0069
199.0	18.2	57384 0.0131	64090 0.0122	71167 0.0115	79891 0.0107	89120 0.0100	100285 0.0094	114859 0.0086	130750 0.0080	147669 0.0074	165618 0.0069
203.4	18.4	58015 0.0131	64795 0.0122	71949 0.0115	80769 0.0107	90099 0.0100	101387 0.0094	116121 0.0086	132186 0.0080	149292 0.0074	167438 0.0069
207.9	18.6	58645 0.0130	65499 0.0122	72731 0.0115	81647 0.0107	91079 0.0100	102489 0.0093	117383 0.0086	133623 0.0080	150915 0.0074	169258 0.0069
212.4	18.8	59276 0.0130	66203 0.0122	73513 0.0115	82525 0.0107	92058 0.0100	103591 0.0093	118646 0.0086	135060 0.0080	152538 0.0074	171078 0.0069
216.9	19.0	59906 0.0130	66907 0.0122	74295 0.0115	83403 0.0107	93037 0.0100	104693 0.0093	119908 0.0086	136497 0.0080	154160 0.0074	172898 0.0069

动压/Pa	风速/(m·s^{-1})	外径(D)/mm　上行——风量/(m^3·h^{-1})　下行——$\frac{\lambda}{d}$									
		1900	2000	2100	2240	2350	2500	2650	2800	2900	3000
128.1	14.6	148083 0.0066	164133 0.0062	179973 0.0059	204916 0.0054	225649 0.0051	255532 0.0048	287273 0.0045	320871 0.0042	344302 0.0040	368559 0.0038
131.6	14.8	150112 0.0066	166381 0.0062	182438 0.0059	207723 0.0054	228741 0.0051	259033 0.0048	291208 0.0045	325267 0.0042	349019 0.0040	373607 0.0038
135.2	15.0	152140 0.0066	168630 0.0062	184903 0.0059	210530 0.0054	231832 0.0051	262533 0.0048	295144 0.0045	329662 0.0042	353735 0.0040	378656 0.0038
138.8	15.2	154169 0.0066	170878 0.0062	187369 0.0059	213337 0.0054	234923 0.0051	266034 0.0048	299079 0.0044	334058 0.0042	358451 0.0040	383705 0.0038
142.5	15.4	156197 0.0066	173126 0.0062	189184 0.0059	216144 0.0054	238014 0.0051	269534 0.0048	303014 0.0044	338453 0.0042	363168 0.0040	388753 0.0038
146.3	15.6	158226 0.0066	175375 0.0062	192299 0.0059	218951 0.0054	241165 0.0051	273035 0.0048	306949 0.0044	342849 0.0042	367884 0.0040	393802 0.0038
150.0	15.8	160254 0.0066	177623 0.0062	194765 0.0059	221758 0.0054	244196 0.0051	276535 0.0048	310885 0.0044	347244 0.0042	372610 0.0040	398851 0.0038
153.8	16.0	162283 0.0066	179872 0.0062	197230 0.0058	224565 0.0054	247287 0.0051	280036 0.0047	314820 0.0044	351640 0.0042	377317 0.0040	403900 0.0038
157.7	16.2	164311 0.0066	182120 0.0062	199696 0.0058	227372 0.0054	250378 0.0051	283536 0.0047	318755 0.0044	356035 0.0041	382034 0.0040	408948 0.0038
161.6	16.4	166340 0.0066	184368 0.0062	202161 0.0058	230179 0.0054	253469 0.0051	287036 0.0047	322690 0.0044	360431 0.0041	386750 0.0040	413997 0.0038
165.6	16.6	168368 0.0066	186617 0.0062	204626 0.0058	232987 0.0054	256560 0.0051	290537 0.0047	326625 0.0044	364826 0.0041	391467 0.0040	419046 0.0038
169.6	16.8	170397 0.0065	188865 0.0062	207092 0.0058	235794 0.0054	259651 0.0051	294037 0.0047	330061 0.0044	369222 0.0041	396123 0.0040	424095 0.0038
173.6	17.0	172425 0.0065	191114 0.0061	209557 0.0058	238601 0.0054	262743 0.0051	297538 0.0047	334496 0.0044	373617 0.0041	400900 0.0040	429143 0.0038
177.7	17.2	174454 0.0065	193362 0.0061	212022 0.0058	241408 0.0054	265834 0.0051	301038 0.0047	338431 0.0044	378013 0.0041	405616 0.0040	434192 0.0038
182.0	17.4	176482 0.0065	195610 0.0061	214488 0.0058	244215 0.0054	268925 0.0051	304539 0.0047	342366 0.0044	382408 0.0041	410333 0.0040	439241 0.0038
186.1	17.6	178511 0.0065	197859 0.0061	216953 0.0058	247022 0.0054	272016 0.0051	308039 0.0047	346302 0.0044	386804 0.0041	415049 0.0040	444290 0.0038
190.4	17.8	180540 0.0065	200107 0.0061	219419 0.0058	249829 0.0054	275107 0.0051	311540 0.0047	350237 0.0044	391199 0.0041	419766 0.0040	449338 0.0038
194.7	18.0	182568 0.0065	202356 0.0061	221884 0.0058	252636 0.0054	278198 0.0051	315040 0.0047	354172 0.0044	395595 0.0041	424482 0.0040	454387 0.0038
199.0	18.2	184597 0.0065	204604 0.0061	224349 0.0058	255443 0.0054	281289 0.0051	318540 0.0047	358107 0.0044	399990 0.0041	429198 0.0040	459436 0.0038
203.4	18.4	186625 0.0065	206852 0.0061	226816 0.0058	258250 0.0054	284380 0.0051	322041 0.0047	362043 0.0044	404386 0.0041	433915 0.0039	464485 0.0038
207.9	18.6	188654 0.0065	209101 0.0061	229280 0.0058	261057 0.0054	287477 0.0051	325541 0.0047	365978 0.0044	408781 0.0041	438631 0.0039	469533 0.0038
212.4	18.8	190682 0.0065	211349 0.0061	231745 0.0058	263864 0.0054	290562 0.0051	329042 0.0047	369913 0.0044	413177 0.0041	443348 0.0039	474582 0.0038
216.9	19.0	192711 0.0065	213598 0.0061	234211 0.0058	266671 0.0054	293653 0.0051	332542 0.0047	373848 0.0044	417572 0.0041	448064 0.0039	479631 0.0038

续表

动压/Pa	风速/(m·s^{-1})	外径(D)/mm 上行——风量/(m^3·h^{-1}) 下行——$\frac{\lambda}{d}$										
		80	90	100	110	120	130	140	150	160	170	180
221.5	19.2	322 0.324	411 0.278	411 0.242	622 0.214	743 0.192	875 0.173	1019 0.157	1173 0.144	1338 0.133	1514 0.123	1701 0.114
226.1	19.4	325 0.324	415 0.278	516 0.242	628 0.214	751 0.192	884 0.173	1030 0.157	1185 0.144	1352 0.133	1530 0.123	1718 0.114
230.8	19.6	329 0.324	419 0.278	521 0.242	634 0.214	759 0.191	894 0.173	1040 0.157	1198 0.144	1366 0.133	1546 0.123	1736 0.114
235.5	19.8	332 0.324	424 0.278	527 0.242	641 0.214	766 0.191	903 0.173	1051 0.157	1210 0.144	1380 0.133	1561 0.123	1754 0.114
240.3	20.0	335 0.324	428 0.277	532 0.242	647 0.214	774 0.191	912 0.173	1061 0.157	1222 0.144	1394 0.132	1577 0.123	1772 0.114
245.1	20.2	339 0.323	432 0.277	537 0.242	654 0.214	782 0.191	921 0.172	1072 0.157	1234 0.144	1408 0.132	1593 0.123	1789 0.114
250.0	20.4	342 0.323	437 0.277	543 0.242	660 0.214	790 0.191	930 0.172	1083 0.157	1246 0.144	1422 0.132	1609 0.123	1807 0.114
255.0	20.6	345 0.323	441 0.277	548 0.241	667 0.213	797 0.191	939 0.172	1093 0.157	1259 0.144	1436 0.132	1624 0.122	1825 0.114
260.0	20.8	349 0.323	445 0.277	553 0.241	673 0.213	805 0.191	949 0.172	1104 0.157	1271 0.143	1450 0.132	1640 0.122	1842 0.114
265.0	21.0	352 0.323	449 0.277	559 0.241	680 0.213	813 0.191	958 0.172	1114 0.157	1283 0.143	1464 0.132	1656 0.122	1860 0.114
270.0	21.2	355 0.323	454 0.276	564 0.241	686 0.213	821 0.191	967 0.172	1125 0.156	1295 0.143	1478 0.132	1672 0.122	1878 0.114
275.2	21.4	359 0.322	458 0.276	569 0.241	693 0.213	828 0.190	976 0.172	1136 0.156	1307 0.143	1491 0.132	1687 0.122	1896 0.114
280.4	21.6	362 0.322	462 0.276	575 0.241	699 0.213	836 0.190	985 0.172	1146 0.156	1320 0.143	1505 0.132	1703 0.122	1913 0.114
285.6	21.8	365 0.322	467 0.276	580 0.241	706 0.213	844 0.190	994 0.172	1157 0.156	1332 0.143	1519 0.132	1719 0.122	1931 0.114
290.9	22.0	369 0.322	47.1 0.276	585 0.241	712 0.213	852 0.190	1003 0.172	1167 0.156	1344 0.143	1533 0.132	1735 0.122	1949 0.114
296.2	22.2	372 0.322	475 0.276	591 0.240	719 0.213	859 0.190	1012 0.171	1178 0.156	1356 0.143	1547 0.132	1751 0.122	1966 0.113
301.5	22.4	376 0.322	479 0.276	596 0.240	725 0.212	867 0.190	1022 0.171	1189 0.156	1369 0.143	1561 0.132	1766 0.122	1984 0.113
306.9	22.6	379 0.321	484 0.275	601 0.240	732 0.212	875 0.190	1031 0.171	1199 0.156	1381 0.143	1575 0.132	1782 0.122	2002 0.113
312.3	22.8	382 0.321	488 0.275	607 0.240	738 0.212	882 0.190	1040 0.171	1210 0.156	1393 0.143	1589 0.131	1798 0.122	2020 0.113
317.8	23.0	386 0.321	492 0.275	612 0.240	745 0.212	890 0.190	1049 0.171	1221 0.156	1405 0.143	1603 0.131	1814 0.122	2037 0.113
323.4	23.2	389 0.321	496 0.275	617 0.240	751 0.212	898 0.190	1058 0.171	1231 0.156	1417 0.143	1617 0.131	1829 0.122	2055 0.113
329.0	23.4	392 0.321	501 0.275	623 0.240	757 0.212	906 0.189	1067 0.171	1242 0.156	1430 0.142	1631 0.131	1845 0.122	2073 0.113
334.7	23.6	396 0.321	505 0.275	628 0.240	764 0.212	913 0.189	1076 0.171	1252 0.155	1442 0.142	1645 0.131	1861 0.122	2091 0.113

动压/Pa	风速/(m·s^{-1})	外径(D)/mm　上行——风量/(m^3·h^{-1})　下行——$\frac{\lambda}{d}$									
		190	200	210	220	240	250	260	280	300	320
221.5	19.2	1898 0.107	2107 0.100	2326 0.0943	2556 0.0889	3049 0.0798	3312 0.0758	3586 0.0722	4165 0.0659	4789 0.0605	5455 0.0558
226.1	19.4	1918 0.107	2129 0.100	2350 0.0942	2583 0.0889	3081 0.0797	3346 0.0758	3623 0.0722	4209 0.0658	4838 0.0604	5512 0.0558
230.8	19.6	1938 0.107	2151 0.100	2375 0.0941	2610 0.0888	3113 0.0797	3381 0.0757	3660 0.0721	4252 0.0658	4888 0.0604	5569 0.0557
235.5	19.8	1958 0.107	2173 0.100	2399 0.0941	2636 0.0888	3145 0.0796	3415 0.0757	3698 0.0721	4296 0.0657	4938 0.0603	5626 0.0557
240.3	20.0	1977 0.107	2195 0.100	2423 0.0940	2663 0.0887	3176 0.0796	3450 0.0756	3735 0.0720	4339 0.0657	4988 0.0603	5683 0.0557
245.1	20.2	1997 0.107	2217 0.100	2447 0.0940	2689 0.0887	3208 0.0795	3484 0.0756	3772 0.0720	4382 0.0657	5038 0.0603	5739 0.0557
250.0	20.4	2017 0.107	2238 0.100	2472 0.0939	2716 0.0886	3240 0.0795	35.19 0.0755	3810 0.0719	4426 0.0656	5088 0.0602	5796 0.0556
255.0	20.6	2037 0.107	2260 0.100	2496 0.0939	2743 0.0886	3272 0.0794	3553 0.0755	3847 0.0719	4469 0.0656	5138 0.0602	5853 0.0556
260.0	20.8	2057 0.106	2282 0.100	2520 0.0938	2769 0.0885	3303 0.0794	3588 0.0755	3884 0.0719	4512 0.0655	5188 0.0602	5910 0.0556
265.0	21.0	2076 0.106	2304 0.100	2544 0.0938	2796 0.0885	3335 0.0794	3622 0.0754	3922 0.0718	4556 0.0655	5238 0.0601	5967 0.0555
270.0	21.2	2096 0.106	2326 0.100	2568 0.0938	2823 0.0884	3367 0.0793	3657 0.0754	3959 0.0718	4599 0.0655	5287 0.0601	6023 0.0555
275.2	21.4	2116 0.106	2348 0.100	2593 0.0937	2849 0.0884	3399 0.0793	3691 0.0753	3996 0.0718	4643 0.0654	5337 0.0601	6080 0.0555
280.4	21.6	2136 0.106	2370 0.100	2617 0.0936	2876 0.0883	3430 0.0792	3726 0.0753	4034 0.0717	4686 0.0654	5387 0.0600	6137 0.0554
285.6	21.8	2155 0.106	2392 0.0995	2641 0.0936	2902 0.0883	3462 0.0792	3760 0.0753	4071 0.0717	4729 0.0654	5437 0.0600	6194 0.0554
290.9	22.0	2175 0.106	2414 0.0994	2665 0.0935	2929 0.0882	3494 0.0791	3795 0.0752	4108 0.0716	4773 0.0653	5487 0.0600	6251 0.0554
296.2	22.2	2195 0.106	2436 0.0994	2690 0.0935	2956 0.0882	3526 0.0791	3829 0.0752	4146 0.0716	4816 0.0653	5537 0.0600	6308 0.0554
301.5	22.4	2215 0.106	2458 0.0993	2714 0.0934	2982 0.0881	3557 0.0791	3864 0.0752	4183 0.0716	4860 0.0653	5587 0.0599	6364 0.0553
306.9	22.6	2235 0.106	2480 0.0993	2738 0.0934	3009 0.0881	3589 0.0790	3898 0.0751	4221 0.0715	4903 0.0652	5637 0.0599	6421 0.0553
312.3	22.8	2254 0.106	2503 0.0992	2762 0.0933	3036 0.0881	3621 0.0790	3933 0.0751	4258 0.0715	4946 0.0652	5686 0.0599	6478 0.0553
317.8	23.0	2274 0.106	2524 0.0992	2787 0.0933	3062 0.0880	3653 0.0790	3967 0.0750	4295 0.0715	4990 0.0652	5736 0.0598	6535 0.0553
323.4	23.2	2294 0.106	2546 0.0991	2811 0.0933	3089 0.0880	3684 0.0789	4002 0.0750	4333 0.0714	5033 0.0652	5786 0.0598	6592 0.0552
329.0	23.4	2314 0.106	2568 0.0991	2835 0.0932	3115 0.0879	3716 0.0789	4036 0.0750	4370 0.0714	5077 0.0651	5836 0.0598	6649 0.0552
334.7	23.6	2333 0.106	2590 0.0991	2859 0.0932	3142 0.0879	3748 0.0789	4071 0.0749	4407 0.0714	5120 0.0651	5886 0.0598	6705 0.0552

动压/Pa	风速/(m·s^{-1})	外径(D)/mm 上行——风量/(m^3·h^{-1}) 下行——$\frac{\lambda}{d}$									
		340	360	380	400	420	450	480	500	530	560
221.5	19.2	6165 0.0518	6919 0.0483	7716 0.0452	8556 0.0424	9440 0.0399	10850 0.0367	12350 0.0339	13410 0.0323	15020 0.0301	16780 0.0282
226.1	19.4	6230 0.0518	6991 0.0482	7796 0.0451	8645 0.0424	9538 0.0399	10960 0.0367	12480 0.0339	13550 0.0322	15180 0.0301	16960 0.0281
230.8	19.6	6294 0.0517	7063 0.0482	7876 0.0451	8734 0.0424	9634 0.0399	11070 0.0367	12610 0.0339	13690 0.0322	15330 0.0301	15130 0.0281
235.5	19.8	6358 0.0517	7135 0.0482	7957 0.0451	8823 0.0423	9735 0.0399	11190 0.0366	12740 0.0339	13830 0.0322	15490 0.0301	17310 0.0281
240.3	20.0	6422 0.0517	7207 0.0482	8037 0.0451	8913 0.0423	9883 0.0398	11300 0.0366	12870 0.0338	13970 0.0322	15650 0.0301	17480 0.0281
245.1	20.2	6486 0.0516	7299 0.0482	8118 0.0450	9002 0.0423	9932 0.0398	11410 0.0366	13000 0.0338	14110 0.0322	15800 0.0300	17680 0.0281
250.0	20.4	6551 0.0516	7351 0.0481	8198 0.0450	9091 0.0427	10030 0.0398	11520 0.0366	13120 0.0338	14250 0.0322	15960 0.0300	17830 0.0281
255.0	20.6	6615 0.0516	7423 0.0481	8278 0.0450	9180 0.0422	10130 0.0398	11640 0.0366	13250 0.0338	14390 0.0321	16120 0.0300	18010 0.0281
260.0	20.8	6679 0.0516	7495 0.0480	8359 0.0450	9269 0.0422	10230 0.0398	11750 0.0365	13380 0.0338	14530 0.0321	16270 0.0300	18180 0.0280
265.0	21.0	6743 0.0515	7567 0.0480	8439 0.0449	9359 0.0422	10320 0.0397	11860 0.0365	13510 0.0337	14670 0.0321	16430 0.0300	18360 0.0280
270.0	21.2	6808 0.0515	7639 0.0480	8519 0.0449	9447 0.0422	10420 0.0397	11980 0.0365	13640 0.0337	14810 0.0321	16580 0.0300	18530 0.0280
275.2	21.4	6872 0.0515	7712 0.0480	8600 0.0449	9536 0.0421	10520 0.0397	12090 0.0365	13770 0.0337	14950 0.0321	16740 0.0299	18700 0.0280
280.4	21.6	6936 0.0514	7784 0.0479	8680 0.0449	9626 0.0421	10620 0.0397	11200 0.0365	13900 0.0337	15090 0.0321	16900 0.0299	18880 0.0280
285.6	21.8	7000 0.0514	7856 0.0479	8761 0.0448	9715 0.0421	10720 0.0397	12320 0.0364	14020 0.0337	15230 0.0320	17050 0.0299	19050 0.0280
290.9	22.0	7064 0.0514	7928 0.0479	8841 0.0448	9804 0.0421	10820 0.0396	12430 0.0364	14150 0.0337	15360 0.0320	17210 0.0299	19230 0.0279
296.2	22.2	7129 0.0514	8000 0.0479	8921 0.0448	9893 0.0421	10910 0.0396	12540 0.0364	14280 0.0336	15500 0.0320	17370 0.0299	19400 0.0279
301.5	22.4	7193 0.0513	8072 0.0478	9002 0.0448	9982 0.0420	11010 0.0396	12650 0.0364	14410 0.0336	15640 0.0320	17520 0.0299	19580 0.0279
306.9	22.6	7257 0.0513	8144 0.0478	9082 0.0447	10070 0.0420	11110 0.0396	12770 0.0364	14540 0.0336	15780 0.0320	17680 0.0298	19750 0.0279
312.3	22.8	7321 0.0513	8216 0.0478	9162 0.0447	10160 0.0420	11210 0.0396	12880 0.0364	14670 0.0336	15920 0.0320	17840 0.0298	19930 0.0279
317.8	23.0	7386 0.0513	8286 0.0478	9243 0.0447	10250 0.0420	11310 0.0395	12990 0.0363	14800 0.0336	16060 0.0319	17990 0.0298	20100 0.0279
323.4	23.2	7450 0.0512	8360 0.0478	9323 0.0447	10340 0.0420	11410 0.0395	13110 0.0363	14930 0.0336	16200 0.0319	18150 0.0298	20280 0.0279
329.0	23.4	7514 0.0512	8432 0.0477	9404 0.0447	10430 0.0419	11500 0.0395	13220 0.0363	15050 0.0335	16340 0.0319	18310 0.0298	20450 0.0279
334.7	23.6	7578 0.0512	8504 0.0477	9484 0.0446	10520 0.0419	11600 0.0395	13330 0.0363	15180 0.0335	16480 0.0319	18460 0.0298	26030 0.0278

动压/Pa	风速/$(m \cdot s^{-1})$	外径(D)/mm　上行——风量/$(m^3 \cdot h^{-1})$　下行——$\frac{\lambda}{d}$									
		600	630	670	700	750	800	850	900	950	1000
221.5	19.2	19280 0.0259	21270 0.0244	24080 0.0226	26300 0.0215	30210 0.0197	34400 0.0183	38850 0.0170	43580 0.0158	48580 0.0148	53850 0.0140
226.1	19.4	19480 0.0259	21500 0.0244	24330 0.0226	26570 0.0215	30530 0.0197	34760 0.0183	39260 0.0170	44040 0.0158	49090 0.0148	54410 0.0139
230.8	19.6	19690 0.0259	21720 0.0244	24580 0.0226	26850 0.0214	30840 0.0197	35110 0.0182	39660 0.0170	44490 0.0158	49590 0.0148	54980 0.0139
235.5	19.8	19890 0.0258	21940 0.0244	24830 0.0226	27120 0.0214	31160 0.0197	35470 0.0182	40070 0.0169	44940 0.0158	50100 0.0148	55540 0.0139
240.3	20.0	20090 0.0258	22160 0.0243	25080 0.0226	27390 0.0214	31470 0.0197	35830 0.0182	40470 0.0169	45400 0.0158	50610 0.0148	56100 0.0139
245.1	20.2	20290 0.0258	22380 0.0243	25330 0.0226	27670 0.0214	31780 0.0197	36190 0.0182	40880 0.0169	45850 0.0158	51110 0.0148	56660 0.0139
250.0	20.4	20490 0.0258	22600 0.0243	25580 0.0226	27940 0.0214	32100 0.0197	36550 0.0182	41280 0.0169	46310 0.0158	51260 0.0148	57220 0.0139
255.0	20.6	20690 0.0258	22820 0.0243	25830 0.0226	28210 0.0214	32410 0.0197	36910 0.0182	41690 0.0169	46760 0.0158	52120 0.0148	57780 0.0139
260.0	20.8	20890 0.0258	23050 0.0243	26090 0.0225	28490 0.0214	32700 0.0197	37260 0.0182	42090 0.0169	47210 0.0158	52630 0.0148	58340 0.0139
265.0	21.0	21090 0.0258	23270 0.0243	26340 0.0225	28760 0.0214	33040 0.0196	37620 0.0182	42500 0.0169	47670 0.0158	53140 0.0148	58900 0.0139
270.0	21.2	21290 0.0257	23490 0.0243	26590 0.0225	29040 0.0213	33360 0.0196	37980 0.0182	42900 0.0169	48120 0.0158	53640 0.0148	59400 0.0139
275.2	21.4	21490 0.0257	23710 0.0243	26840 0.0225	29310 0.0213	33670 0.0196	38340 0.0182	43310 0.0169	48580 0.0157	54150 0.0148	60020 0.0139
280.4	21.6	21690 0.0257	23930 0.0242	27090 0.0225	29580 0.0213	33990 0.0196	38700 0.0181	43710 0.0169	49030 0.0157	54650 0.0147	60580 0.0139
285.6	21.8	21890 0.0257	24150 0.0242	27340 0.0255	29860 0.0213	34300 0.0196	39050 0.0181	44120 0.0169	49480 0.0157	55160 0.0147	61150 0.0139
290.9	22.0	22100 0.0257	24380 0.0242	27590 0.0225	30130 0.0213	34620 0.0196	39410 0.0181	44520 0.0168	49940 0.0157	55670 0.0147	61710 0.0138
296.2	22.2	22300 0.0257	24600 0.0242	27840 0.0225	30410 0.0213	34930 0.0196	39770 0.0181	44930 0.0168	50390 0.0157	55170 0.0147	62270 0.0138
301.5	22.4	22500 0.0257	24820 0.0242	28090 0.0224	30680 0.0213	35250 0.0196	40130 0.0181	45330 0.0168	50850 0.0157	56680 0.0147	62830 0.0138
306.9	22.6	22700 0.0257	25040 0.0242	28340 0.0224	20950 0.0213	35560 0.0196	40490 0.0181	45730 0.0168	51300 0.0157	57190 0.0147	63390 0.0138
312.3	22.8	22900 0.0256	25260 0.0242	28590 0.0224	31230 0.0213	35880 0.0196	40850 0.0181	46140 0.0168	51750 0.0157	57690 0.0147	63950 0.0138
317.8	23.0	23100 0.0256	25480 0.0242	28840 0.0224	31500 0.0213	36190 0.0196	41200 0.0181	46540 0.0168	52210 0.0157	58200 0.0147	64510 0.0138
323.4	23.2	23300 0.0256	25710 0.0241	29100 0.0224	31780 0.0212	36510 0.0195	41560 0.0181	46950 0.0168	52660 0.0157	58700 0.0147	65070 0.0138
329.0	23.4	23500 0.0256	25930 0.0241	29350 0.0224	32050 0.0212	36820 0.0195	41920 0.0181	47350 0.0168	53120 0.0157	59210 0.0147	65630 0.0138
334.7	23.6	23700 0.0256	26150 0.0241	29600 0.0224	32320 0.0212	37130 0.0195	42280 0.0181	47760 0.0168	53570 0.0157	59720 0.0147	66190 0.0138

动压/Pa	风速/(m·s^{-1})	外径(D)/mm　上行——风量/(m^3·h^{-1})　下行——$\frac{\lambda}{d}$									
		1060	1120	1180	1250	1320	1400	1500	1600	1700	1800
221.5	19.2	60537 0.0130	67612 0.0122	75077 0.0114	84281 0.0107	94017 0.0100	105795 0.0093	121170 0.0086	137934 0.0080	155783 0.0074	174718 0.0069
226.1	19.4	61168 0.0130	68316 0.0122	75859 0.0114	85159 0.0107	94996 0.0100	106897 0.0093	122432 0.0086	139370 0.0080	157406 0.0074	176538 0.0069
230.8	19.6	61798 0.0130	69020 0.0122	76641 0.0114	86037 0.0107	95975 0.0100	107999 0.0093	123694 0.0086	140807 0.0080	159029 0.0074	178358 0.0069
235.5	19.8	62429 0.0130	69725 0.0122	77423 0.0114	86915 0.0107	96955 0.0100	109101 0.0093	124956 0.0086	142244 0.0080	160651 0.0074	180178 0.0069
240.3	20.0	63059 0.0130	70429 0.0122	78255 0.0114	87793 0.0107	97934 0.0100	110203 0.0093	126219 0.0086	143681 0.0079	162274 0.0074	181998 0.0069
245.1	20.2	63690 0.0130	71133 0.0122	78988 0.0114	88671 0.0107	98913 0.0100	111305 0.0093	127481 0.0086	145118 0.0079	163897 0.0074	183818 0.0069
250.0	20.4	64321 0.0130	71837 0.0121	79770 0.0114	89549 0.0106	99893 0.0100	112407 0.0093	128743 0.0086	146555 0.0079	165520 0.0074	185638 0.0069
255.0	20.6	64951 0.0130	72542 0.0121	80552 0.0114	90426 0.0106	100872 0.0100	113509 0.0093	130005 0.0086	147991 0.0079	167142 0.0074	187458 0.0069
260.0	20.8	65582 0.0130	73246 0.0121	81334 0.0114	91304 0.0106	101852 0.0100	114611 0.0093	131267 0.0086	149428 0.0079	168765 0.0074	189278 0.0069
265.0	21.0	66212 0.0130	73950 0.0121	82116 0.0114	92182 0.0106	102831 0.0100	115713 0.0093	132530 0.0086	150865 0.0079	170388 0.0074	191098 0.0069
270.0	21.2	66843 0.0129	74655 0.0121	82898 0.0114	93060 0.0106	103810 0.0100	116815 0.0093	133792 0.0086	152302 0.0079	172011 0.0074	192918 0.0069
275.2	21.4	67474 0.0129	75359 0.0121	83680 0.0114	93938 0.0106	104790 0.0099	117917 0.0093	135054 0.0086	153739 0.0079	173633 0.0074	194738 0.0069
280.4	21.6	68104 0.0129	76063 0.0121	84462 0.0114	94816 0.0106	105769 0.0099	119019 0.0093	136316 0.0085	155175 0.0079	175256 0.0074	196558 0.0069
285.6	21.8	58735 0.0129	76767 0.0121	85244 0.0114	95694 0.0106	106748 0.0099	120121 0.0093	137578 0.0085	156612 0.0079	176879 0.0074	198378 0.0069
290.9	22.0	69365 0.0129	77472 0.0121	86026 0.0114	96572 0.0106	107728 0.0099	121223 0.0093	138841 0.0085	158049 0.0079	178502 0.0074	200198 0.0069
296.2	22.2	69996 0.0129	78176 0.0121	86808 0.0114	97450 0.0106	108707 0.0099	122325 0.0093	140103 0.0085	159486 0.0079	180124 0.0073	202018 0.0069
301.5	22.4	70627 0.0129	78880 0.0121	87590 0.0113	98328 0.0106	109686 0.0099	123427 0.0092	141365 0.0085	160923 0.0079	181747 0.0073	203838 0.0069
306.9	22.6	71257 0.0129	79585 0.0121	88372 0.0113	99206 0.0106	110666 0.0099	124529 0.0092	142627 0.0085	162359 0.0079	183370 0.0073	205658 0.0069
312.3	22.8	71888 0.0129	80289 0.0121	89154 0.0113	100084 0.0106	111645 0.0099	125631 0.0092	143889 0.0085	163796 0.0079	184992 0.0073	207478 0.0069
317.8	23.0	72518 0.0129	80993 0.0121	89936 0.0113	100962 0.0106	112624 0.0099	126733 0.0092	145151 0.0085	165233 0.0079	186615 0.0073	209298 0.0069
323.4	23.2	73149 0.0129	81698 0.0121	90718 0.0113	101840 0.0106	113604 0.0099	127835 0.0092	146414 0.0085	166670 0.0079	188238 0.0073	211118 0.0068
329.0	23.4	73780 0.0129	82402 0.0121	91500 0.0113	102717 0.0106	114583 0.0099	128937 0.0092	147676 0.0085	168107 0.0079	189861 0.0073	212938 0.0068
334.7	23.6	74410 0.0129	83106 0.0121	92282 0.0113	103595 0.0106	115562 0.0099	130039 0.0092	148938 0.0085	169543 0.0079	191483 0.0073	214758 0.0068

动压/Pa	风速/$(m \cdot s^{-1})$	外径(*D*)/mm　上行——风量/$(m^3 \cdot h^{-1})$　下行——$\frac{\lambda}{d}$									
		1900	2000	2100	2240	2350	2500	2650	2800	2900	3000
221.5	19.2	194739 0.0065	215846 0.0061	236676 0.0058	269478 0.0054	296744 0.0051	336043 0.0042	377784 0.0044	421968 0.0041	452781 0.0039	484680 0.0038
226.1	19.4	196768 0.0065	218094 0.0061	239142 0.0058	272285 0.0053	299836 0.0051	339543 0.0047	381719 0.0044	426363 0.0041	457497 0.0039	489728 0.0038
230.8	19.6	198796 0.0065	220343 0.0061	241607 0.0058	275093 0.0053	302927 0.0050	343044 0.0047	385654 0.0044	430759 0.0041	462214 0.0039	494777 0.0038
235.5	19.8	200825 0.0065	222591 0.0061	244072 0.0058	277900 0.0053	306018 0.0050	346544 0.0047	389589 0.0044	435154 0.0041	466930 0.0039	499826 0.0038
240.3	20.0	202853 0.0065	224840 0.0061	246538 0.0058	280707 0.0053	309109 0.0050	350044 0.0047	393525 0.0044	439550 0.0041	471647 0.0039	504875 0.0038
245.1	20.2	204882 0.0065	227088 0.0061	249003 0.0058	283514 0.0053	312200 0.0050	353545 0.0047	397460 0.0044	443945 0.0041	476363 0.0039	509923 0.0038
250.0	20.4	206910 0.0065	229336 0.0061	251468 0.0058	286321 0.0053	315291 0.0050	357045 0.0047	401395 0.0044	448341 0.0041	481080 0.0039	514972 0.0038
255.0	20.6	208939 0.0065	231585 0.0061	253934 0.0058	289128 0.0053	318382 0.0050	360546 0.0047	405330 0.0044	452736 0.0041	485796 0.0039	520021 0.0038
260.0	20.8	210968 0.0065	233833 0.0061	256399 0.0058	291935 0.0053	321473 0.0050	364046 0.0047	409266 0.0044	457132 0.0041	490513 0.0039	525070 0.0038
265.0	21.0	212996 0.0065	236082 0.0061	258865 0.0058	294742 0.0053	324564 0.0050	367547 0.0047	413201 0.0044	461527 0.0041	495229 0.0039	530118 0.0038
270.0	21.2	215025 0.0065	238330 0.0061	261330 0.0057	297549 0.0053	327655 0.0050	370047 0.0047	417136 0.0044	465923 0.0041	499945 0.0039	535167 0.0038
275.2	21.4	217053 0.0064	240578 0.0060	263795 0.0057	300356 0.0053	330746 0.0050	374548 0.0047	421071 0.0044	470318 0.0041	504662 0.0039	540216 0.0038
280.4	21.6	219082 0.0064	242827 0.0061	266261 0.0057	303163 0.0053	333838 0.0050	378048 0.0047	425007 0.0044	474714 0.0041	509378 0.0039	545265 0.0038
285.6	21.8	221010 0.0064	245075 0.0061	268726 0.0057	305970 0.0053	336929 0.0050	381548 0.0047	428942 0.0044	479109 0.0041	514095 0.0039	550313 0.0038
290.9	22.0	223139 0.0064	247323 0.0061	271191 0.0057	308777 0.0053	340020 0.0050	385049 0.0047	432877 0.0044	483505 0.0041	518811 0.0039	555362 0.0038
296.2	22.2	225167 0.0064	249572 0.0061	273657 0.0057	311584 0.0053	343111 0.0050	388549 0.0047	436812 0.0043	487900 0.0041	523528 0.0039	560411 0.0038
301.5	22.4	227196 0.0064	251820 0.0061	276122 0.0057	314391 0.0053	346202 0.0050	392050 0.0047	440748 0.0043	492296 0.0041	528244 0.0039	565460 0.0038
306.9	22.6	229224 0.0064	254069 0.0061	278588 0.0057	317199 0.0053	349293 0.0050	395550 0.0047	444683 0.0043	496691 0.0041	532961 0.0039	570508 0.0038
312.3	22.8	231253 0.0064	256317 0.0060	281053 0.0057	320006 0.0053	352384 0.0050	399051 0.0047	448618 0.0043	501087 0.0041	537677 0.0039	575557 0.0037
317.8	23.0	233281 0.0064	258565 0.0060	283518 0.0057	322813 0.0053	355375 0.0050	402551 0.0047	452553 0.0043	505482 0.0041	542394 0.0039	580606 0.0037
323.4	23.2	235310 0.0064	210814 0.0060	285984 0.0057	325620 0.0053	358566 0.0050	406052 0.0046	456489 0.0043	409878 0.0041	547110 0.0039	585655 0.0037
329.0	23.4	237338 0.0064	263062 0.0060	288449 0.0057	328427 0.0053	361657 0.0050	409552 0.0046	460424 0.0043	514273 0.0041	551827 0.0039	590703 0.0037
334.7	23.6	239267 0.0064	265311 0.0060	290915 0.0057	331234 0.0053	264748 0.0050	413052 0.0046	464359 0.0043	518669 0.0041	556543 0.0039	595752 0.0037

续表

动压/Pa	风速/(m·s^{-1})	外径(D)/mm　　上行——风量/(m^3·h^{-1})　　下行——$\frac{\lambda}{d}$										
		80	90	100	110	120	130	140	150	160	170	180
340.4	23.8	399 0.320	509 0.275	633 0.239	770 0.212	921 0.189	1085 0.171	1263 0.155	1454 0.142	1659 0.131	1877 0.121	2108 0.113
346.1	24.0	402 0.320	514 0.275	638 0.239	777 0.212	929 0.189	1094 0.171	1274 0.155	1466 0.142	1673 0.131	1893 0.121	2126 0.113
351.9	24.2	406 0.320	518 0.274	644 0.239	783 0.212	937 0.189	1104 0.171	1284 0.155	1479 0.142	1687 0.131	1908 0.121	2144 0.113
357.8	24.4	409 0.320	522 0.274	649 0.239	790 0.211	944 0.189	1113 0.171	1295 0.155	1491 0.142	1701 0.131	1924 0.121	2161 0.113
363.6	24.6	412 0.320	526 0.274	654 0.239	796 0.211	952 0.189	1122 0.171	1305 0.155	1503 0.142	1714 0.131	1940 0.121	2179 0.113
369.5	24.8	416 0.320	531 0.274	660 0.239	803 0.211	960 0.189	1131 0.170	1316 0.155	1515 0.142	1728 0.131	1956 0.121	2197 0.113
375.5	25.0	419 0.320	535 0.274	665 0.239	809 0.211	968 0.189	1140 0.170	1327 0.155	1527 0.142	1742 0.131	1971 0.121	2215 0.113
381.6	25.2	422 0.320	539 0.274	670 0.239	816 0.211	975 0.189	1149 0.170	1337 0.155	1540 0.142	1756 0.131	1987 0.121	2232 0.113
387.7	25.4	426 0.319	544 0.274	676 0.239	822 0.211	983 0.189	1158 0.170	1348 0.155	1552 0.142	1770 0.131	2003 0.121	2250 0.113
393.8	25.6	429 0.319	548 0.274	681 0.239	829 0.211	991 0.189	1167 0.170	1359 0.155	1564 0.142	1784 0.131	2019 0.121	2268 0.113
399.9	25.8	433 0.319	552 0.274	686 0.239	835 0.211	999 0.189	1177 0.170	1369 0.155	1576 0.142	1789 0.131	2034 0.121	2285 0.113
406.2	26.0	436 0.319	556 0.273	692 0.238	842 0.211	1006 0.188	1186 0.170	1380 0.155	1589 0.142	1812 0.131	2050 0.121	2303 0.113

动压/Pa	风速/$(m \cdot s^{-1})$	外径(D)/mm　上行——风量/$(m^3 \cdot h^{-1})$　下行——$\frac{\lambda}{d}$									
		190	200	210	220	240	250	260	280	300	320
340.4	23.8	2353 0.106	2612 0.0990	2883 0.0931	3169 0.0879	3780 0.0788	4105 0.0749	4445 0.0713	5163 0.0651	5936 0.0597	6762 0.0552
346.1	24.0	2373 0.106	2634 0.0990	2908 0.0931	3195 0.0878	3812 0.0788	4140 0.0749	4482 0.0713	5207 0.0650	5986 0.0597	6819 0.0551
351.9	24.2	2393 0.106	2655 0.0989	2932 0.0931	3222 0.0878	3843 0.0788	4174 0.0748	4519 0.0713	5250 0.0650	6036 0.0597	687.6 0.0551
357.8	24.4	1412 0.105	2677 0.0989	2956 0.0930	3249 0.0878	3875 0.0787	4209 0.0748	4557 0.0713	5293 0.0650	6085 0.0597	6933 0.0551
363.6	24.6	2432 0.105	2699 0.0989	2980 0.0930	3275 0.0877	3907 0.0787	4243 0.0748	4594 0.0712	5337 0.0650	6135 0.0596	6989 0.0551
369.5	24.8	2452 0.105	2721 0.0988	3005 0.0929	3302 0.0877	3939 0.0787	4278 0.0748	4631 0.0712	5380 0.0649	6185 0.0596	7046 0.0550
375.5	25.0	2472 0.105	2743 0.0988	3029 0.0929	3329 0.0876	3970 0.0786	4312 0.0748	4669 0.0712	5424 0.0649	6235 0.0596	7103 0.0550
381.6	25.2	2492 0.105	2765 0.0987	3053 0.0929	3355 0.0876	4002 0.0786	4347 0.0747	4706 0.0711	5467 0.0649	6285 0.0596	7160 0.0550
387.7	25.4	2511 0.105	2787 0.0987	3077 0.0928	3382 0.0876	4034 0.0786	4381 0.0747	4743 0.0711	5510 0.0649	6335 0.0595	7217 0.0550
393.8	25.6	2531 0.105	2809 0.0986	3102 0.0928	3408 0.0875	4066 0.0785	4416 0.0746	4781 0.0711	5554 0.0648	6385 0.0595	7274 0.0550
399.9	25.8	2551 0.105	2831 0.0986	3126 0.0927	3435 0.0875	4097 0.0785	4450 0.0746	4818 0.0711	5597 0.0648	6435 0.0595	7330 0.0549
406.2	26.0	2571 0.105	2853 0.0986	3150 0.0927	3462 0.0875	4129 0.0785	4485 0.0746	4855 0.0710	5641 0.0648	6485 0.0595	7387 0.0549

动压/Pa	风速/$(m \cdot s^{-1})$	外径(*D*)/mm　上行——风量/$(m^3 \cdot h^{-1})$　下行——$\frac{\lambda}{d}$									
		340	360	380	400	420	450	480	500	530	560
340.4	23.8	7642 0.0512	8576 0.0477	9564 0.0446	10610 0.0419	11700 0.0395	13450 0.0363	15310 0.0335	16620 0.0319	18620 0.0298	20800 0.0278
346.1	24.0	7707 0.0512	8648 0.0477	9645 0.0446	10700 0.0419	11800 0.0395	13560 0.0363	15440 0.0335	16760 0.0319	18770 0.0298	20980 0.0278
351.9	24.2	7771 0.0511	8721 0.0477	9725 0.0446	10780 0.0419	11900 0.0394	13670 0.0362	15570 0.0335	16900 0.0319	18930 0.0297	21150 0.0278
357.8	24.4	7835 0.0511	8793 0.0476	9805 0.0446	10870 0.0419	12000 0.0394	13780 0.0362	15700 0.0335	17040 0.0318	19090 0.0297	21330 0.0278
363.6	24.6	7899 0.0511	8865 0.0476	9886 0.0446	10960 0.0418	12090 0.0394	13900 0.0362	15830 0.0335	17190 0.0318	19240 0.0297	21500 0.0278
369.5	24.8	7963 0.0511	8937 0.0476	9966 0.0445	11050 0.0418	12190 0.0394	14010 0.0362	15950 0.0334	17320 0.0318	19400 0.0297	21680 0.0278
375.5	25.0	8028 0.0511	9009 0.0476	10050 0.0445	11140 0.0418	12290 0.0394	14120 0.0362	16080 0.0334	17460 0.0318	19560 0.0297	21850 0.0278
381.6	25.2	8092 0.0510	9081 0.0476	10130 0.0445	11230 0.0418	12390 0.0394	14240 0.0362	16210 0.0334	17600 0.0318	19710 0.0297	22030 0.0278
387.7	25.4	8156 0.0510	9153 0.0476	10210 0.0445	11320 0.0418	12490 0.0393	14350 0.0362	16340 0.0334	17740 0.0318	19870 0.0297	22200 0.0277
393.8	25.6	8220 0.0510	9225 0.0475	10290 0.0445	11410 0.0418	12590 0.0393	14460 0.0361	16470 0.0334	17880 0.0318	20030 0.0297	22380 0.0277
399.9	25.8	8285 0.0510	9297 0.0475	10370 0.0445	11500 0.0417	12680 0.0393	14580 0.0361	16600 0.0334	18020 0.0318	20180 0.0297	22550 0.0277
406.2	26.0	8349 0.0510	9369 0.0475	10450 0.0444	11590 0.0417	12780 0.0393	14690 0.0361	16730 0.0334	18160 0.0318	20340 0.0296	22730 0.0277

动压/Pa	风速/(m·s^{-1})	外径(D)/mm　上行——风量/(m^3·h^{-1})　下行——$\frac{\lambda}{d}$									
		600	630	670	700	750	800	850	900	950	1000
340.4	23.8	23900 0.0256	26370 0.0241	29850 0.0224	32600 0.0212	37490 0.0195	42640 0.0181	48160 0.0168	54020 0.0157	60220 0.0147	66760 0.0138
346.1	24.0	24100 0.0256	26590 0.0241	30100 0.0224	32870 0.0212	37760 0.0195	43000 0.0180	48570 0.0168	54480 0.0157	60730 0.0147	67320 0.0138
351.9	24.2	24310 0.0256	26810 0.0241	30350 0.0224	33150 0.0212	38080 0.0195	43350 0.0180	48970 0.0168	54930 0.0156	61230 0.0147	67880 0.0138
357.8	24.4	24510 0.0256	27040 0.0241	30600 0.0224	33420 0.0212	38390 0.0195	43710 0.0180	49380 0.0168	55390 0.0156	61740 0.0147	68440 0.0138
363.6	24.6	24710 0.0255	27260 0.0241	30850 0.0223	33690 0.0212	38710 0.0195	44070 0.0180	49780 0.0167	55840 0.0156	62250 0.0147	69000 0.0138
369.5	24.8	24910 0.0255	27480 0.0241	31100 0.0223	33970 0.0212	39020 0.0195	44430 0.0180	50190 0.0167	56290 0.0156	62750 0.0146	69560 0.0138
375.5	25.0	25110 0.0255	27770 0.0241	31350 0.0223	34240 0.0212	39340 0.0195	44790 0.0180	50590 0.0167	56750 0.0156	63260 0.0146	70120 0.0138
381.6	25.2	25310 0.0255	27920 0.0240	31600 0.0223	34520 0.0212	39650 0.0195	45150 0.0180	51000 0.0167	57200 0.0156	63760 0.0146	70680 0.0138
387.7	25.4	25510 0.0255	28140 0.0240	21850 0.0223	34790 0.0212	39970 0.0195	45500 0.0180	51400 0.0167	57660 0.0156	64270 0.0146	71240 0.0137
393.8	25.6	25710 0.0255	28360 0.0240	32110 0.0223	35060 0.0211	40280 0.0194	45860 0.0180	51860 0.0167	58110 0.0156	64780 0.0146	71800 0.0137
399.9	25.8	25910 0.0255	28590 0.0240	32360 0.0223	35340 0.0211	40600 0.0194	46220 0.0180	52210 0.0167	58560 0.0156	65280 0.0146	72370 0.0137
406.2	26.0	26110 0.0255	28810 0.0240	32610 0.0223	35610 0.0211	40910 0.0194	46580 0.0180	52610 0.0167	59020 0.0156	65790 0.0146	72930 0.0137

动压/Pa	风速/$(m\cdot s^{-1})$	外径(*D*)/mm　上行——风量/$(m^3\cdot h^{-1})$　下行——$\frac{\lambda}{d}$									
		1060	1120	1180	1250	1320	1400	1500	1600	1700	1800
340.4	23.8	75041 0.0129	83810 0.0120	93064 0.0113	104473 0.0106	116542 0.0099	131142 0.0092	150200 0.0085	170980 0.0079	193106 0.0073	216578 0.0068
346.1	24.0	75671 0.0129	84515 0.0120	93847 0.0113	105351 0.0106	117521 0.0099	132244 0.0092	151462 0.0085	172417 0.0079	194729 0.0073	218398 0.0068
351.9	24.2	76302 0.0129	85219 0.0120	94629 0.0113	106229 0.0105	118560 0.0099	133346 0.0092	152725 0.0085	173854 0.0079	196352 0.0073	220218 0.0068
357.8	24.4	76933 0.0129	85923 0.0120	95411 0.0113	107107 0.0105	119480 0.0099	134448 0.0092	153987 0.0085	175291 0.0079	197974 0.0073	222038 0.0068
363.6	24.6	77563 0.0128	86628 0.0120	96193 0.0113	107985 0.0105	120459 0.0099	135550 0.0092	155249 0.0085	176728 0.0079	199597 0.0073	223858 0.0068
369.5	24.8	78194 0.0128	87332 0.0120	96975 0.0113	108863 0.0105	121438 0.0099	136652 0.0092	156511 0.0085	178164 0.0079	201220 0.0073	225678 0.0068
375.5	25.0	78824 0.0128	88036 0.0120	97757 0.0113	109741 0.0105	122418 0.0099	137754 0.0092	157773 0.0085	179601 0.0079	202843 0.0073	227498 0.0068
381.6	25.2	79455 0.0128	88740 0.0120	98539 0.0113	110619 0.0105	123397 0.0099	138856 0.0092	159036 0.0085	181038 0.0079	204465 0.0073	229318 0.0068
387.7	25.4	80086 0.0128	89445 0.0120	99321 0.0113	111497 0.0105	124376 0.0099	139958 0.0092	160298 0.0085	182475 0.0078	206088 0.0073	231138 0.0068
393.8	25.6	80716 0.0128	90149 0.0120	100103 0.0113	112375 0.0105	125356 0.0099	141060 0.0092	161560 0.0085	183912 0.0078	207711 0.0073	232958 0.0068
399.9	25.8	81347 0.0128	90853 0.0120	100885 0.0113	113253 0.0105	126335 0.0099	142162 0.0092	162822 0.0085	185348 0.0078	209334 0.0073	234778 0.0068
406.2	26.0	81977 0.0128	91558 0.0120	101667 0.0113	114131 0.0105	127314 0.0098	143264 0.0092	164084 0.0085	186785 0.0078	210956 0.0073	236598 0.0068

动压/Pa	风速/(m·s^{-1})	外径(D)/mm　上行——风量/(m^3·h^{-1})　下行——$\frac{\lambda}{d}$									
		1900	2000	2100	2240	2350	2500	2650	2800	2900	3000
340.4	23.8	241396 0.0064	267559 0.0060	293380 0.0057	334041 0.0053	367839 0.0050	416553 0.0046	468294 0.0043	523064 0.0041	561260 0.0039	600801 0.0037
346.1	24.0	243424 0.0064	269207 0.0060	295845 0.0057	336848 0.0053	370931 0.0050	420053 0.0046	472230 0.0043	527460 0.0041	565976 0.0039	605870 0.0037
351.9	24.2	245453 0.0064	272056 0.0060	298311 0.0057	339655 0.0053	374022 0.0050	423554 0.0046	476165 0.0043	531855 0.0041	570692 0.0039	610898 0.0037
357.8	24.4	247481 0.0064	274304 0.0060	300776 0.0057	342462 0.0053	377113 0.0050	427054 0.0046	480100 0.0043	536251 0.0041	575409 0.0039	615947 0.0037
363.6	24.6	249510 0.0064	276553 0.0060	303241 0.0057	345269 0.0053	380204 0.0050	430555 0.0046	484035 0.0043	540646 0.0041	580125 0.0039	620996 0.0037
369.5	24.8	261538 0.0064	278801 0.0060	305707 0.0057	348076 0.0053	383295 0.0050	434055 0.0046	487971 0.0043	545042 0.0041	584842 0.0039	626045 0.0037
375.5	25.0	253567 0.0064	281049 0.0060	308172 0.0057	350883 0.0053	386386 0.0050	437556 0.0046	491906 0.0043	549437 0.0040	589558 0.0039	631093 0.0037
381.6	25.2	255595 0.0064	283298 0.0060	310638 0.0057	353690 0.0053	389477 0.0050	441056 0.0046	495841 0.0043	553833 0.0040	594275 0.0039	636142 0.0037
387.7	25.4	257624 0.0064	285546 0.0060	313103 0.0057	356497 0.0053	392568 0.0050	444556 0.0046	499776 0.0043	558228 0.0040	598991 0.0039	641191 0.0037
393.8	25.6	259652 0.0064	287795 0.0060	315568 0.0057	359305 0.0053	395659 0.0050	448057 0.0046	503712 0.0043	562624 0.0040	603708 0.0039	646240 0.0037
399.9	25.8	261681 0.0064	290043 0.0060	318034 0.0057	362112 0.0053	398750 0.0050	451557 0.0046	507647 0.0043	567019 0.0040	608424 0.0039	65128 0.003
406.2	26.0	263709 0.0064	292291 0.0060	320499 0.0057	364919 0.0053	401841 0.0050	455058 0.0046	511582 0.0043	571415 0.0040	613141 0.0039	65633 0.003

附表 4　常用管件和阀门的局部阻力损失系数

管件和阀门名称	ξ 值										
标准弯头	45°，$\xi=0.35$				90°，$\xi=0.75$						
90°弯管	R/d	1	1.5	2	2.5	3	6	10			
	ξ	0.23	0.18	0.15	0.13	0.12	0.09	0.07			
180°回弯头	1.5										
活接头	0.04										
标准三通	流向	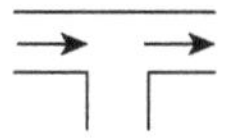	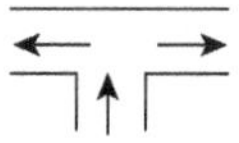	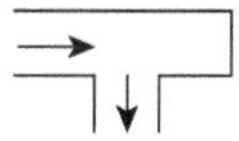	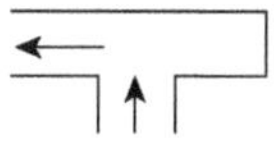						
	ξ	0.4	1	1.3 当弯头用	1.5 当弯头用						
突然扩大	$\xi=\left(1-\frac{A_1}{A_2}\right)^2 \quad h_f'=\xi\frac{u_1^2}{2}$										
突然缩小	$\xi=\left(1-\frac{A_2}{A_1}\right)\times 0.5 \quad h_f'=\xi\frac{u_2^2}{2}$										
入管口（容器　管）	$\xi=0.5$										
出管口（管　容器）	$\xi=1.0$										
闸阀	开度	全开	3/4 开	1/2 开	1/4 开						
	ξ	0.17	0.9	4.5	24						
标准截止阀	ξ	6.4		9.5							
角阀（90°）	5										
单向阀（止回阀）	摇板式，$\xi=2$				球形式，$\xi=70$						
水泵入口	没有底阀	2-3									
	有底阀	d/mm	40	50	75	100	150	200	250	300	
	带滤网	ξ	12	10	8.5	7.0	6.0	5.2	4.4	3.7	
蝶阀 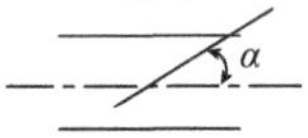	α	5°	10°	15°	20°	30°	40°	45°	50°	60	70
	ξ	0.24	0.52	0.9	1.54	3.91	10.8	18.7	30.6	118	751
旋塞 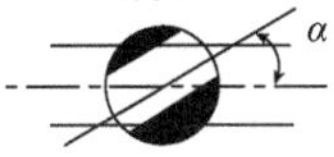	α	5°	10°	15°	20°	40°	60°				
	ξ	0.05	6	0.93	1.56	17.3	206				

附表 5　各种管件、阀门和流量计的当量直径

<table>
<tr><th colspan="2">名称</th><th>当量系数（n）</th><th colspan="2">名称</th><th>当量系数（n）</th></tr>
<tr><td colspan="2">45°标准弯头</td><td>15</td><td rowspan="4">闸阀</td><td>全开</td><td>7</td></tr>
<tr><td colspan="2">90°标准弯头</td><td>30～40</td><td>3/4 开</td><td>40</td></tr>
<tr><td colspan="2">180°回弯头</td><td>50～75</td><td>1/2 开</td><td>200</td></tr>
<tr><td colspan="2">管接头</td><td>2</td><td>1/4 开</td><td>800</td></tr>
<tr><td colspan="2">活接头</td><td>2</td><td rowspan="2">截止阀</td><td>全开</td><td>300</td></tr>
<tr><td rowspan="6">三通</td><td rowspan="2"></td><td rowspan="2">40</td><td>1/2 开</td><td>475</td></tr>
<tr><td rowspan="2">单向阀</td><td>摇板式</td><td>135</td></tr>
<tr><td rowspan="2"></td><td rowspan="2">60</td><td>球形式</td><td>3500</td></tr>
<tr><td colspan="2">底阀（带滤网）</td><td>420</td></tr>
<tr><td rowspan="2"></td><td rowspan="2">90</td><td colspan="2">角阀（全开）</td><td>145</td></tr>
<tr><td colspan="2">文氏流量计</td><td>12</td></tr>
<tr><td colspan="2">入管口（容器　管）</td><td>20</td><td colspan="2">水表（盘形）</td><td>400</td></tr>
<tr><td colspan="2">出管口（管　容器）</td><td>40</td><td></td><td></td><td></td></tr>
</table>